铸海

相传在古代赵国有琴高先生用聪明智慧不仅征服了大海，还制服了大海的主人『龙鱼』。千年转瞬，钻机的轰鸣声惊醒了琴高，乘龙鱼出海观看，叹服真正的铸海人……

铸海——中国海洋钻井装备飞跃发展30年

朱江 主编

科学出版社
北京

内 容 简 介

本书以中国海洋石油工业发展为背景，对中国海洋钻井装备飞跃发展30年的非凡历程进行了系统梳理。阐述了我国海洋钻井装备从无到有、从小到大、从弱到强、从低科技含量到高科技含量的跨越式发展历程及其在中国近海油气勘探开发中的重要技术支撑作用；字里行间，还抒发了海油人志存高远，自尊、自强，“拼命也要下海”为国家找石油的豪迈情怀。通过这本书，也可以看到中国海油飞速发展的一个侧影。

本书适用于石油装备专业人员、石油行业工作人员和对石油装备感兴趣的读者阅读。

图书在版编目(CIP)数据

铸海：中国海洋钻井装备飞跃发展30年 / 朱江主编. —北京：科学出版社，2015.12

ISBN 978-7-03-046742-3

Ⅰ. ①铸…　Ⅱ. ①朱…　Ⅲ. ①海上油气田－海洋钻井设备－研究－中国　Ⅳ. ①TE951

中国版本图书馆CIP数据核字（2015）第313500号

责任编辑：周　丹　曾佳佳 / 责任校对：韩　杨
责任印制：张　倩 / 封面设计：李明蔚　李春生　许　瑞

科学出版社 出版
北京东黄城根北街16号
邮政编码：100717
http://www.sciencep.com

中国科学院印刷厂 印刷

科学出版社发行　各地新华书店经销

*

2015年12月第 一 版　开本：787×1092　1/16
2015年12月第一次印刷　印张：18 1/4　彩插：28
字数：377 000

定价：168.00元

（如有印装质量问题，我社负责调换）

《铸海——中国海洋钻井装备飞跃发展30年》
编 写 组

主　　编：朱　江

副 主 编：金晓剑　李迅科

编写人员：李先杰　刘　健　张　威　王旭东　彭利丽
许亮斌　殷志明　安　琪　尚　超

特约审稿：张　敏

全书审稿：金晓剑　李迅科　蒋世全

章节审稿：刘　健　李先杰　张　威　彭利丽　吴　炜
安　琪　蒋珊珊　孙　婧

素材提供：（以姓氏笔画为序）

于　亚　马历民　王　彦　王少平　王长军　王世军　王冬石
王进全　王志坤　王治龙　王建军　王俊乔　王新根　车永刚
尹永晶　付喜艳　冯　云　冯　明　吕会敏　朱征宇　向云飞
刘文民　刘宝元　安桂荣　阳谨泽　苏一凡　苏继峰　李　平
李　萌　李　磊　李东玉　李学军　李惠珍　杨向前　杨根全
何庆景　宋林松　张　勇　张风义　张永泽　张远高　张武辇
张洪波　陈　刚　陈力生　陈开心　纵封臣　周　超　周松民
郑光洪　郝振山　胡泽刚　姜渭渔　贺海龙　袁洪涛　袁晓松
顾心怿　郭　华　郭德才　黄康华　梁　羽　蒋文金　喻贵民
曾恒一　鄢光国　潘广全　潘彩霞

序　　言

草长莺飞的初夏时节，在海上油气田开发、海洋钻机领域工作了30余年的朱江，将她主编的《铸海——中国海洋钻井装备飞跃发展30年》书稿送给我。翻开书一看目录，我就难以释手，直至通读全文。掩卷沉思，几十年的海洋石油情节，历历在目。

我从1972年即与海洋石油结下不解之缘，作为总体设计负责人，曾亲自主持了我国第一代自升式钻井平台“渤海五号”、“渤海七号”的设计建造工作。亲身经历了海洋石油钻井装备从无到有、从弱到强的跨越历程。书中所讲述的故事恰是我们这几代海洋石油人奋斗和奉献的往事，今日读来仍然心潮难平、思绪万千。

回忆不仅仅是为了纪念。中国海洋石油工业孕育于20世纪五六十年代的莺歌海和渤海湾，飞速发展起步于80年代对外开放合作中。2007年中国海油进入全球企业500强，跻身世界先进行列；2010年实现年产5000万吨，建成“海上大庆”；2011年提出“二次跨越”战略，向国际一流能源公司迈进。

从中国海洋石油总公司1982年成立算起，中国海油33岁了。而立之年正当意气风发，展望前途仍需阔步前行。此时此刻，我们需要有这样的有心人，需要海油的这些专家们将多年的实践经验和深刻认识通过编书立著的方式留存下来以飨后人。这是件极好的事情。书是可以传承的宝贵财富。朱江是做了这件好事的代表人物之一。

海上钻井是海洋石油勘探开发作业中必不可少的一环，而钻井装备是支撑起海上钻井的坚强支柱。我面前的这本书稿，正是以我国海洋钻井装备这一路的发展为主线，以我国海洋石油事业发展为时代背景，从一个侧面为读者再现了海洋石油人艰苦奋斗、迎难而上、创新进取、勇于实践的历史片段。作者不但用客观严谨的态度，真实生动地还原了当时当刻的情景，梳理了我国海洋石油钻井装备的发展脉络，而且全书各处闪耀着作者对这些过往历程的解读和思考。

当前，中国海油正处在全力以赴实现“二次跨越”的关键性时刻，却再次遭遇了低油价带来的巨大挑战，因此，更需要弘扬海油精神，鼓舞士气。海洋石油事业从未是坦途，我们也从未曾惧怕困难与挑战。遥想当年，海洋石油人乘着木船就敢出海打井找油，没有任何资料白手起家就能设计建造海洋钻井平台。这种勇于担当、敢于创新的精神都是应当学习和传承的。该书字里行间所抒发的海油人“我为祖国献石油”、“拼命下海也要拿下大油田”的豪迈情怀正是海油人需要的“正能量”。

作者朱江是“文化大革命”后恢复高考的第一批大学生，1982年毕业就来到中国海洋石油总公司（简称中国海油），30余年来兢兢业业从事海洋石油开发一线科研生产工作。在为中国海油奉献青春热血的同时，也锻炼成长为全国劳模、享受国务院特殊津贴专家。

不是任务，也没有安排，她却能做到历时三年、饱含情怀主动著就此书。实属不易，深表敬意。

曾恒一

中国工程院院士

2015年初夏于北京

感言代序

2014年底，朱江用手机给我发来一条短信，想向我了解一下“胜利一号”钻井平台的情况。我很是诧异，她怎么想起这座已经报废快30年的平台呢？电话联系时才得知，她正在撰写《铸海——中国海洋钻井装备飞跃发展30年》这本书。她说，想把半个世纪来，特别是改革开放30多年来，中国海洋钻井装备的“来龙去脉”梳理一下，一方面铭记和弘扬老前辈们在一穷二白的艰苦条件下战天斗海的精神和品格，另外也希望借此带给读者些许借鉴和启迪。

她的话引起了我的共鸣，也一下子就把我拉回到20世纪七八十年代。

那时，我国已经有了几座钻井平台在海上打井找油。但是，离陆地最近的、只有几米水深的极浅海却一直是海上钻井“禁区”，因为水太浅，常规钻井平台进不去。我们心里很是着急，为开发这个“禁区”，我查了大量的资料，终于在一本书中看到国外设计的坐底式钻井平台，得到启发，我想我们可以造一座吃水浅的坐底式钻井平台到极浅水区打井。但当时我国的平台设计建造技术比较落后，之前我们也没有设计过类似的浅水钻井平台，整个设计过程非常艰辛，走了很多弯路。但强烈的责任感和不服输的精神支持着我们，经过很多次的讨论和修改，边学边干终于拿出了设计。最后,在烟台一家从未建造过钻井平台的小船厂（木帆社）建成了“胜利一号”。后来大家称它是“没有设计过平台的人设计的，没有建造过平台的厂建造的”钻井平台，它比较粗糙简陋，但它又宽又薄的沉垫和“抗滑桩”等创新之举令美国同行都表示称赞。

解决了在极浅海打井的难题后，我们又打起了在“无水”的滩涂打井的主意，提出了一个前无古人的想法，要建造一座可以“走路”的平台。这个想法一开始就遭到质疑，说胆子太大了，国外都没想过的东西，咱们怎么能造出来呢？满怀报国心的我们，硬是历经四年多艰辛设计建造出世界上第一座步行坐底式钻井平台“胜利二号”，实现了在胜利油田海边“无水”的滩涂上打井。

这些都是我亲身经历的。要敢想敢干，只要是我们认准的事情，尽管之前从未干过，也能干成。在我国海洋钻井装备设计、建造和使用过程中有很多的人都做出了重要贡献，他们的事迹会给大家带来借鉴和启示。

朱江撰写的这本书中，系统介绍了五十年来中国海洋钻井装备的发展，有技术进步，有装备提升，有精神传承，也有经验积淀，是我印象中第一本如此全面介绍我国海洋钻井装备发展的书籍，可为“中国海洋钻井装备人”提供一副足以登高望远的厚实的“肩膀”。

该书将同一座座矗立在大海上的钻井平台一样守护着这片蓝色海疆。

顾心怿

中国工程院院士

2015年盛夏于东营

致 读 者

地球表面分布着宽广的陆地和浩瀚的海洋。陆地是我们人类居住的家园，水是人类赖以生存的基本物质。我国拥有渤海、黄海、东海及南海四大海域，海洋油气资源十分丰富。南海海域更是石油宝库，特别是南海深水区面积达153万平方公里，约占南海总面积的75%，发育16个盆地，油气地质资源量246亿吨油当量，约占中国油气资源总量的三分之一，已经成功钻成陵水17-2等一批大型深水油气田，是我国油气增储上产的重要战略接替区，属于世界四大海洋油气聚集中心之一，有“第二个波斯湾”之称。

让这些沉睡在海底的宝藏早日“出头”，为国家建设提供更多的能源保障、做出应有贡献，是萦绕在几代海油人心中，并不断追逐的“中国梦”。

新中国成立之初的50年代，莺歌海海面那些嘟嘟冒出的油苗气泡点燃了中国海油发展最初的“星星之火”。1978年2月，党的十一届三中全会召开，掀开了中国改革开放的历史新篇章，1982年1月，国务院颁发《中华人民共和国对外合作开采海洋石油资源条例》，开启了我国海洋石油工业发展史无前例的新纪元；2月，中国海洋石油总公司在北京王府井的一座2层小楼挂牌宣告正式成立，从此，在改革开放大潮中，从“石油工业特区 —— 海洋石油”驶出的“海油巨轮”，正式踏浪远航。

也是在1982年2月，我作为新中国改革开放恢复高考的第一批大学生，毕业后来到位于天津塘沽的渤海石油管理局钻井处机修车间工作，此后在渤海油田，一扎就是17年。“拼命下海拿下大油田”，是我刚到油田基地报到时，在厂区大门前第一眼看到的依稀可见的一幅标语。这无疑是那个时代的精神品格与特征，真实地折射出没有任何先进装备和技术武装的海油前辈们，献身祖国海洋石油事业的大无畏英雄气概。

但海洋石油毕竟是高风险、高投入、高科技的行业，面对资金、技术、管理经验全面匮乏的困局，国内海洋石油工业前进的步伐显得是那样的沉重缓慢。

“没有条件创造条件也要上”、“人定胜天”，在最初“一穷二白”的岁月里，热血满腔、意志坚强的海油人凭着这样的理想和信念，按照“以陆推海”的想象，依靠小渔船、木制筏、简易浮筒和陆地钻机，奇迹般建造了不能再简陋的“海上钻机”后，就义无反顾地出海打井找油去了。

艰苦的岁月里，海油人战狂风斗恶浪，既收获了在渤海“海1平台”成功试采第一桶石油的喜悦，也遭遇了“海2平台”被严重海冰摧垮的打击，更经历过“渤海二号”沉没的灭顶灾难。

从1967年到1979年的13年间，在渤海只找到了5000万立方米的探明石油地质储量，累计采油116万立方米，最高年产油量仅为17万立方米。

国家正面临全面开放，急需石油换取宝贵的外汇，各行各业的发展建设更是离不开能源。严酷的现实清楚地告诉我们：海洋石油的这点产量，与国家建设需要之间存在着巨大的差距。而陈旧的观念、落后的技术和僵化的管理模式，更是制约了海洋石油工业的阔步发展。

困则思变。浩瀚无垠的大海，既为中国海洋石油工业的发展创造和提供了辽阔的空间，也为中国海洋石油人书写富有传奇个性的历史提供了神奇而壮阔的舞台。在对外合作中，海油人不仅系统引进消化了国外油气田勘探开发先进技术，而且懂得了市场经济规律，学会了讲效益、要效率。在数十年的艰苦创业和市场经济中，坚持“合作与自营两条腿走路”，海油人不断自我变革、自我超越。

经过30多年海上油气勘探开发的探索与实践，中国海油不仅全面形成了在中国近海独立勘探开发、工程建设以及生产运营的能力，而且锻炼造就了一支坚不可摧、战无不胜的队伍，建立了一系列配套技术体系，实现了我国海洋石油工业的跨越式发展。从渤海到东海、黄海再到南海，一大批油气田得到经济有效开发，实现了上产5000万吨，建成了“海上大庆”。

这段光辉历程，走起来实属不易。仅从海洋钻井装备来讲，就曾面临过三大技术难题。在勘探找油的初期，必须首先攻克“钻机能下海”这一“拦路虎”；当面临海上油田需要大面积打开发井时，“海上丛式井钻井利器”成为了“攻坚战”；进军南海，使钻机成为“挺进深海”攻克深远海油气开采这一世界级难题的利剑。

一路走来，当年海油人以大庆铁人王进喜为榜样，“拼命也要下海”为国家找石油的英雄气概，不仅是民族之魂的传承，更是海油人自尊、自强的豪迈情怀。这是早期海油人创业时期留下的最宝贵的精神财富,它作为“坚定意志”的代名词，永远流淌在海洋石油人的血液里，并将激励和鼓舞着一代代海油人不断进取。

许多海油的老前辈们，都是伴随着海油高速发展的光辉历程一路走来的。作为一名77级大学生，我一毕业就加入了海洋石油工业建设，与中国海油共同成长。我们是幸运的一代人，有幸亲身经历和见证了这一伟大的变革过程，如今闭目回思，许多历史画面历历在目，犹在昨日。我阅读过许多有关中国海油发展变革和崛起的志书和资料，每每读罢抚卷总是百感交集。敬佩之中，似乎还有些不够“过瘾”的感觉。因为这些志书和资料都是以描述海洋石油勘探、开发、工程建设等大主线和大场景为主，很少有对海洋钻机或者更准确地说，对我国海洋钻井装备跨越式发展的历程进行专门梳理的资料。

在茫茫大海上找油，无论启动新的勘探项目、连片成区大面积打生产井，还是在生产期间的修井和侧钻，或者是生产后期打调整井，第一件事就是要钻井。只有通过钻井，才能证实勘探地区是否有油气以及油气的储量、品位和分布情况。也只有通过钻井，才能建立起地下油藏与海上平台之间的开采通道，这是把海底油龙牵出地球深处的必由之路。

“工欲善其事，必先利其器”。要完成钻井，就要有钻机。所以说，要在海上打井或修井都离不开钻机或修井机这些海上作业的“利器”。然而，在汪洋大海上钻孔打井谈何容易？在“下海与登天同样难”的海洋石油行业,海上钻井的高科技、高风险、高投入是不言而喻的。

中国海洋钻井装备的发展和建设完全是从零起步,经历了从无到有、从小到大、从弱到强、从低科技含量到高科技含量的跨越式发展，在中国近海油气勘探开发中起到了极其重要的技术支撑作用。

伴随着我国海洋石油工业30多年的飞速发展，海洋钻井装备数量不断增加、技术不断更新、类型不断扩充,正在从近浅海向深远海发展。海洋钻井装备的发展,是我国海洋石油工业整体发展和能力提升的一个重要环节，是将海上油气勘探开发的宏伟蓝图转化为具体实践的最重要和最直接的第一步。

以史为鉴，可以知兴替。如果说，中国海油的发展是一幅纷繁壮丽的画卷，海洋钻机的兴盛和发展就是其中浓墨重彩的一笔。由此可以看出时代的变迁、行业的兴衰和跨越历史的步伐。透过这一笔也可以看到中国海油飞速发展的一个侧影。

早在三年前，就开始有念头想写点什么，当时并没有把它与写书和出书联系起来。这里面更多的是作为矿机专业出身的工程技术人员的一种职业情结，也是在海油工作了30多年的科研人员对本职工作的一种责任。

希望通过这本资料的梳理，向海油老前辈们表示深深的敬意，也是送给他们的一份心意，是他们参与并创造了海洋石油的历史和奇迹。同时，也希望通过这本以海洋钻机发展为脉络形成的读物，向海油的后来者们讲述有关海洋钻井装备发展的系列故事……

朱　江

2015年9月

前　言

中国古代“顿钻”钻机被称为我国的“第五大发明”，为人类社会开创了一种崭新的凿洞钻井技术，奠定了现代钻井技术的雏型，是现代钻机的鼻祖。17世纪，“顿钻”钻井技术传入西方，激发和启迪了欧美各国的创造力，引发了世界石油和天然气勘探开采的技术革命。19世纪90年代，以美国加利福尼亚州海边潮汐地带矗立的巨大木质钻井平台为标志，拉开了人类勘探开发海洋石油的序幕。

时光飞逝进入了20世纪五六十年代。那时，新中国建设热火朝天，催生了对能源的需求。然而国家却面临经济困难，汽油、柴油供应极为紧缺。北京大街上跑的公共汽车都只能顶着以煤制气为燃料的“大气包”。穷则思变，满怀激情的石油工人们，积极响应国家号召，不仅“上高山、战平原”寻找石油，而且大胆迈向了深不可测的海洋。他们将老式的冲击式钻机安放在租来的木质方驳船上，实现了中国人找油从陆地迈向海洋的第一步。这一步，就如同今天人类飞向太空宇宙一般，具有划时代的意义。从此，海油人又放飞了自己更大的梦想，希望自己的钻机能够走得更远，这才有了浮筒上搭钻机的故事，也就有了海洋石油是靠“两个筒筒起家”的说法。他们坚定地向着海洋进军，要将钢铁的臂膀伸向地球深处，牵出油龙为祖国建设发热发光。这就是我国近代海上钻井装备艰难起步的历程，更是中国海洋石油工业诞生的故事。

我国海洋石油的发展起步比世界海洋石油晚了将近70年。由于意识形态、国际局势的对峙等不同原因，20世纪六七十年代，我们与世界基本处于隔绝状态。一切都是白手起家，仅凭着自己的想象和少得可怜的资料，关起门来进行摸索。最终冲破封锁，完全依靠自己的能力“土法上马”，在大连造船厂成功建成了我国第一艘自升式钻井平台“渤海一号”。与此同时，顶住巨大的“压力”，积极引进和购置国外钻井平台，就有了“洋为我用”的故事。其中注定少不了“造船不如买船,买船不如租船”的意识形态争论。中国海油人坚持“自建”钻井船和“引进”国外钻井船两条腿同时走，在“先土后洋、土洋结合”发展模式中不断探索，砥砺前行。

伴随着改革开放的浪潮进入了90年代。短短数十年，中国近海油气开发经历了摸索下海艰苦创业的自营起步，向国外开放引进国际资金、技术、管理经验的对外合作，贯彻合作与自营并举开发海上油气田，大大加快了海上油气开发的步伐。为了满足海上油气田开发的新形势新需求，海油人积极开动脑筋千方百计想办法，对在役钻井装备进行持续不断的升级改造，使移动式海上钻井平台技术水平和作业能力大幅提高，很好地适应了钻井工艺技术水平迅速提高的需要，满足了海洋石油勘探开发规模大幅扩展的要求。

光阴荏苒、物换星移。进入21世纪以前，我国海上油田使用的模块钻机，或进口或购买“二手旧模块”或依赖欧美公司设计。其中仅设计费就高达数百万美元，整套进口模块钻机更是高达2500万美元，高昂的成本严重制约了海上油气田的开发。为了满足快速发展的海上开发打井需要，海油人又开始了新的思考，可否实现国内自己设计和建造模块钻机，彻底摆脱国外封锁和垄断？为了实现多年的夙愿，海油人下定决心攻坚克难，用艰辛之汗水一举实现了模块钻机设计和建造国产化的“三级跳”，彻底打破了国外公司的长期垄断。今天，放眼祖国300万平方公里的“蓝色国土”，烟波浩渺，钻塔高耸。这片美丽的海域，曾经“洋模块”、“洋钻机”林立，而如今清一色“中国制造”。

由于我国近海地质油藏的复杂性和特殊条件，海上油田普遍“见水”较早。面对平台上许多“趴地”的油井，海油人看在眼里，急在心里。海上油田亟须功能全面、成熟可靠的海洋修井机，使这些油井“起死回生”、“焕发青春”。压力就是动力。面对困境，海油人齐心协力上下求索，成功实现了海洋修井机的国产化。举目大海，功能独特、特色鲜明的个性化海洋修井机，宛如朵朵繁花绽放在我国的蓝色国土之上。

2011年5月，我国首座自主设计、建造的第六代3000米深水半潜式钻井平台“海洋石油981”成功建造完成。填补了我国深水钻井大型装备的空白，打造了中国海上钻井重器。使我国深水油气资源勘探开发能力和大型海洋装备建造水平，一举跨入世界先进行列。具有“流动国土”之称的“海洋石油981”平台，不仅实现了我国海上油气勘探开发作业水深从300米到3000米的跨越，使我国海洋石油开发如虎添翼；而且为实现国家海洋战略，维护我国海洋主权“屯海戍边”做出了重要贡献。相信这样的故事不仅是海油人挺进深水、亮剑深海的最好写照，更将激励着一代代海油人为实现“海洋强国梦”而不懈奋斗。

与众多国有企业不同的是，中国海油自诞生起，就深深地打下了国际化烙印。在不断深化的改革开放浪潮中，更加清醒地意识到国内和国际两个市场的相互接轨，相互融合已经成为不可逆转的趋势。作为率先对外开放的“窗口”，积累了国际合作经验，也更加坚定了走国际化石油公司的发展道路，全面实施“走出去”战略。这就有了“试水亚太、征战南洋”，中国“钻井铁军”走出国门的故事；有了“远征拉美”，让鲜艳的五星红旗在墨西哥湾上高高飘扬的故事；也有了收购外国钻井公司的故事。

伴随着改革开放的春风，海洋石油工业步入“引进—消化—吸收—再创新”的发展新模式，开始大量引进国外海洋钻井装备和新技术新工艺。“标准”“规范”的理念渐入人心，海洋石油人用心学习规范，自觉践行规范，编织了一个个“自强不息、以身示范、师夷长技”的故事。从当初对技术规范和标准知之甚少，到今天建立起完备的技术标准体系。从企业标准到行业标准，再到国家标准，直至问鼎国际标准，不断演绎着“技高为范”的精彩故事。

海洋油气勘探开发作业需要良好的钻井装备保障，而良好的装备保障来源于对装备的科学管理。我国海洋钻井装备管理技术的发展主要经历了早期以陆推海摸索前行、20世纪80年代合营反承包中与国际市场接轨、20世纪90年代在自营实践中持续提升以及21世纪走向海外过程中日趋完善四个阶段。经过多年不断摸索与实践，积累经验，稳扎稳打，建立了与我国海洋钻井装备管理发展需求相适应的设备管理模式，在市场挑战中不断推陈出新，持续改进，形成了国际化的钻井装备管理能力。

半个多世纪以来，伴随着海洋石油工业不断发展，我国海洋钻井装备制造厂家“白手起家”奋发图强，在落后国际水平70年的客观条件下，走出了一条引进消化和自主创新的跨越之路。不仅形成了自主设计、自主建造的系列核心技术，打造了自己的产业链和品牌产品，而且走向海外，跻身国际竞争舞台。他们见证了海洋石油人敢闯敢拼、科学发展的创新之路。他们更是亲历者，攻坚克难、突破创新，为我国海洋油气勘探开发提供了海上重器，为我国海洋石油事业的发展做出了不可磨灭的贡献。

纵观中国海洋钻井装备半个多世纪，特别是改革开放后30多年来的发展历程，中国海洋石油人坚持走引进—消化—吸收—再创新的道路，战胜了一个个挑战，创造了一个个奇迹，实现了中国海洋钻井装备从无到有、由弱到强的跨越式发展。

三十载浪潮铸就“屯海戍边”的堡垒，半世纪风雨铸就“与海共舞”的魂魄。这就是中国海洋石油人“铸海”情怀的真实写照。相信在“建设海洋强国”宏伟战略的引领下，中国海油人将为实现伟大的“中国梦”做出新的更大贡献！

目　录

第一章 由陆及海——海洋钻井装备的起源

相传在古代赵国有琴高先生用聪明智慧不仅征服了大海，还制服了大海的主人『龙鱼』。千年转瞬，钻机的轰鸣声惊醒了琴高，乘龙鱼出海观看，叹服真正的铸海人……

盘古挥斧，天地为开；天行日月，地载万物；天地交辉，世界勃发。

勃勃生机的地球巡天而动、滚滚向前，激荡着万物，创造着盛衰；而成长起来的世间万物又无时无刻不在适应着、探索着、利用着、改造着头顶的蓝天、足下的大地。特别是人类的出现，大大加快了也加剧了这个进程，由藏穴住洞，到沧海桑田，再到天堑通途，及至今天竟可上天揽月、下洋捉鳖、入地探宝。

在此进程中，人类对资源，特别是对能源的需求、开发、利用成为极为关键的一环。

早期人类生产力水平极低，只能因地制宜，利用枯草、枝叶等生火取暖、烧烤和蒸煮食物。近代以来，科技迅猛发展，人类已经能够开发、利用地下的煤炭、石油和天然气等化石能源，由此带动了整个世界日新月异的变化。

树枝、杂草俯拾即是，人们可以“信手拈来”，但看不见、摸不着的深埋地下数百米乃至数千米深的化石能源又是怎样被发现和采出的呢？翻开人类文明进化史册可以发现，这曾是人类面临的一道千古难题。人类文明史开端于6000年前，但一直到2000多年前，人类才发现地下竟然蕴藏着这么多“秘密宝藏”。随后又经过千年曲折探索，中国人创造出人类史上前所未有的奇迹——顿钻技术，才破解了这道千古难题，使得地下的这些丰富“宝藏”得以“一见天日”。

1.1 钻井之父——中国古代顿钻钻井技术

中国古代凿井技术源远流长，新石器时代的河姆渡遗址中已出现了用石斧、骨凿、骨镞等凿成的水井，甲骨文和金文中就有关于“井”的记载。但一直到商周时期，凿井技术并没有明显进步，还停留在竖坑脚窝的浅井水平，井的用途基本局限于取水、储物等。

秦国李冰大举凿井采盐，将凿井技术往前推进了一大步，井深达到十余米甚至数十米，开创了中国凿井煮盐的历史。随后，从战国末期到北宋初期的1200多年间，人们一直沿用这种人工开凿的大口径浅井。但是，大口径浅井的生产力水平低下，开凿技术笨拙、粗陋，且需耗费大量人力、物力和财力。同时，其开凿深度有限，一般开采深度为十数丈，埋藏在地下更深的盐卤资源无法得到开采，盐产量难以快速提高。由于食盐缺乏，四川地区出现了程度不等的盐荒，甚至爆发了争夺食盐和盐井的战争。

四川的盐荒和由此带来的社会动乱，促成了宋仁宗时期盐业政策的调整，减少了政府对盐业生产的束缚，这给“食盐不足”的四川人民带来了自寻出路、另开盐井的机会。北宋庆历年间（1041~1048年），在总结汉唐以来大口径浅井成功经验的基础上，伟大的四川先民就地取材，以盛产的楠竹为工具，发明了一种崭新的凿井工艺技术，凿出了一种新型盐井——卓筒井。

卓筒井技术利用古人舂米时的杠杆原理，通过踩踏碓板来带动钻头上下运动，从而达到打井的目的。凿井时，利用竹质绳索把"圜刃凿"（钻头）拴起来，然后悬挂在木架（现代井架的雏形）上，另外一端绕在立轴大滚筒（现代绞车的雏形）上，在人力作用下，凿不断地被高高吊起，然后依靠自身重力反复冲击地下的泥土和岩石；圜刃凿每冲击一次之后就换个角度，以便凿内的直刃把井底的岩石击碎。这种钻井方式被称为"竹篾绳索冲击式顿钻法"。

顿钻技术创造性地使用器械凿井，而无需再派人下到井底挖掘，不仅释放了机具的能力和人的潜力，更大大增加了"辟地"的深度。

经过明代的发展、清代的完善，顿钻技术获得长足发展，建立了功能齐全的各类工具和相对完善的工艺流程，极大地提高了钻井的效率，在世界上独领风骚数百年，没有任何一项钻井技术可撼动其"霸主地位"。

1835年（清道光十五年），四川自贡燊海井钻成，井深为1001.42米。而据有关资料记载，1845年，美国用顿钻法钻井的井深纪录为518.2米；1852年，法国顿钻钻井最深仅170.7米。因此，中国人创造了钻井史上神话般的奇迹，钻成世界上第一口千米深井。作为中国古代工程技术方面的伟大成就，燊海井被当之无愧地载入了世界科技史册，它的钻成标志着以人力、畜力为主要动力的我国古代顿钻技术达到顶峰。

顿钻技术结束了数千年人挖手掘的历史，开启了组合机具钻井的新时代。这是人类首创的钻探技术，是钻探科学技术史上开天辟地的重大事件。它不仅为中国古代盐井生产的蓬勃发展开辟了广阔的前景，更催生了19世纪中叶那场意义深远的世界性能源结构大变革，推动了人类跨入以石油、天然气为主要燃料的时代。

以卓筒井为标志的顿钻技术被誉为我国古代继"四大发明"之后的"第五大发明"、"世界石油钻井之父"。英国学者李约瑟博士说："今天勘探油田使用的这种钻深井或凿洞技术，肯定是中国人的发明，比西方要早1100年……公元1900年以前，世界上所有的深井基本上都是采用中国人创造的方法打成的。"

伴随着东西方交流的扩大，顿钻技术在17世纪传入欧洲，开阔了欧洲人的眼界，引起矿产专家和钻井工程师的大量效仿，启迪他们创造了以蒸汽机为动力的绳索、钢索冲击钻井方法，这为旋转钻井方法的孕育和诞生提供了一片沃土。

不仅如此，伟大的卓筒井也始终鼓舞着它的中国后辈。1997年，时任中海石油技术服务公司总经理张强把顿钻技术革命和中国人敢为天下先壮举的代表作——卓筒井钻机按3 ∶ 1的比例建成模型，竖立在中海油田服务股份有限公司（简称中海油服）总部所在地河北燕郊，以此激励海洋石油技术服务人员不断向技术的高峰攀登。

1.2 青出于蓝——现代旋转钻机

历史惊人地巧合。

1833年，正当中国人使用顿钻技术开凿世界上第一口千米深井——燊海井，创造钻井史第一个神话的时候，在遥远的西方，钻井史上第二个神话的种子也正在播入肥沃的土壤中。

这一年，一个名叫M. 福威的法国人参观里维盐丘的井场，看到工人们正在用中国人发明的顿钻技术打井。他突发奇想：可不可以利用钻床钻孔的原理，使钻杆转动起来打井呢?

于是，他对钻杆进行改进，使其能够转动起来，在打井的时候，一面转动钻杆，一面往钻杆中心注水，把钻掉的泥土岩屑循环上来。他用这种方法仅花了140小时就钻出一口深170米的井，钻井效率是顿钻方法的10倍。这就是现代旋转钻井的雏形。

1844年，英国人发明了可以一边让钻杆转动，一边通过虹吸管把井眼中的泥浆和钻屑带出来的技术，进一步提升了钻井的效率。

1865年，美国人设计制成了世界上第一台旋转钻机。

1893年，美国人在斯宾徒油田用旋转钻机试验性地钻了第一口油井，深约127米，并获得了巨大油气发现。

20世纪初，驱动第一次工业革命的蒸汽机获得了巨大的发展，功率达到25 000马力，成为旋转钻机新的“动力之源”。如虎添翼的旋转钻机由此迅速走向世界，1907年仅仅在美国墨西哥湾地区就有175台旋转钻机日夜不停地向着地球深处钻探。

但没过多久，蒸汽机也无法满足人们对“黑金”的渴望，开始寻找更加蓬勃和持久的动力之源。20世纪20年代初，交流电动机开始用于驱动旋转钻机。正是在这一时期的1926年，我国台湾省引进的旋转钻机是中国的第一套旋转钻机。

1934年，旋转钻机在加利福尼亚创造了钻深3468米的纪录，此时旋转钻机的主要设备齐全，并形成了相对完善的钻井工艺。至此旋转钻井技术正式登上历史舞台。

旋转钻井的基本原理是用钻杆带动钻头旋转而钻进。井越深，钻杆越长，钻头得到的扭矩也越小，对钻柱强度的要求越高，这严重制约了钻井深度。1940年，苏联研制出多级涡轮，将钻头的动力源转移到井下，钻头扭矩和钻进能力大增，钻井深度得到大幅提升。

钻井工具的日益完善，促进了高效的复杂结构井的快速发展，为油气田高效、大规模开发提供了坚实的基础。

1941年，苏联成功地钻出了世界上第一口定向斜井。由于井眼在油层中的长度大为增加，加大了泄油面积，所以这口井的产量比其他井高出几倍。这就是著名的巴库1385号井。为了进一步释放油田产能和降低开发成本，他们又提出多底井理论，并于1953年在一口直井下面钻出了9个井眼，其产量是同一油田其他油井产量的17倍，而成本只是其他井的1.5倍。

“忽如一夜春风来，千树万树梨花开”，在世界第一次工业革命的推动下，西方人主导发明的旋转钻机仅仅用了一百年的时间就突飞猛进到大规模的应用，以迅雷不及掩耳之势将曾经引领世界近千年的顿钻技术彻底挤出了历史舞台。相对于中国古代顿钻技术，这就是钻井技术的第二次技术革命，也验证了技术发展过程中“青出于蓝而胜于蓝”的普遍规律。

1.3 走向海洋——初期的海洋钻井装备

自18世纪中叶美国人德雷克上校带人在宾夕法尼亚打出第一口商业油井以来，西方国家迅速掀起了石油天然气开采浪潮，并席卷了美洲大陆。而海洋面积占地球总面积的70%以上，是陆地面积的两倍，要是海底也蕴藏着丰富的油气，岂不是一个更大的聚宝盆？于是，他们大胆地将目光投向了更加广阔的海洋。

1.3.1 方兴未艾的固定式钻井装备

1894年，在美国加利福尼亚州的圣巴巴拉附近发现了萨默兰德（Summerland）油田。经过多年的开发后，人们发现越是靠近海边，油井的产量越高，于是，就推测油田是向海里延伸的，水下部分的油田比陆上部分还要好。但是，怎么在海上打井呢？

1896年，人们想出一个主意，通过打木桩在海边建成码头，再把钻机安放在码头上打井。后来，他们又往离岸更远的海里修建木头栈桥，借助栈桥安放钻机打井。码头和栈桥的承载力有限，只能采用由汽油发动机带动的轻便冲击钻机打井。

这就是西方石油人最初下海的情形，此时的思维是以陆推海，即在陆地上怎么打井，到海上还是怎么打井，所需做的工作就是在海上搭建一个能放置钻机的载体。

1911年，为了开发距离卡多（Caddo）湖岸更远处的石油，美国海湾石油公司就地取材，利用周边的大树在湖中搭建了木质平台，安装钻机并开始打井。仅在当年他们就用这种方法打了8口井，还铺设了集油管网，建立了4座水上集油站。这些木质平台是现代海上固定式钻井平台的雏形。

1923年，苏联阿塞拜疆石油工人为了开发比比艾巴特的海上油田，采取向海里填土建造人工“半岛”的办法钻井采油，在井深460米处喷出了石油，从而揭开了开发里海石油的大幕。尽管人工岛比较坚固，可以钻出比较深的井，但是建造的成本太高，后来他们也像美国人一样，采取建造木头栈桥的方法钻井采油。

1937年，美国普尔（Pure）石油公司设计、建造了一座固定的钻井平台，工作水深约4.6米。1938年春，该平台在墨西哥湾打出了具有工业油流的第一口海上油井，发现了美国在墨西哥湾的第一个海上油田——克里奥尔油田（Creole），揭开了墨西哥湾油气勘探的序幕。

1945年，美国马格诺利亚（Magnolia）石油公司在离岸约10千米处用338根木桩和52根工字钢建造了一座钢木混合的固定式钻采平台。自此，钢材开始取代木材用于建造海上钻井平台。固定式平台也建造得越来越坚固，规模越来越大，为早期海洋油气开发做出了重要贡献。

1.3.2 机动灵活的移动式钻井装备

进入20世纪30~40年代，旋转钻机不断用于海上钻井，钢质平台建造技术日渐成熟，同时大量优质海上油田被发现，这一切都呼唤和催生着新的海洋钻井装备。于是，石油公司纷纷根据油气开发需求、海上环境和自身条件，竞相探索研制形式更加多样的海洋钻井装备。此时几乎所有新的尝试，都是先利用了旧装备进行改造试用，进而发展为一种新的海洋钻井装备。这种从尝试和探索中获得的经验和教训成为激励人们不断前行的动力，也为海洋钻井装备的不断发展奠定了基础。

对于浅海海域，固定式平台通常是钻采两用，勘探时用于打探井，油田探明后用于钻开发井及采油，这种一举两得的做法大大节约了成本，受到石油公司的欢迎。但是，随着海上油气勘探的不断深入，水越来越深，离岸越来越远，采用固定平台的风险越来越大。因为万一打出来的是干井，平台就废弃了；另外，在深海里建造固定式平台的难度和成本都将急剧增加。

高风险和高投入逼迫着工程师们绞尽脑汁地想新办法。不久，有工程师提出简化固定平台并把其他配套设备安放在浮式驳船上的思路，一旦打出干井，把平台拖到另外的海域重复使用。一些石油公司也利用廉价的二手舰船改造成打桩船、供应船、生活区等，进一步降低海上油气开发成本。这种做法引起了其他石油公司的纷纷效仿，一时间在墨西哥湾掀起了“固定平台加浮式驳船”打井的高潮。

对于实力雄厚的大石油公司而言，“固定平台加浮式驳船”的投资可以接受，但对于小公司而言，开发成本仍然显得太大，这迫使他们想出了可以移动搬迁的坐底式钻井驳船。这种船型平台下部是水舱，通过灌水和抽水控制船的吃水深度，甲板上安装钻机等设备。船的造价约为25万美元，搬迁一次只需1万美元，大大降低了开发成本。1949年初，世界上第一个坐底式钻井驳船“布列顿（Breton）-20号”建成，在密西西比三角洲东侧浅水区用4个月时间钻成了一口深达3324米的井，而且在打井期间经受住了时速112.6千米以上的大风。完井以后，此船顺利浮起，搬迁移往新的井位。

坐底式钻井驳船在打井时因可以坐底，保证了钻井时的稳定，但当需要搬迁移往新的井位时，要从海底拔起坐底的整船，操作难度很大。为解决这个难题，法国人提出了另一种新思路：自升式钻井平台，在平底驳船上安装几根可以升降的支腿，船在航行时，支腿升起到甲板上；就位后，支腿下落，插入海底，把船体顶升至海面涌浪。1954年4月，世界上第一艘真正意义上的自升式钻井平台“德龙（Delong）1号”投入使用，工作水深40英尺（约12.2米）。

美国加利福尼亚州西海岸风光迷人，景色绝佳，是旅游观光的胜地，人们不希望海上有高大的钻井平台遮挡美景。另外，此处水很深，大陆架的坡度也很大，当时自升式钻井平台的桩腿不够长，难以在海底坐落。被逼无奈的石油公司想出了另外一个好主意，建造浮式钻井船。1953年，人们在一艘巡逻舰底部切出一块菱形的空间，并安装上桅杆式井架和钻机，建成了世界上第一艘浮式钻井船“沙玛瑞克斯（Submarex）号”，钻井船到达井位后，由6根柴油发动机驱动的钢缆进行系泊锚定，即可开始钻井。

漂浮在海面上的浮式钻井船，钻井作业时的稳定性差，而且水越深，海况越恶劣，稳定性越差。为了解决这个难题，工程师想出一个巧妙的办法，在平台下面安装立柱和沉箱，把平台顶出海面，大大减小海浪对平台的冲击面积，平台的稳定性因此大大增加，这就是在深海环境中具有较高稳定性的新型海上钻井装置半潜式钻井平台（semi-submersible drilling unit）。1962年，工程师们通过在一个坐底式平台下面加装立柱，建成了世界上第一座半潜式平台“蓝水Ⅰ号”（Blue Water Ⅰ），并在墨西哥湾投入使用，满足了海上油气田钻井机动灵活、可搬迁的要求。可惜的是，“蓝水Ⅰ号”平台在1964年被飓风刮倒沉没。随后，半潜式钻井平台技术日渐完善，被广泛应用，特别是在水深浪高的欧洲北海地区，成为主要钻井手段。

斗转星移，沧海桑田。在日新月异的科技发展进程中，以中国古代顿钻技术

为源头的钻井技术生机勃勃，为人类社会进步做出巨大贡献。传承接力棒的西方国家乘着第一次工业革命的东风，使钻井装备技术发展神速。到20世纪60年代，形成了适用于不同海况的种类齐全的钻井装备，已经可以涉足数百米深、数百公里远的海上钻井。反观中国，经历了一个多世纪的动荡、战乱以及西方列强的掠夺，整个国家虚弱不堪，刚刚露头的现代工业萌芽也被无情摧残，钻井技术发展停滞不前。随着新中国的诞生，伟大的中国人民又站起来了，毅然在艰难困苦中挺直脊梁，依靠自己的聪明才智，迎难而上，踏上赶超世界的征程。

第二章

艰难起步——我国初期的海洋钻井装备

世界上第一口千米深井桑海井钻成不久，中国便陷入长达一个多世纪的闭关锁国、内忧外患的泥沼中，经济停滞，民不聊生，工业基础被毁。直到新中国成立前夕，全国依靠仅有的8台进口旋转钻机，建成了玉门老君庙、新疆独山子、陕西延长3个油田以及四川石油沟、圣灯山2个气田，年总产量12万吨（其中包括从油页岩中提炼的5万吨人造油）。

新中国成立后，石油、天然气极其短缺。当时，北京的公共汽车甚至只能利用煤气作为燃料，由于没有气体压缩设备，只能在常压下将煤气储于车顶上的大气袋中，老百姓称为“大气包”。这些“大气包”深深地刺痛着刚刚当家做主的广大人民，也激励着每一个渴望国家富强的中国人。

1954年3月，李四光在《从大地构造看我国的石油资源勘探远景》报告中，首次提出松辽平原、华北平原（包括渤海）到两湖地区为中国三大石油勘探远景区，这极大地激发了人们找油的热情。在20世纪50年代中期，全国上下开展了轰轰烈烈的找矿运动，群众找矿、报矿的热情空前高涨，许多地方政府机关办公桌上都摆着老百姓交上来的各类矿石。

1956年，正在观看苏联纪录片《海上巴库》的南海莺歌海渔民深有触动：既然巴库附近海面上那嘟嘟冒出的气泡是宝贵的油气，那我们莺歌海不也有同样的“宝贝”吗？他们将这一发现报告给附近盐场和当地政府，随后莺歌海上的“气泡”伴随着一路莺歌，越过广州，走向北京，也让“上高山、战平原”的石油工人来到她的身边。

一心报国的中国石油人深深着迷于这些五彩斑斓的气泡，凭着“石油工人一声吼，地球也要抖三抖”和“石油工人干劲大，天大的困难也不怕”的大无畏革命精神，肩负“我为祖国献石油”的使命，大胆迈向了海洋，拉开了中国海洋石油工业的发展大幕。

2.1 土法上马——木船上的钻机

2.1.1 南海，专家眼中的另一个“油极”

莺歌海五彩斑斓的“气泡”下面究竟是不是国家急需的宝藏？这个宝藏有多少？如何尽快开发出来？一个个疑问又在石油工作者的心中升起。于是，石油部（新中国成立后石油业务主管机构曾名为燃料工业部石油管理总局、石油工业部、燃料化学工业部、能源部等，为简便起见，本书沿用石油界常用说法，统称为石油部）

决定派人一探究竟。

1957年4月，石油部北京石油地质研究所派人赴海南乐东县调查油气苗。潜水员用排水采气法收集了三四瓶气，又用凿子撬下几块海底碎石。经过分析化验证实，收集到的气体有股臭鸡蛋味，燃烧时有浅蓝色火焰，几块海底碎石是汽油味很浓的含油砂岩，这都证明海底含有油气。

这一发现引起石油部和广东省的高度重视，立即组织了一支更大规模的调查组。他们采取海底爆破方法，获得大量岩石标本。经分析化验，岩石中含有烃类物质，这为南海富含油气的推断提供了又一个有力的佐证。

莺歌海的“气泡”和含烃岩石样本也吸引了苏联专家的注意。1958年10月，苏联乌克兰利沃夫石油学院司那尔斯基教授乘坐渔船出海考察这些气泡，还冒着40摄氏度的高温，在长满仙人掌的海边凿石头、取样品。经过对大量资料的分析，苏联教授认为海南岛以南的海域在地质上属十分有利的区域构造，预测可能存在较广泛的新生代沉积并具有很好的油气资源远景。他还断言，中国南海可能是波斯湾和墨西哥湾之外的另一个“油极”。

2.1.2 下海前的预演

地质专家的预测极大地鼓舞了中国石油人的干劲，他们恨不得立即就下海钻出几个井眼，牵出滚滚油龙，支援祖国的建设。但浩瀚无垠的大海神秘莫测，它有时很温柔，碧海清波、蓝天白云，但更多的时候，它像是一头猛兽，台风肆虐、摧枯拉朽。尽管此时我国已经找到并开发了玉门、克拉玛依和大庆等陆上油田，但在茫茫大海上打井找油却是头一回。如何在大海里“开钻”？海上打井风险有多大？对此，大家一无所知。

没技术、没装备、没人员，直接下海打井的条件都不具备，无奈之下，石油人想出一个“预演”方案，在距离莺歌海“气泡”最近的海边打几口井，然后以陆推海。

1958年12月，海南地质分局用两台KAM-500型钻机开钻“莺浅一井”。该井位于水道口附近，距海面油气苗发现地较近，设计井深500米，100米以下全部取心。这口井钻到380米时遇到花岗岩，没有发现油气显示。后来他们又连打了两口井，情况还是不理想。尽管没有实现预定的目标，但这次钻探结果证实，莺歌海地域沉积盆地主体肯定在远离陆地的较深海区。而且地质人员大胆推测，雷州半岛至海南岛北部（含北部湾海域）是一个新生界沉积盆地，莺歌海西南海域有另一个更大的沉积盆地。这一推测，后来成为石油部下定决心开展南海海域石油勘探的

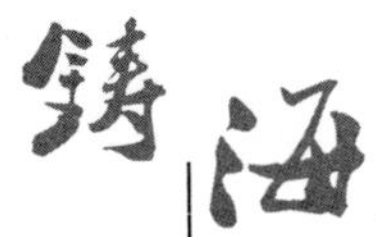

重要地质依据。

后来，广东省石油局、省地质局又在沿海附近先后打了9口浅井，进一步加深了对这个地区的地质认识。

经历两轮较大规模的普查和勘探，虽然没有取得明显的进展，但却是中国石油人进军海上的一次“实战预演”，是后面真正挺进大海的“前奏”。

2.1.3 租木船出海试钻

莺歌海盐场水道口不远处，那不停冒出的气泡和大片的油花终于召唤石油人踏上这片令他们梦牵魂绕的大海。1960年春，广东省石油工业管理局从广州水运局租来一条木质方驳船，还把十分有经验的船长和两名船员一并“租”来驾驭这条船，从勘探大队找来一套钻机，竟然是海南水晶矿停产后移交到勘探大队的旧冲击钻。相比于当时的西方国家，我们的这条“钻井船”真是相当的简陋。

1960年4月，海军舰艇把这条方驳船拖到了莺歌海。南海第一井“英冲1井”开钻。井位在莺歌海盐场水道口外、离岸约1.5公里处。按照陆上的办法，钻井过程中也实行三班倒的工作制度，每个班由司钻、钻工、柴油机技术员、卷扬机操作员等五六个人组成。钻井时，冲击钻就安装在方驳船一侧边沿，略往海面倾斜，后面用钢丝绳紧紧拉着，两名工人站在船舷边，手扶吊着钻头的钢丝绳。司钻操控钻机冲击了几个来回后，手部感觉差不多了，挥手示意，卷扬机操作员便卷起钢丝绳。钻头提上来后，钻工将岩石、砂样取出，确认后做记录。

莺歌海的4月骄阳似火，工人们挥汗如雨，但最考验这帮“旱鸭子”的是晕船。在大海的浪涛里，方驳船如同一叶扁舟，晃荡得厉害，很多人工作一会儿就感到天旋地转，呕吐不止。而且方驳船还没有围栏，稍不留神就可能滑落到海里，特别是手扶钢丝绳的工人，双脚就在船边，十分危险。但限于当时的条件和简陋的装备，早期的海洋石油工人们只能这么“赤手空拳”般地“战天斗海”。

“英冲1井”钻到26.28米完钻，接着又钻了“英冲2井”，井深21.62米，在完井时下了套管。令人振奋的是，“英冲1井”和“英冲2井”均有油气显示。海南勘探大队随即派人前去捞油。捞油的工人划着小船出海，用一根长长的细麻绳拴上“罐头盒子”，往露出水面两三米的套管里一扔，晃一晃，不一会儿提出一盒子原油，然后把一盒盒原油装满小铁桶，再摇着小船回岸边。小船来来往往，时断时续，先后捞了一个多月，在“英冲1井”共捞出约150公斤低硫、低蜡的原油，这是我国第一次在海上利用探井取得的原油，“英冲1井”和“英冲2井”因此而成为中国海洋石油人永恒的记忆。

“英冲1井”和“英冲2井”坚定了石油人下海的信心，更鼓舞了大家的干劲，他们准备趁热打铁钻第三口井“英冲3井”。1960年7月的一天,大家正为“英冲3井”开钻做准备，谁知井架支起不久就遇到了来势凶猛的台风，简陋的井架瞬间被吹进了大海里,钻井作业被迫暂停,直到1961年才利用修复的钻机设备继续钻成了“英冲3井”。

将原始的冲击钻机安装在简陋的驳船上进行海上钻井是中国海洋石油工业第一次下海的尝试，是中国人挺进大海探寻油气资源的第一步，尽管装备是那样的简陋，却开辟了一个全新的探宝领域，其意义不亚于我国放飞首颗“东方红”人造卫星翱翔和探索太空。

2.2 因地制宜——海岛上的钻机

2.2.1 海岛就是大平台

莺歌海油气苗持续引发了南海石油勘探的热情。以康世恩为首的石油部决策层希望由石油部茂名页岩油公司牵头打开南海的石油勘探局面，“一定要在莺歌海抱个金娃娃！”

1963年初，茂名页岩油公司地质处推论认为，北部湾很可能存在一个新近—古近系含油气盆地。但是,当时既没有海上地震资料,也缺乏地质探井资料,光靠“推论”怎么能找到海上油气藏呢？于是，大家提议在北部湾海域中部，打一口海上地质基准井，进行“战略侦察”。

这次打井没有用那艘方驳船，而是因地制宜地选择了位于北部湾的涠洲岛。海岛就相当于一个大大的平台，而且相比于方驳船，这个平台更大、更坚固，可以安放更大的钻机，打出更深的井，找到埋藏更深的宝藏。但是如何把笨重的钻机和大批人员送上涠洲岛，在当时也是一个令人十分头疼的问题。

到此听取汇报的原中南局第一书记陶铸、广东省原省长陈郁同志带来了好消息，南海舰队可派一艘大型登陆舰，帮助运送钻井工人和石油钻机登陆涠洲岛。

1963年11月，载着钻井设备的登陆舰由湛江港起航赶赴现场。当他们抵达涠洲岛西北海岸登陆点时，才发现钻井队与海军登陆舰都没有吊车，如何把钻机从登陆舰搬到涠洲岛上？“革命加拼命”的精神再一次绽放光芒。“军民携手力量大、啥样困难都不怕”，大家二话没说，通过“人拉肩扛”的方式卸下钻机，然后在地面铺上钢管，让钻机滑动前进，硬生生地把一部上百吨的瑞典B3-1000型钻机拖上了岸。

经过平整场地，安装设备，12月如期开钻。到1964年2月11日，“涠浅1井”钻到井深1164.42米，进入基底石炭系石灰岩17.4米完钻，取心237.57米，成功钻穿了新近系全套地层与古近系涠洲组地层，系统地建立了北部湾海上地层基准剖面。这口基准井提供的宝贵资料预示了北部湾乐观的石油资源前景。

2.2.2 曹妃甸遭遇海啸

20世纪60年代初，中国环渤海地区相继发现了胜利、大港、华北、辽河等大油田。由陆及海，中国石油人自然而然地将目光投向被这些大油田环抱的渤海湾。1965年1月，石油部明确提出了“上山、下海、大战平原”的战略部署，渤海湾成为“下海”的新突破口。

然而，征服渤海湾依然困难重重。此时，中国依旧没有可以踏海作战的海上钻井平台，石油钻探者不得已选择了傍着海水的海岛打井。距塘沽较近的曹妃甸岛便成为首选目标。

曹妃甸岛四周海况恶劣，风高浪险，渔民们都称它是“阎王殿”，几乎无人敢在那里停靠船只。但是，那些刚从戈壁滩和北大荒走来的“旱鸭子”可不怕这一套，他们天真地想，大海不就是陆地上的一层水吗。

这次探海主力是石油部河北勘探指挥部的1806钻井队。这支钻井队原属大港油田的标杆队，参加过大庆石油会战，同“王铁人”一样，摸爬滚打战天斗地，是石油部的一个先进集体，被誉为“钢铁钻井队”。

1965年9月，他们乘船登上了曹妃甸。按照在陆地打井的程序，先是选择地点，搭起六座帐篷，接着就开始建造井场。由于是荒岛，什么基础设施都没有，人们便人拉肩扛将所需材料一点点运送上岛。然后在渔民的指导下，打了120多根木桩，用海草和沙包筑堤，架起了简易栈桥，又用沙袋围了一个长150米、宽100米的井场，修起简易的运送钻机的滑道。经过一个多月的努力，一切准备就绪，“曹1井”顺利开钻。

但是，开钻不久，大海就给这群“天不怕、地不怕”的石油人来了一个下马威。11月7日，当“曹1井”钻到97米时，海上突然天昏地暗，狂风大作，巨浪咆哮着扑来，不到15分钟，海水就吞没了整个小岛，堤坝、帐篷瞬间就没有了踪迹。荒岛之上，一无屏障、二无退处，50多名石油工人一下子就陷入绝境。不幸中的万幸，他们事先在航道局航标灯下搭设了一个临时安全所，这时就成了救命所。但大海连这个“救命所”也不放过，海水发疯似地冲撞它，狂风怒吼着撕扯它。上天无路、入地无门的石油工人，只能彼此紧紧依靠着，手挽着手高唱革命歌曲互相鼓励。

不知过了多久，海啸终于停止了，整个曹妃甸岛被洗劫一空，100多根木桩只剩下一根摇摇欲坠，“安全所”下的桩脚被大浪淘空。没有吃的，没有喝的，打井的装备更是七零八落，这群曾经战无不胜的“陆上战神”遭遇了大海“滑铁卢”。来自大海的当头棒喝，让“旱鸭子”们刻骨铭心：大海是陆地上的一层水，但绝不仅仅就是一层水。

“曹1井”定格在97米井深，在给海洋石油人提供了宝贵地质资料的同时，也加深了他们对大海的认知和对自我的认识。失败是成功之母，重整旗鼓的海洋石油人再次来到这片海域时已经有了“驭海之法”，奏响了征战渤海的凯歌。

2.2.3 永兴岛上的探井

20世纪60年代后期，以美国为代表的各国石油公司纷纷以科学研究的幌子进入南海，有的竟然深入我国北部湾海域，进行海上地震、测深和海底取样。美国人还借助南越势力，专门在越南岘港到我国西沙群岛之间完成了一条航磁测线，认为西沙群岛以西有一个深拗陷，是找油最有利的地带。

神圣的蓝色国土岂容别人染指！当时的石油部经过深思熟虑，决定针锋相对在西沙打一口探井，向侵略者宣示主权，同时也了解附近的地质构造情况。

经过研究讨论，大家认为可在西沙永兴岛打一口井，以此推测周围海上的地质构造情况。康世恩部长听此汇报后，高兴地说：“不管三七二十一，打它一口井。这口井不完全是为了打油，而是打地层，取得在南海的打井资料，既是资料井也是研究井。”

1973年7月21日，石油部南海石油勘探筹备处32554钻井队携基建设备器材乘坐货轮和南海舰队的登陆艇赶赴永兴岛。由于吊车租期有限,大家就拼命让它卸货，没想到这个铁家伙也经不起折腾，没用多久就坏了。但是距离要求开钻的日期只有几个月，时间非常紧张。于是，大家再次发扬艰苦奋斗的精神，用土办法来对付。大件的设备由拖拉机拉,小的设备就通过人拉肩扛运上岛。打基墩的砂石有上千吨，他们就地取材，砍下树枝做成扁担，干部职工齐上阵，肩上磨出血，手上打起泡，背上晒脱皮，硬是一担一担挑上永兴岛。11月27日，第二批人员和钻机乘坐南海舰队的登陆舰来到永兴岛，同样依靠人力把上百吨重的钻井器材从船上顺利搬到井位。

12月16日，五星红旗在高耸的井架上飘扬，“西永1井”开钻了。驻岛部队的官兵也前来参加开钻典礼，他们和石油工人一起欢呼，共享开钻的喜悦，共同祝福祖国繁荣富强。

1974年春节前夕，对越西沙自卫反击战打响了。大敌当前，海洋石油工人决心与岛上军人并肩战斗保卫神圣的国土。部队给职工配发了枪支弹药，甚至还有四挺双管高射炮，他们准备好用生命捍卫主权。战事中，钻井队除留下少数人维持日常工作外，其余全部帮助解放军运送弹药、物资和伤员，做饭送菜，修补舰艇。大家只有一个目标，早日收复被非法占领的西沙。

军民齐努力收复了被侵略者占领的国土，西沙又恢复了平静，石油工人们继续打井。1974年4月5日，“西永1井”胜利完钻，完钻井深1384.6米。这口井虽未见油气显示，但发现了罕见的1247.6米厚的新近系生物礁地层，为认识南海海域地质构造提供了丰富资料。

从“涠浅1井”到“曹1井”再到“西永1井”，有成功也有失败，但总的来说依托海岛打井勘探范围有限，而且随着勘探的深入，这种局限性越来越明显。

在海岛上钻井的过程中，海洋石油人一直在思索用什么能代替简陋的方驳船冲破海岛局限，更好、更安全地在茫茫大海上钻井呢？勘探找油的需要、现实条件的约束和石油工人的热情，一并推动着海洋石油人迈开更大的步伐，去探索、研制新的钻井装备。

2.3 走得更远——浮筒上的钻机

2.3.1 “初生牛犊”搞设计

要到更远的大海上打探井，就要建造一个既能经受大海颠簸，又能平稳安放钻机的钻井船，但这样的船到底是什么样子？怎样建造？谁能建造？

缺资金，无资料，更没有国外的经验可借鉴，承接南海石油勘探任务的茂名页岩油公司派人走遍了与桥梁、造船和建筑设计相关的研究机构、院校，竟然无一“应征”。

走投无路的茂名页岩油公司决定自己干，设计的担子落在刚刚毕业的大学生张东元身上。“初生牛犊不怕虎”，年轻的张东元并没有感到担子有多沉重，接受任务后便斗志昂扬地赶赴莺歌海。他和同志们一起调查研究，向专家、工人和渔民请教，召开“诸葛亮”会、“三结合”会。会上提出了人工岛、打桩、抛锚固定万吨巨轮、活动钢架和浮筒结构等多个方案。经过认真分析比较，大家一致认为，浮筒式结构移动性能好，具有“打一枪换一个地方”的可能，比较适合海上打探井这种“游击战”。石油部专家也一致同意该方案，并要求马上设计。

经过时任茂名页岩油公司地质处副处长钟一鸣上下奔走筹集设计力量，1963年11月12日，我国第一个平台设计组悄然成立了，张东元任组长，组员有冯信用、杨树旺、史家琛、陆克文等。时间紧，任务重，他们简单地购买了一些计算和绘图用的工具，便开始投入到紧张的工作中。他们在设计中对结构强度、整体的稳定、拖航等技术问题大胆假设，小心求证，精神也高度紧张。事后总结时，他们无不感慨地说：“第一个平台设计，如果没有革命的精神，仅靠我们的技术能力是不可能完成的。”用当年的话说，靠的就是“一颗红心两只手”。

广州造船厂负责建造平台。由于当时国家造船物资紧缺，领导特别指示船厂，如果造浮筒的材料和力量与造军工船发生冲突，就先满足平台制造，确保按时交工。另外，广州造船厂还根据自己的经验积极出谋划策，改进设计不完善的地方，主动开展了倾斜试验等工作。在各方大力支持下，仅用了57天，浮筒平台就顺利建成。

2.3.2 浮筒就位遇险情

如何将建成后的平台安全地拖到预定位置，对第一次下海的石油人来说也是一个“拦路虎”，平台若在拖航中翻沉将前功尽弃。临拖前，省领导小组召集相关人员召开专门讨论会，对所有可能出现的问题逐一研究，制定对策，确保万无一失。1964年1月24日，我国独立设计的第一座浮筒平台从广州港出发，经过504海里的航行，于1964年2月2日顺利到达莺歌海井场。

为了确保现场顺利安装并按要求开钻，茂名页岩油公司成立了现场指挥部和领导小组，成员有郭庆祥、钟一鸣、王辉和张志友等。石油部也派出由侯国珍、王彦、李勤修等组成的工作组到现场指导工作。

浮筒平台拖航过程很顺利，但在下放平台时却出现了意外。两只浮筒吸水不均衡，平台发生倾斜。在场的人一个个心都提到了嗓子眼。钟一鸣第一个冒险跳上浮筒，其他人也紧随其后，大家希望用身体的力量将翘起的浮筒压下去。幸好水深只有十几米，平台很快就触到了海底，而悬着的浮筒也慢慢吸满水沉到了海底。

平台顺利就位，大家正打算着手钻前准备，可有人报告说，平台在海里左右移动了。大家吓了一大跳，赶紧派潜水员下到海底核查。经过认真的测量核查发现平台并没有发生移动，而是测量系统出了问题。当时简陋的浮筒平台上没有定位系统，用来测距的经纬仪被安放在岸边的水道口，距离平台有四五公里远，测量误差很大。虽是虚惊一场，但也给大家提了一个醒，要时刻绷紧安全这根弦。慎重起见，他们派潜水员在平台四周加固了四根钢筋。

2.3.3 “两个筒筒”创纪元

1963年12月中旬，来自四川石油管理局石油沟气矿的钻井队携装备陆续赶到莺歌海，这群来自川东的“旱鸭子”需要闯过的第一道关口就是晕船。为此，总指挥钟一鸣组织钻井工人出海练兵，让工人坐上小艇在海里转悠，还故意让船身前俯后仰、左摇右摆。这种滋味真不好受，第一天出海两个小时，40多人全部晕船。为了稳定队伍的情绪，鼓舞士气，领导召开动员大会，要求“党团员带头，顶着困难上，要坚定信心，战胜困难，一定要打成功‘海1井’”。经过一段时间的海上适应性锻炼，大部分人可以适应海上环境了。

1964年3月1日，天还没亮，没有剪彩仪式，没有鞭炮齐鸣，中国南海近岸第一口探井——“海1井”就在大家的紧张和忙碌中开钻了。

由于平台小，离岸又不远，除安排小部分人住在配备有抢险设备的方驳船上外，其余人员都住在岸上，每天坐交通船上下班。但是，一些队员怕晕船，不愿坐交通船，就在井架边上固定些木板，铺上几张草席，再用几块篷布遮住飞溅的泥浆沙石，伴随着钻机的轰鸣声酣然入梦。

陆地营房的生活条件也好不到哪里去，他们住的是从海军和附近渔民那里租借来的房子，睡的是行军床，数不清的“沙虱”晚上咬得人睡不着，但大家还是自嘲地开玩笑说，睡觉都有“千军万马”护卫着。尽管生活艰难困苦，但战天斗海的乐观精神却充填着每一个石油工人的心胸。

时任石油部副部长的康世恩经常百忙中过问莺歌海上的钻井进展情况，还亲自为浮筒钻井平台这个初生婴儿起了一个响亮的名字——“海上一号”。当钻井试验获得初步成功之后，他很高兴地说：“我国的海上钻井是靠两个筒筒起家的”。生动形象的比喻给人们留下深刻印象，也成为中国海洋石油工业的时代烙印。

1964年3月11日，“海1井”完钻，井深388米，遗憾的是，这口井未见油气显示。于是指挥部决定把平台撤到别处打井，但大家想尽各种办法，整个平台就是浮不起来。一直到1965年春，平台才成功起浮、移位并钻成了“海2井”。“海2井”的作业水深15.3米，完钻深度143.09米，在新近—古近系望楼港组捞出10公斤低硫、低蜡、低凝原油。3月11日至20日，又打了“海3井”，作业水深为14.05米，完钻深度312.25米。

1965年8月，国家科学技术委员会召开海洋钻井成果报告会，张东元向与会专家作了我国第一次海上钻井研究的技术报告。上海船舶设计研究院的专家张遇通先生对张东元说：“在海上搞工程，没有95%的把握，我们都不敢干，但你们这个项目设计时成功的把握最多75%，只有你敢这么干。”这句话，客观地反映了当时的研究水平,也反映了那个时代革命加拼命的精神以及为国家“找油”的急切心情。

浮筒结构方案也被称为“中国第一代沉垫式钻井船”，是我国在当时科技水平、建造水平和经验都无法满足需求，再加上国外技术封锁的情况下，中国海洋石油人充分发扬艰苦奋斗、自力更生精神而开创的一次壮举，也是中国海洋石油工业发展的一个新纪元。它实现了真正意义上的海上石油钻井，更重要的是加深了海洋石油人对大海的认识，积累了进军大海的经验，迈出了海洋钻井装备自主设计建造的第一步。

2.4 立得更稳——固定式钻井平台

2.4.1 启动“823工程”

20世纪60年代初，南海石油勘探正在如火如荼地进行中，浅海地震试验和海上钻探都已取得实质性进展。但因美越不断扩大战火，原本形势大好的南海油气勘探不得不暂时停止。1965年1月，石油部提出了“上山、下海、大战平原”的战略部署，海上石油勘探开始转战渤海湾。

1965年3月，海洋勘探会议在天津召开，来自国家相关部门、科研机构和院校等十余家单位的专家齐聚一堂，共同为下海工程技术问题“把脉下药”。

经过头脑风暴式的碰撞，大家逐渐统一认识，提出了能够在水中立得更稳的三类钻井装置方案：沉垫式水泥钻井平台、桩基式混凝土钻井平台和桩基钢结构导管架式固定钻井平台。经过讨论决定先设计制造桩基钢结构导管架式固定钻井平台,同时对另外两种类型的钻井装置进行调研、设计和模拟试验。1965年8月23日，石油部又主持召开了“水泥钻井船技术论证会”，就研制沉垫式水泥钻井平台的工程技术方案开展了审查论证。这就是我国开发海洋石油的重大科技攻关项目“823工程”。

2.4.2 中国首座固定平台

其实，早在1945年国外就已开始用钢材建造固定式平台，为了加快海上平台的建造速度，提高安全性，国外多采用大直径桩的整体导管架结构，打桩深度达35~50米，但这需要大量钢材，而且还需要大型浮吊和打桩设备。而中国当时工业基础比较落后，钢材紧缺、型号不全，也缺乏海上大型起重装备和海上打桩设备，当时起重船能力仅40吨，蒸汽打桩锤能力只有3吨。再加上国外技术封锁，我们既无设计规范，也无技术参考资料。因此，设计人员以满足海上安装能力为限，就地取材、因地制宜开展设计。1966年7月，经过半年多的努力，渤海海洋勘探室终于设计出中国第一座钢架桩基式钻井平台“1号固定钻井平台”。

由于要赶在1966年年底前开钻，负责平台建造的海工大队集中全部力量开展建造工作。但大队职工不到200人，人手紧张。指挥部立即从新疆、抚顺调来35名经验丰富的老工人充实建造力量。他们工作服都没来得及换上，一到工地就干了起来。有的人两臂、前胸、脖子都被电焊火花烧伤，汗水一淌疼痛难忍，但没有一人叫苦，没有一人要休息。为了抢时间，赶进度，工人们吃住都在工地，累了就吃，吃完就干，有时下班时间到了，大家都不愿走，领导只好拉闸断电，迫使大家离开工地回去休息。心往一处想，劲往一处使，大家只有一个信念：拼命也要下海，一切为了找油。仅用了一个多月时间，平台主体导管架基本完成。

12月2日，中国第一座固定钻井平台终于像一个钢铁巨人般巍然屹立在渤海湾歧口凹陷的17-2构造上，准备迎接渤海的第一口探井开钻。

平台就位后，海洋勘探指挥部3206红旗钻井队打着“苦战恶战十天，定在年内开钻”的战斗标语，乘船上平台开始安装钻机和井架。由于平台面积小，有劲使不上，一件设备吊上去常常要摆弄多次才能就位，42米高的井架，足足安装了6天。

1966年12月31日23时45分，我国海上第一口深探井——“海1井”开钻了。

然而，天有不测风云，两名工人在维修过程中误触了操作开关，设备突然启动，他们一个被割伤，一个被摔伤。同伴的意外受伤没有使工人们退缩，反而促使他们认真总结教训，充分重视海上作业的危险性，更加注意安全。大家排除万难，坚持生产，很快打完了第一口井，并在海军战士的支援下完成固井，井深2441米。

1967年6月14日凌晨4时16分，“海1井”喷油了！喜讯传到石油部和中南海，6月21日，国务院发来了贺电，称赞海洋石油工人“创造了我国海上打探井出油的先例”。“海1井”经过测试日产原油35.2立方米，天然气1941立方米。这是中国海上第一口真正意义上的工业探井，正式揭开了我国近海海上油气开发的序幕，是我国海洋石油工业发展的重要里程碑。这一成就也作为当年国家的大事记与导弹核武器发射成功等一起被镌刻在中华世纪坛的青铜甬道上。

“海1井”出油后，在该平台又打了三口斜井。此后，为了满足采油的需要，这座钻井平台被改建为1号采油平台。

成功钻成“海1井”并获得工业油气流，证实了桩基钢结构导管架式固定钻井平台是当时最适合我国近海开发的钻井平台形式。随后渤海又按照同样模式，陆续建造了多座类似的桩基钢结构导管架式固定钻井平台。

2.4.3 固定式钻井平台迎考验

（1）抗冰抢险保平台

1969年，海1平台、海2平台高耸屹立在渤海海域。可正当工人们准备开春打井的时候，却遇到罕见的特大冰灾。渤海西部冰厚达50~70厘米，大沽口外形成了无数的冰丘和冰山，冰封线一直向东扩张，从秦皇岛到烟台，从塘沽到老铁山，航道堵死，船只被困。

1969年的大年初一，海2平台周围堆起了近6米高、70多米长的三角形冰山，在冰载荷作用下由螺纹钢管焊接的平台桩腿开始剧烈地晃动起来。到初三早上，生活平台的5个桩腿已断了2根。春节后上班的第一天，指挥部就紧急租用打捞局救助站"红救9号"开始自救，人们从海2平台上将电台、粮食、床铺、用具等抢运到海1平台上不久，海2平台就在人们视线中像散了架一样扭曲着歪倒在冰面上。

海2平台被冰山撞塌的消息传到国务院，周恩来总理非常着急，立即命令海陆空三军部队紧急支援渤海遇难平台。1969年2月24日晨，指挥部组成了一支34人的抢险队，带着电焊机以及加固平台的材料和破冰工具，搭乘"红救9号"直奔海上。当抢险队一路披荆斩棘爬上已经倒在海冰里的海2平台时，形势已岌岌可危。12毫米厚的钢板被撕裂，34根拉筋断了19根，剩余的桩腿在冰排的冲击下来回折扭，随时都有折断的可能。经过十多天的抢险加固之后，海2平台情况有所改善。但3月8日天气突变，气温再次急剧下降，巨大冰排凶狠地向平台压来。6时41分，大家眼睁睁看着经过十多天加固的海2平台彻底倒塌，沉入大海。

失去了海2平台，海1平台同样也在"冰海"中飘摇，危在旦夕。

3月9日，指挥部电令海2平台抢险队加入保卫海1平台的战斗中。随后几天，海拖230船、"大庆22号"船、"海建号"船等陆续赶到，投入到抢险战斗中。天上直升机空投炸药破冰，海面上抢险队员拿起钢钎、撬杠、太平斧、消防钩下船破冰，一望无际的冰海被冲开了道道裂缝；平台上弧光闪烁，火花四溅，加固拉筋，补焊钢板，日夜不停。

这次破冰抢险，共投入各类船只15艘，参战人员1100余人，3架飞机先后飞行37架次进行空中侦察和投掷炸药破冰。在大家共同努力抢险下，海1平台终于保住了。它是渤海石油工人当年艰苦创业的一座丰碑，也是那个难忘的春天军民携手抗击海上特大冰灾的历史见证。

这次海上冰灾事故给年轻的海油人带来了巨大的震撼和冲击，在那个特殊的年代里，由于平台设计没有经验及规范标准可循，忽略了防冰抗冰要求。建造平台的钢材是国产的螺纹钢管，管壁较薄，加上整整一个冬季冰流的反复冲撞，基础遭到严重破坏，而且水下部分因冰封无法检查，没能得到及时加固。海冰推倒了平台，让海油人清醒地意识到，在迈向大海，与大海较量时，不但需要勇气、智慧，还需要先进的技术作后盾。

经历这次冰灾事故后，设计人员改进了技术方案，又重新设计建造了2号钻井平台，这就是新2号平台。在这个平台的设计中，重点考虑了渤海的冰载荷及对导管架强度的影响。

（2）海上愚公移平台

1971年6月，5号钻井平台开工预制，但是因为钢材、焊条十分紧缺，不得不建建停停，到10月份仍没有重大进展。与此同时，新2号钻井平台和3号钻井平台打了两口空探井，只能被迫丢弃在大海上，数千吨的钢材就这样白白浪费了。

海洋石油人看在眼里，痛在心里，他们以主人翁的责任感和对国家财产高度负责的精神，下定决心要让这两座平台起死回生。

说起来容易，做起来难。新2号平台的16根桩除井口桩外，其余15根底部都为爆破桩，每根桩下端就像一个“大蒜头”一样，把桩牢牢地固定在海底，用浮吊根本无法拔起。

受命搬迁的32150钻井队想尽各种办法始终没能成功，新2号平台就像扎了根似的纹丝不动。最后，工人们就发扬“蚂蚁啃骨头”的精神，派人下到桩底，用小榔头砸，用“土顿钻”钻，用钢钎加风镐撬，一点一点地“啃下”固结在桩体内的水泥。经过4个月的连续奋战，终于在1972年4月3日把桩里的100多立方米水泥掏空。之后，大家下到21米深的桩底，采用普通的碳弧气刨法又奋战半个多月，把桩腿全部割断。最终，依靠6只浮筒顺利地将平台浮起运走，移到新的构造上重新打井，新2号平台就此复活。

1972年7月，他们又投入复活3号平台的战斗，采用爆炸加风钻的办法，经过1个月的鏖战，到8月1日，3号平台终于成功地搬到海6井。

工人们靠这些土办法、土工具，经过艰苦的奋战和生死考验，闯过道道难关，接连复活了两座“死”平台，为国家节约1200多吨钢材，因此被称为“海上愚公”。这种做法在现在看来有些蛮干、冒险，但当时正值“文化大革命”，国民经济受到极大破坏，钢材等物资十分紧缺，不这样做，工程就要下马，就不能完成海上油气勘探任务，石油人怎么甘心呢？“海上愚公”的英勇事迹和崇高精神将铭刻在海洋石油勘探史上，激励后人奋发前进。

石油人为了给祖国“找油”，凭借着“革命加拼命”的精神勇敢下海，但资金短缺、技术薄弱、国外封锁的现实，给海洋石油人带来重重阻挠。困难没有吓倒海洋石油人，反而激发了他们战天斗海的豪情，他们齐心协力、众志成城，他们艰苦奋斗、百折不挠，从驾木船钻井这个最简陋的土办法开始，到依托海岛打井，到创立“两个筒筒打井”的壮举，再到自主设计、建造平台，一步一个脚印地迈向海洋，驶入了新中国海洋钻井装备大发展的快车道。

第三章

砥砺前行——海洋移动钻井装备初具规模

从新中国成立到20世纪70年代初，中国海洋石油工业经历了艰难曲折的发展历程，先后尝试了“木船上的钻机”、“浮筒上的钻机”和“海岛上的钻机”，开创了海上钻井的先河。

但是，这种“因陋就简”的尝试无法保证海上钻井作业的安全，更谈不上作业效率。在“浮筒上的钻机”首钻后的总结交流会上，时任浮筒钻井项目负责人王彦就曾直言不讳地指出：以中国当时的工业水平是无法建造出合格钻井船的。虽然这种敢闯敢拼的精神值得肯定，但是依靠“土法上马”建造的海洋钻井装备出海打井找油却是不可行的。

此后，国内开始有针对性地研究建造可专门安放钻机的海上固定式平台。但早期建造海上钻井平台的基本出发点都是如何将陆地钻机“搬到”海上，很少考虑海洋油气勘探作业的特点和要求，特别是固定式钻井平台，搬迁非常困难，一旦打井落空，就会造成巨大浪费。

“工欲善其事，必先利其器”，如何设计建造出更适用的海洋钻井装备，成为破解我国海洋油气开发困局的关键所在。

20世纪50~70年代，国外移动式钻井装备快速发展的势头不减，海油人下决心要迎头追赶。

在中国当时的科技和工业基础条件下，海洋石油人艰苦奋斗，努力探索，砥砺前行，走出了一条有中国特色的海洋钻井装备发展之路，建成了一批支撑中国早期海洋石油工业发展的海洋钻井装备。

3.1 白手起家——自行设计建造钻井平台

3.1.1 冲破封锁建成自升式钻井平台

自升式钻井平台在需要钻井时，可通过插桩将自升式钻井平台牢牢固定，升船后就可以进行钻井作业。需要移位时，直接降船、拔桩即可开赴新的“战场”，非常适合在海上钻探井。因此，该类平台一问世就在国外得到推广应用。

20世纪60年代，我国被西方封锁，与外界鲜有沟通，很难接触到外国的先进技术，在自升式钻井平台的设计建造技术方面完全是一片空白。技术人员除了在有限的资料、图书中看到一些自升式钻井平台的照片和零星的介绍外，几乎没有任何可参考的设计资料。

1966年，时任641厂（大港油田前身，因1964年1月开始华北石油勘探会战发现了该油田，因此对外代号为641厂）海洋勘探室副主任的肖希书带领他的团队白手起家，克服了巨大困难，终于起草完成了《自升式钻井平台技术设计任务书》。

（1）大胆设计绘蓝图

1966年8月，在《自升式钻井平台技术设计任务书》的基础上，由 641厂海洋勘探室、第六机械工业部第七研究院第八研究所（简称“708所”）等单位开始进行“渤海一号”自升式钻井平台的基本设计。

对于仅凭照片零星了解这些平台的设计人员来说，自己独立设计困难重重。设计期间，设计人员付出了大量心血，遇到的困难数不胜数，比如“渤海一号”设计时，面临的第一个难题是如何合理确定平台的结构形式。

当时自升式平台有两种固定结构形式，一种是沉垫式，另外一种是单桩插进式，亦称插桩式。应该采用哪种固定结构形式困扰着设计人员。由于没有任何经验，设计人员经过反复比较和详细分析，考虑到沉垫式搁置在淤泥层上，受风力、波浪力作用时易产生滑移，而且由于海底冲刷可能造成沉垫底部的土壤局部淘空，易引发事故，最后决定采用单桩插进式设计。当然采用单桩插进式也有缺点，例如可能会出现拔桩困难，因此在设计时考虑到拔桩的难度，专门设计了高压冲水方式减少桩腿吸附力。

“渤海一号”建成后的使用情况证实了插桩固定方式更适合我国渤海海域作业。与从日本进口的沉垫自升式钻井平台“富士丸”（后更名为“渤海二号”）相比，平台稳定性更好。“渤海二号”曾在9~10级风中多次发生沉垫滑移，甚至辅加抛锚也无济于事，最严重一次滑动了2米多并将隔水管拉坏，“渤海一号”则没有发生过类似的事故。而且在30多次升船作业过程中，四根桩腿从未发生过不均匀沉陷。

确定了平台结构形式后，下一个难题就是对气象和水文数据进行分析，确定设计环境条件。自升式平台升起后一般必须能经受作业地区40~50年一遇的风、浪、流的作用力。但当时渤海湾地区气象、水文资料匮乏，要制定50年一遇的环境条件数据十分困难。设计者们走访了11位有着丰富渤海湾航行经验的老船长，并结合已有资料和统计数据分析结果，最终确定了水深30米以内该海区40~50年一遇的环境条件数据。

设计的另一个关键挑战在于对船体材料、舾装材料等的选择。经过认真研究对比，为减轻自重并保证低温工作所需的低温冲击韧性，平台的船体及桩脚均采用了国产902低合金钢材，使船体及桩腿系统的钢材总重量由3000吨左右降低到2500吨，总重减轻了约20%。

为了防止平台锈蚀和海生物附着，大连油化厂专门研制了一种特殊的油漆。

使用这种特制油漆后，无论船体升离水面还是桩腿暴露在大气中，油漆都不会龟裂，而且对防止海生物附生有很好的作用，大大增加了平台的使用寿命。

1967年3月，在历经了七个月的艰苦努力后，“渤海一号”的基本设计及施工设计终于出台了。所设计的平台呈长方形，型长60.4米、型宽32米、型深5米。四条桩腿为圆柱单桩插入式，采用电动液压升降装置，最大作业水深为30米，最大钻井深度为3200米，柴油主电站功率为2×1000千瓦。

（2）土法上马建平台

“渤海一号”的设计方案于1967年完成，但由于“文化大革命”等原因影响了建造进度，直到1970年“渤海一号”才在大连红旗造船厂开工建造。平台的钻井设备则分别由兰州石油机械厂和兰州通用机械厂制造和提供。

建造过程中，工程技术人员根据当时的设备和工艺条件，因陋就简，采用很多创新性的技术解决了制造、安装过程中的困难。据参与“渤海一号”设计建造的大连船厂老专家何庆景回忆，大连红旗造船厂当时连计算器都没有，全部设计和校核工作都是靠设计人员手工计算和拉计算尺完成的。

当时船厂吊机的起重能力只有75吨，平台只能采用在船台上建造然后滑移下水的方式。吊机能力不足，大家就齐心协力，搭设土扒杆，把40多吨重的固桩架吊上船，然后再将成百上千吨重的大大小小构件，用“蚂蚁搬家”的办法，一件件抬上去，准确地安装就位。

对于圆柱式桩腿的建造，只能采用卷管机卷管后对焊的方式建造。将桩腿壳体在通过2500吨水压机上压成半圆，再对接成长约2米的小圆筒分段，然后将小分段组装成长度分别为30米、28.8米、7.0米、7.2米的四个总段。为了保证桩腿的直线度、同轴度等建造公差，只能用吊线的方法来测量。因为当时船厂甚至连经纬仪和水平仪都没有，而且由于吊高及吊重的限制，在工厂码头先吊装30米及28.8米两个总段，然后在海中升船，利用平台自身的30吨起重机吊装剩余7.0米和7.2米的两个总段。

在建造过程中，技术人员高度重视加工质量，例如壳体加工椭圆度设计要求12毫米，实际制造精度达到了4~6毫米，周长误差小于3毫米，实际误差均满足设计要求。焊接中，环形缝做到100%超声波或X射线检透，确保了焊接质量。在75毫米导板上开插销方孔时，大胆地采用了新工艺，先在孔的四角处钻四个30毫米的孔，再用自动气割外接这四个孔并割出方孔，不仅节省了大量机加工工作量，而且导板表面光洁度、垂直度完全满足公差要求，特别是气割使导板表面渗碳，相当于在导板孔壁淬火，大大增加了导板的表面硬度，实践证明这种独具特色的加工工艺非常成功。

在如此简陋的条件下，顺利建造“渤海一号”是中国造船史上辉煌的一笔。

值得一提的是，在建造“渤海一号”钻井平台的过程中，恰逢我国准备从日本购置一座二手自升式钻井平台。“渤海一号”的建造者们暗自下定了决心，“中国第一座自升式钻井平台必须是中国人造的”。为了赶在进口平台来中国之前完成“渤海一号”的建造，大连红旗造船厂的工人和技术人员鼓足干劲，加班加点。1972年，“渤海一号”顺利通过长途拖航及升、降船试验，正式交船，并于1973年3月到达预定井位开始钻井。

（3）有惊无险经考验

作为我国第一座自行设计建造的自升式钻井平台，“渤海一号”在作业过程中不可避免地遇到了很多挑战，其中最严重的是1976年7月的唐山地震考验、1976年12月的桩腿折断事故和1977年拖航遇到恶劣天气的经历。

1976年7月28日，唐山发生7.8级大地震。当时“渤海一号”正在位于唐山东南方90公里处的海域作业，该海域水深26米。各桩腿平均入泥深度21米。地震发生时，平台出现左右摇摆，摆幅约0.5米，持续了半分多钟。当时桌上的热水瓶及书籍等均被震倒，脸盆中的水被摇出大部分，人站立、坐卧均不稳。船体甲板上有两块用于固定桩腿的楔块都被震了出来，所幸事后检查固桩架及起重机等均未发现损伤。

在经历唐山大地震考验不久，眼看就要到1976年底了，12月24日早晨，“渤海一号”完成全年钻井任务后开始降船，准备实施拖航作业返回塘沽。在收桩过程中，天气突然变化，上午11时左右风力迅速增至七八级，平台甲板上人员无法继续工作，此时桩腿还剩十三四米处在水面以下，固桩块及固桩钢索均未来得及固紧。午后风浪继续增大，导致船艉左舷锚机锚索被拉断、船艉右舷锚机自动弃锚，平台走锚。到晚上18时左右，风力增大到9级，船体横摇近13°~14°，桩腿摇晃更加严重。摇晃中船艉右舷桩腿几乎碰击到井架，21时左右，该桩腿插销脱出、桩腿折入海底，在船体、风力、波浪力作用下桩腿齐船底折断，第一节折断约29米，余下部分又插入海底，第二节再次被折断。

“渤海一号”在风浪中遇险，党中央和国务院非常重视，迅速派出五艘万吨级船前来营救，但是均因风浪过大无法接近。“渤海一号”只能一直在海上漂流，直至26日风浪较平静后才被前来营救的船只拖带上，并于27日安全返回基地。

经历了这次“死里逃生”的考验后，1977年10月7日，“渤海一号”在海上升船前夕再次遭遇了七八级大风。这次平台靠拖轮拖住，顶风顶浪游弋了四天，船体横摇幅度不大，仅约2.5°，但由于未来得及加固桩块及固桩钢索，桩腿晃动剧烈，使桩腿及固桩架均长时间承受交变载荷，发生了疲劳损伤。

这三次由于恶劣天气和大地震导致的险情是对“渤海一号”真枪实弹的检验，虽然发生了一些意外情况，但是“渤海一号”还是经受住了考验，没有出现大事故。这些都证明“渤海一号”在设计上是可靠的。

（4）立功受奖建功勋

“渤海一号”1973年投入使用、1980年闲置并于1982年报废，在役7年多时间里，在渤海湾成功完成了30多口井的钻井任务，参加过渤海沙垒田会战、石臼坨古潜山会战，发现了曹妃甸、渤中等多个油田或含油构造，为初期渤海石油勘探开发事业立下汗马功劳。此外，在 1974年8月25日，“渤海一号”年进尺达到10 034米，首次突破了渤海油气区年进尺万米大关，创下了历史纪录。

“渤海一号”是我国首座完全自主设计建造的海上自升式钻井平台，凭借着其优秀的设计和建造水平，“渤海一号”获得了1978年全国科技大会科技成果奖。它的建成标志着我国冲破了国外的封锁，取得了自升式钻井平台设计建造技术的重大突破，是中国海洋石油历史上开天辟地的大事。同时宣告我国海上钻井作业告别了只能使用固定式钻井平台的时代，是我国海洋钻井装备发展史上的里程碑。

“渤海一号”设计建造时正处于“文化大革命”时期，中国的经济实力、工业水平和国外有很大差距，而且在没有任何国外参考资料和经验的情况下，完全凭借国内自己的力量完成设计、制造，其设备和材料均为国产，在当时是非常巨大的成就，可以说其难度和意义并不亚于今天的宇宙飞船上天。

“渤海一号”的建成，大长了国人的志气、坚定了海油人开发海洋的信心，设计建造中所体现的“攻坚克难”、“自主创新”的科学精神以及“有条件要上，没有条件创造条件也要上”、“战天斗海”的大无畏战斗精神永远值得我们学习和发扬光大。

3.1.2 攻克双体浮式钻井船设计建造难关

（1）巧思妙想拼装旧货轮

“勘探一号”钻井船的设计建造可追溯到20世纪70年代初。1970年5月，国家计委地质局627工程筹备组（简称“627工程筹备组”，即后来的“海洋地质调查局”）在上海成立，目的是开展东海和黄海海域的油气勘探工作，促进海上油气资源的

开发利用，捍卫我国海域主权。

1970年4月，国务院业务组提出改装一座钻井船，该任务顺理成章地落到了刚刚成立的“627工程筹备组”的肩上。筹备组接到任务后立即成立了海上钻井船“三结合”小组，做到设计单位、建造单位和使用单位分工又合作。改建钻井船的设计工作在上海进行，设计任务由708所、上海沪东造船厂和上海海洋地质调查局成立的联合设计小组承担。

虽然当时“渤海一号”自升式钻井平台的设计已完成并开始建造，但是两种钻井装备技术形态差别巨大，可参考借鉴的内容非常有限，可以说我国建造浮式钻井船仍然面临一穷二白的局面。而且“勘探一号”钻井船设计建造正处于“文化大革命”时期，工业基础落后、技术资料非常匮乏、组织管理混乱，难度可想而知。

为了早日出海“插红旗、练队伍、考验海洋钻井装备”，筹备组只能本着“因陋就简、小修小改、尽快建成、出海试钻”的原则迎难而上。经过数次头脑风暴式讨论，有人提出把两艘旧船拼装到一起建成双体船，既可降低改造难度，又能增加稳定性，也具有航行能力，可以达到移动钻井的目的。大家都认为这是个好主意，决定采用两条相同的3000吨级旧货船拼装改建双浮体钻井船。筹备组克服了重重困难，终于拿出了双浮体钻井船的设计方案。钻井船的设计工作水深100米，钻井深度3000米，航速12节*，满载排水量8000吨，装载量1800吨，吃水5.6米。

1971年2月，在上海首次召开了钻井船方案设计审查会。为了慎重起见，同年7~8月，国家计委牵头在北京再次召开设计审查会。

（2）自主攻关建成钻井船

上海沪东造船厂承担了建造钻井船的任务。钻井船上配备了国产设备，包括全套石油钻机及试制的水下钻井设备和锚机等，当时没有专用的海洋钻井装备，就将陆地钻井装备改造后搬到船上，没有水下防喷器，就和陆地防喷器厂家一起设计研发。

1972年12月，钻井船的船体改造完成后开始在长江口试航，并正式命名为“勘探一号”。

为了提高平台的自动化作业能力，“勘探一号”钻井船上还配置了机械化立根排放装置。该装置由兰州石油机械研究所设计，由上海起重机器厂在上海大隆机械厂和上海第三石油机械厂的协助下完成制造。这是国内第一次设计建造机械化立根排放装置。为了稳妥起见，兰州石油机械研究所的设计人员专程赴长庆油田

---

* 节是船员测航速的单位，1 节 =1 海里 / 时。

进行了水平立根排放现场试验，证实了该装置可以安全可靠地工作。1973年底，机械化立根排放装置安装到“勘探一号”钻井船上，在以后的钻井作业过程中使用状况良好。

1974年1月，“勘探一号”钻井船完成了船舶航行、导航定位、水下电视等竣工试验任务，正式交付使用。

（3）初次出海试钻即成功

“勘探一号”钻井船首次出海打井受到了党和国家领导人的高度重视。1974年4月28日，时任国务院副总理李先念亲自批示，同意国家计委《关于“勘探一号”钻探船出海试钻的请示报告》。5月19日，“勘探一号”钻井船正式出海钻井。

1974年5月19日~7月18日，“勘探一号”在南黄海完成“黄海一井”的钻探，钻探井深1544米。党和国家领导人对“勘探一号”试钻成功给予了高度评价。1974年底，《人民日报》头版头条发布了“勘探一号”试钻成功的消息，《文汇报》、《光明日报》等报纸也都先后进行了大篇幅的报道。

（4）勇开先河荣获科技奖

从1974年到1979年，“勘探一号”钻井船在南黄海水深29~68米的海域共钻了7口石油探井，总进尺15 027米，最大井深2413米，获得了丰富的地质资料，为了解南黄海的地质构造情况、培养和锻炼海上钻井队伍做出了突出贡献，并为海上浮式钻井船的自主设计建造积累了宝贵经验。

“勘探一号”钻井船是我国自行设计建造的第一座浮式钻井装置，也是目前为止，我国唯一的一艘双体钻井船。“勘探一号”钻井船是在缺少技术资料、缺乏和国外先进技术对标的情况下，克服了重重困难自主研发建造的，代表了当时国内最高水平，在1978年获得了全国科学大会奖励。

由于“勘探一号”钻井船建造本身带有试验的性质，没有针对特定的海洋环境条件进行建造，而是“因陋就简，量力而造”。加上国内当时工业基础条件薄弱，缺乏设计建造经验和海上钻井作业经验，导致“勘探一号”钻井船的强度、稳定性、安全性以及定位系统、水下防喷器等一系列技术难题都未完全得到解决。钻井、水下、井控、测试等关键设备也都存在一些缺陷。这说明对于大型海洋钻井装备的研发，仅凭技术人员攻坚克难的大无畏精神和一腔热血是远远不够的，还需要向国外学习先进技术。引进、消化、吸收国外先进技术才能“又好又快”地发展海上石油钻井装备。

在黄海海域征战近5年后，“勘探一号”船体出现变形和严重腐蚀的情况，无法继续在海上实施钻井作业，只能拖回港口待修。由于当时国内没有足够宽的船坞，“勘探一号”钻井船没能进坞检修。1979年以后“勘探一号”闲置下来，后经地矿部批准，该钻井船于1993年报废。

总体而言，“勘探一号”钻井船和国外同时期的钻井船在技术性能上存在较大差距。然而，即使“勘探一号”钻井船存在许多的不足，但作为在特殊历史时期我国自行设计建造浮式钻井装备的第一次大胆实践，“勘探一号”在我国移动式钻井平台发展史上仍具有举足轻重的地位。从“勘探一号”的设计和改建开始，中国对海上浮式钻井作业的钻井工艺有了实践的机会，对海上浮式钻井平台的设计建造有了全面的认识，也为我国后来自行设计建造浮式钻井装备积累了经验，打下了基础。

3.2　洋为我用——引进国外钻井平台

自力更生成功设计建造自升式钻井平台，大长了中国人的志气。但是，随着我国渤海、南海、东海海上油气勘探开发的全面开展，自建钻井平台已无法满足海上钻井作业需求。20世纪70年代到80年代初，为了加快我国近海油气资源勘探开发，我国进口了一批移动式钻井平台，大大提高了海上勘探开发钻井作业的能力。而且此时我国的改革开放给海洋石油发展带来机遇，海油人坚持对外开放，加速了钻井装备的发展。

3.2.1　买船的争论

新中国成立后，我国的工业基础非常薄弱，走过了很长一段自力更生、自我发展的道路。海洋石油工业也同样经历了这样的发展过程。

从寻找莺歌海油气苗开始创业的中国海洋石油人，吹响了“从陆地走向海洋”的号角，用生命与激情谱写了一部海洋钻机发展的创业史。但是也应该清醒地看到，受当时技术水平、经验和工业基础等的限制，国产自制钻井平台设备性能落后，安全保障和通信条件差，根本无法抵御海上恶劣环境。“渤海一号”曾经发生折断桩腿的事故，“渤海三号”连一口井都没打完就报废了。国产海洋钻井平台的工作条件非常简陋，工人们夏天顶着骄阳在晒得滚烫的钢铁甲板和井架上作业，冬天则只能靠一件棉工服抵御刺骨的严寒，还随时要面对狂风、巨浪、海冰、海啸等危及生命的威胁，工作的艰苦程度可想而知。

在这个创业过程中，人们逐渐认识到海洋石油具有高风险、高技术、高投入的特点，无视这些就会带来惨痛的教训，必须打开国门，坚持走“对外合作”道路，向国外同行学习先进的理念、管理和技术。然而，这条路也不是一帆风顺的，经历了诸多的争论，甚至遭到非议。

当时由于意识形态和思想认识方面的差异，国内存在究竟应该从国外买平台还是自己建造平台的困惑。在“文化大革命”时期曾有人大力批判“造船不如买船，买船不如租船”，认为这是洋奴哲学和鼠目寸光。然而，我们必须客观看待我们与先进技术间存在的差距，海洋石油勘探开发的高风险必须用高技术应对和解决。没有先进的钻井装备，就只能“望海兴叹、望海止步”。因此，尽管争论和非议不断，但为了尽快开展海上油气勘探开发，即使在国内经济非常困难的“文化大革命”时期，石油部在党中央、国务院领导的大力支持下，还是顶着压力进口了一批先进的海洋钻井平台等装备投入渤海和南海的油气勘探。

实践证明买船是必要的选择。尤其是在我国整体工业水平比较落后的情况下，通过从国外购买先进的钻井装备，可以快速形成海上钻井作业能力，满足我国海上油气勘探开发的需求，同时还是我们学习国外先进技术的切入点。从国内海洋钻井装备长远发展的角度出发，自我设计建造国产化海洋钻井装备也是必需的：一方面可促进国内工业水平进步、打破国外技术封锁和垄断；另一方面国产化可节约费用，缩短建造工期。因此“买船”和“造船”分别立足于短期需求和长远发展需求。中国海洋钻井装备的发展正是兼收并蓄了二者的优点，走出了一条具有中国特色的海洋钻井装备发展之路。

3.2.2 下定决心进口“洋平台”

1973年1月，国务院批准拿出43亿美元从国外引进一批先进的技术和装备，这就是著名的“四三方案”。这是新中国首次从西方国家大规模引进成套技术和装备，被称为“与资本主义的第一次亲密接触”。邓小平后来回顾这段历史时说：“说到改革，其实在1974年到1975年我们已经试验过一段。”

“四三方案”明确地提出了引进的五项原则：①集中力量，切切实实解决国民经济的几个问题；②学习与独创相结合；③有进有出，进出平衡；④新旧结合，节约外汇；⑤当前与长远兼顾。“四三方案”涉及的26个项目主要分布在石油化工、发电、钢铁等领域。国家专门拨款引进包括海洋移动式钻井平台在内的一批先进石油勘探装备，充分体现了国家领导人对海洋石油工业的重视。

在此大背景下，从1973年到1980年，我国先后从日本、新加坡、挪威等国家购置了一批移动式钻井平台，包括9座自升式钻井平台和1座半潜式钻井平台，大幅提高了我国海洋石油钻井装备能力。为了满足我国海洋石油勘探开发钻井作业量持续增加所带来的装备需求，1980~1994年，我国又从国外进口了1座坐底式钻井平台、4座自升式钻井平台和3座半潜式钻井平台。

（1）第一座进口的“洋平台”

自升式钻井平台“渤海二号”由日本三菱重工业株式会社广岛造船所设计制造，原名“富士丸”，1968年建成下水，是日本设计制造的第一座自升式钻井平台，1970年该平台进行过改造。1973年4月，石油部海洋石油勘探指挥部购买了“富士丸”平台，并命名为“渤海二号”，是我国引进的第一座“洋钻井平台”。

“渤海二号”在当时世界上并不算先进平台，但是由于国家外汇紧张，拨不出更多资金购买更先进的平台，只能按照少花钱多办事的原则选择买得起的平台。即便如此，“渤海二号”无论在作业能力、作业效率还是设备配置等方面，都比我国自行设计建造的“渤海一号”先进。在20世纪70年代的渤海石油勘探会战中，“渤海二号”成为沙垒田会战和石臼坨古潜山会战的主力钻井装备，发挥了重要作用。

然而不幸的是，“渤海二号”钻井平台于1979年冬天在渤海翻沉，连同72位石油工人一起没入大海。这是新中国成立后损失最为惨重的海难事故，“渤海二号”以悲剧的方式结束了历史使命，留给海洋石油人无尽的思考。

（2）维护权益据理力争

我国引进的第一座浮式钻井平台为“南海二号”半潜式钻井平台。

“南海二号”的购置可以追溯到1975年。这年10月，为了发展我国海上石油事业，实现海油人进军南海深远海域的梦想，时任石油部副部长张文彬带队访问挪威，并参观弗里格大气田、埃科菲斯克大油田以及正在开发的斯塔福约德大油田。期间，代表团认真地考察了Aker H-3型半潜式钻井平台。他们从平台上的钻井装置、锚泊定位到深水作业技术、完井方法等都进行了深入的考察和研究，收集了详细的资料和图片。

Aker H-3型半潜式钻井平台可在300米水深的海上钻井，非常适合在我国南海、东海作业。经过考察论证并请示康世恩部长之后，张文彬即和挪威方面口头达成购买Aker H-3型钻井平台的意向。1977年的春天，石油部邀请挪威外商到北京进行长达数月的技术交流和谈判，并于当年7月签订了合同，最终买下了挪威阿科公司的“格尼·多尔芬号”（Borgny Dolphin）半潜式钻井平台，并改名为“南海二号”。

“格尼·多尔芬号”最大作业水深304米（1000英尺），在当时属于深水钻井平台。平台名义钻深7600米，具有自航能力。1974年建成后，先后在挪威北海海域钻井11口。

购船合同签订后，石油部委派了以时任南海石油勘探指挥部副指挥的张志友为首的验船组三十余人赴挪威验收。

按照合同规定，卖方必须对中方人员进行培训，以便中方人员熟悉钻井平台的性能、操作和维护。验收人员一方面研究图纸资料，一方面听外国专家讲课。时间紧、任务重，从早晨到晚上持续工作十几个小时，没有一个人叫苦叫累。靠近北极圈的挪威风景秀丽，当时正是旅游旺季，挪威方人员热情邀请他们欣赏郊外的大自然美景，去观看罕见的北极光，都被婉言谢绝了。大家都把宝贵的时间用在刻苦钻研钻井平台上，努力摸熟摸透每套设备、每个部件。为了节约费用，验船组人员来到挪威后省吃俭用，他们住最便宜的旅馆，自己动手买菜做饭，一个多月为国家节约了5万多挪威克朗。由于工作劳累、生活艰苦，许多人病倒了，但都一声不吭地坚持工作。

验船人员深知国家外汇来之不易，在研究确定购买设备配件清单时非常谨慎，每一个配件都经过反复讨论，最后才定下100万美元的采购清单。

验船过程中还发生过一些小插曲。验收人员来到挪威时，“格尼·多尔芬号”平台还在为飞马石油公司钻井，原计划是本次作业结束后立刻将平台移交给中方。但由于不能如期完井，试油时又发生事故，因此平台交接时间一再拖延。对于挪威方不能按合同如期交平台，张志友找到中间商哈德逊进行交涉。他对哈德逊说：“我们原计划到挪威20多天就可接平台回去，现在却因卖方的原因一拖再拖。挪威物价很高，我们30多人开支很大，更重要的是我们在中国的井位已经定好，但平台不能按时回去打井，损失是很大的。”哈德逊问：“你看怎么办？”张志友说：“应由卖方负责，因为是他们推迟了交货。”最终卖方不得不同意赔偿中方验船组提出的经济损失。

在验收过程中，对于平台备件，卖方坚持平台上有什么就给什么、有多少就给多少，不同意中方提出的配件价值应不少于100万美元的要求，也不同意将平台上无用的配件换成中方需要的配件。中方代表据理力争、寸步不让，最后外方不得不同意补给中方5万多美元的新备件。当时购买的2000米套管原定随钻井平台运回国，但英国劳氏船级社的验船师经过检验后，认为平台已经超重，不能再装套管。卖方让验船组自己想办法将套管运回。我方马上和他们交涉，最后外方不得不答应负责运输。

经过验船组近5个月艰苦细致的工作，终于圆满地完成了“南海二号”的接平台验收任务，比原计划整整晚了4个月。挪威方面负责平台的拖航，平台于1978年

3月抵达海南岛八所港，正式移交给中方，按双方达成的协议由挪威方指导中方人员进行了模拟钻井试验。这是中国第一座半潜式钻井平台，担任第一任平台经理的是后来中国海油第三任总经理王彦。

从1978年购置回来以后，“南海二号”就崭露头角，在我国南海油气开发中取得了骄人的成就。“南海二号”创造了我国海上钻井的多个第一次。例如，1978年4月“南海二号”在莺歌海钻“莺2井”，这是我国第一次使用半潜式钻井平台钻井，第一次在近100米水深的外海钻井，并第一次在莺歌海海域钻探出天然气。1979年7月,“南海二号”钻“莺9井”获得工业油流,这是在琼东南盆地首次获得工业油流。此外，“南海二号”还是南海第一座承担反承包作业的中方钻井平台。

“南海二号”不仅在我国南海、东海油气勘探中发现了很多油田，还为中国海油培养了大批半潜式钻井平台的作业人员。目前中国海油半潜式钻井平台的关键岗位作业人员大部分都在“南海二号”上学习过。中海油研究总院钻井副总工程师（原中海油服高级副总裁）李迅科在“南海二号”先后担任过司钻、队长、平台经理等职务,亲手带出了一批“精兵强将”,为中国海洋钻井事业做出了突出贡献。全国劳模郝振山在担任“南海二号”经理期间率领团队取得了骄人的业绩，并因此获得“海上铁人”的称号。可以说“南海二号”是中国海油培养半潜式钻井平台作业人员的摇篮。

“南海二号”在之后三十多年的海上钻井作业中没有出现过大的设备问题，也从另一面验证了验船组严谨、细致、高度负责的工作态度。

（3）令外方钦佩的中国监造组

20世纪70年代末,南海油气勘探有了较大进展,北部湾等海域陆续有了新发现。但是，当时钻井平台数量远远不能满足勘探钻井作业量的需要。

此时恰逢国外造船业不景气，日本日立造船厂开始转型建造钻井平台，其建造价格低于西方和新加坡造船厂的价格。为了大力推进南海的石油勘探开发，经过考察，我国决定在日立造船厂订购两座自升式钻井平台，即“南海三号”和“南海四号”。

“南海三号”和“南海四号”于1979~1980年在日本日立造船厂建造。为了保证两座平台的建造质量，国内派出了以王彦为组长的监造组到日立造船厂参与自升式钻井平台的建造工作。

王彦回忆，日立造船厂除了为中方建造钻井平台外，还承建了印度、美国的钻井平台。因此，当时在日立造船厂同时有中国、印度和美国等不同国家的监造组。但是,平时建造码头上只能看见日方的工作人员和中方监造组工作人员的身影,印度和美国的监造人员只有在合同付款时才会出现在码头，检查一下进度，其他时候都在享受日立造船厂的特殊招待。

中方监造人员每天在现场忙碌，他们上钻台、爬井架、下船舱，从不叫苦叫累，和日立造船厂工作人员一起确定电缆管线走向、检查焊接质量、参与安装调试等，事无巨细，每一个环节都能看到他们的身影。

监造组人员在日立船厂夜以继日地工作，不觉时间飞逝，1980年元旦悄然而至。日本过新年而不过春节，因此元旦放假时间比较长。日立船厂也放假12天，船厂全面停工。

船厂的接待人员找到王彦，问："王先生，新年到了，船厂放假12天，请问王先生您是回国呢，还是把家属接到日本来一起过节呢？我们想了解您的计划，船厂方面进行安排。"

王彦说道："您都猜错了，我既不回国，也不把家属接过来，我就在船厂过新年。"

接待人员很吃惊，告诉王彦："日本的新年期间，大家都放假，您连吃饭的地方都找不到！"

王彦笑道："不要紧，我们已经准备好了，买好了饭菜，自己做饭吃。"

就这样，在日本新年放假期间，中方监造组人员趁船厂停工的机会，学习、消化钻井平台相关图纸资料，为下一步工作打好基础，一起在异国他乡度过了一个特殊的新年。

新年假期快要结束时，日立船厂实在过意不去，派公关部的工作人员请监造组到京都观光。盛情难却，监造组的同志们才到京都参观了落成不久的"周恩来诗碑"，算是在日本唯一的旅游纪念。

此外，"南海三号"和"南海四号"建造后期，刘家南作为接船组的负责人也来到日立船厂。他没有摆出甲方的架子对乙方颐指气使，而是和日立船厂的工段长一起摸爬滚打、并肩作战，向对方虚心学习，与日方人员相处得十分融洽。接船顺利结束后，日方工段长还赠送了不少小工具，这也为国家节约了一笔费用。

日立船厂为中国、美国、印度建造的自升式钻井平台相继完工了。日立船厂人员私下议论：几个国家中，日立船厂接待中方人员的招待费最少，但中国钻井平台的建造质量最好，中国人的敬业精神真是令人敬佩呀！

（4）运筹帷幄，逆势购入

进入20世纪80年代中期，世界石油行业再次跌入低谷，国际海上钻井市场也随之萧条。由于业务量减小，加拿大的一家钻井公司准备卖掉旗下一座半潜式钻井平台。恰逢此时，国内海上钻井作业量有所回升，仅靠"南海二号"不能满足深水钻井作业需求，只能租用国外的钻井平台。从长远发展考虑，中国海油必须加快提升深水钻井作业能力。

1986年，中国海油瞅准时机，预备购置加拿大要出售的这座半潜式钻井平台。然而此时，“买平台不如租平台”的观点再次被提出，特别是有人质疑：国际市场低迷时期，国外公司往外卖的时候，为什么我们却要往里买进来呢？而且此时可以低价租用国外钻井平台，购置平台不是浪费吗？

面对质疑，中国海油认为海洋石油工业要快速发展，没有自己的装备是不行的。趁着市场低迷的时候添置钻井装备可以节约资金，为什么不能逆势而为呢？因此下定了决心要购置该平台。但一波刚平，一波又起，购置资金的筹集工作又遇到了麻烦。

1985年，我国“南海三号”自升式钻井平台干租给法国富拉索尔公司，外方作业时发生了井喷事故被烧毁。好在法国富拉索尔公司按惯例购买了全额保险，因此保险公司应赔付中国海油损失2000多万美元。中国海油正是计划要用这笔保险赔付款购置新钻井平台。因此只有拿到“南海三号”的赔偿款，才能真正启动新平台购置工作。但没料到理赔业务涉及多个当事公司，程序相当复杂，保险赔付款迟迟拿不到。

国外保险公司在中国的代理公司位于上海，为了尽快拿到赔付款，时任南方钻井公司负责人刘正仁亲自乘坐火车从湛江到上海去谈判赔偿事宜。

20世纪80年代，我国铁路客运还不发达，火车速度很慢，从湛江到上海只有慢车，路上要花3天时间才能到。为了节约有限的资金，刘正仁舍不得买卧铺，结果只买了一张无座车票。就这样他坚持在硬座车厢的过道中凑合了三天三夜。到上海后来不及休息就投入到了紧张的谈判工作中。由于准备充分，谈判时有理有据，很快就拿到了“南海三号”的赔偿款，为顺利购置新平台提供了资金保障。

1987年，一座作业水深457米的半潜式钻井平台“Bow Drill 2”如愿被购置回国，并更名为“南海五号”。它钻第一口井“白云7-1-1”时就创造了国内最高作业水深纪录499.42米，这个纪录持续了将近20年才被打破。该平台从购置回来到如今已经服役近三十年，平台状况依然良好，是我国半潜式钻井平台的佼佼者，为我国南海油田开发做出了重要贡献。目前该平台在国际市场上的估价远远高于当初的购置价格，这也从侧面证明了中国海油当时运筹帷幄逆势购入“南海五号”的决策是非常正确的。

从1973年至2000年，我国一共引进了15座自升式钻井平台、4座半潜式钻井平台以及1座坐底式钻井平台。这些进口钻井平台占据我国海上移动式钻井装备的大半壁江山，大大提高了我国海上钻井作业能力，使得我国海上钻井船队初具规模，有力支撑了我国海洋石油勘探开发事业的发展。

3.3 奋力追赶——设计建造水平迈上新台阶

在“洋为我用”引进国外钻井平台的同时，我国工程技术人员认真学习吸收国外的先进技术和经验，并且深入总结了国内早期设计建造钻井平台的经验教训，开始设计建造性能更好、技术含量更高的钻井平台，使我国海洋钻井平台数量和质量又迈上新台阶。

3.3.1 拿下坐底式钻井平台的设计建造

（1）机械工程师设计钻井船

20世纪七八十年代，渤海湾油气勘探如火如荼地进行着，但是海陆过渡区的极浅海、潮汐带是石油勘探的空白地带，石油部胜利石油管理局一直想在渤海湾的极浅海地区开展石油勘探作业。但是，这些极浅海和潮汐带被淤泥覆盖着，虽然此时国内已有自升式钻井平台和浮式钻井船，但这两种钻井平台都不适用于极浅海油田开发。因此最初在极浅海开采石油时，采用的是围海筑堤形成“人造陆地”的方式安放钻机进行钻井。别的不说，光建造“陆地”的工程量就非常巨大，加上缺少专用工程装备，工人只能用手推车这种原始的方式运土筑堤，不仅劳动强度大，而且工程进展也很慢。面对这种情况，时任胜利钻采工艺研究院副院长的顾心怿看在眼里，急在心上，他心想能否设计建造出一种直接可以在极浅海钻井的装备呢？

为了实现这个想法，顾心怿经常到图书馆查阅资料。当时，“文化大革命”仍在继续，人们都没有心情搞生产，何况到图书馆学习，所以，偌大的图书馆里，常常只有顾心怿一个人。功夫不负有心人，在几乎看遍所有相关资料后，顾心怿终于在一本书上看到了国外设计的坐底式钻井平台，资料上介绍这种平台特别适合在极浅水进行钻井作业，他兴奋地差点跳起来，恨不得马上带领大家开始工作。

然而当时我国没有任何设计坐底式钻井平台的经验，外文资料也极度匮乏。另外，顾心怿的专业是石油机械，从未设计建造过平台，难度可想而知，因此一切都要从零开始。由于设计工作量很大，而当时顾心怿只有两个助手，他只好选择和天津大学一起联合开展设计工作。但随着工作的深入，设计人员发现平台结构重量越来越大，有点控制不住了，设计工作陷入了困境，此时天津大学退出了平台设计工作，项目也面临搁浅。

强烈的责任感和不服输的精神，让顾心怿下决心一定要设计出坐底式钻井平台。天津大学退出了设计，那就自己干，最初的设计方案不行，那就换一个思路重新设计。在反复研究了极浅海泥底承载特殊性后，顾心怿大胆提出了可以采用又宽又薄的沉垫方案试试。

设计方向找对了，但是设计人手不够的问题依然存在。这时顾心怿找到了时任石油部副部长的张文彬，提出自己要设计坐底式钻井平台，但是缺乏人手，希望石油部支持的请求。张文彬当即表示了支持,但是石油部本身没有人手可以调派，他对顾心怿说："华东石油学院尚有不少工农兵大学毕业生待分配，相关专业的学生都派给你用吧。"闻听此言，顾心怿真是喜出望外，当时华东石油学院相关专业的工农兵大学生约有四十名，有了这些生力军的加入，他的信心更足了。这些年轻的大学生们在顾心怿的鼓舞和带动下，干劲十足，加班加点，为平台的设计立下了汗马功劳。他们设计出的沉垫有2.5米高，吃水仅1.5米，最小干舷只有0.3米。由于大大减少了平台吃水，增大了坐底面积，因此平台适合在渤海极浅海的海底条件下作业，平台结构超重的问题很快得到了解决。

为了完成平台整体设计，顾心怿和他的设计小组不辞劳苦、不畏严寒酷暑四处奔波，辗转到国内外多个造船厂调研，虚心向船厂的专家学习、请教。在设计过程中，设计小组克服了大量技术难题，形成了多个突出的技术创新，其中最重要的创新当属"抗滑桩"的设计。

为了解决坐底式钻井平台抗滑移难题，顾心怿不辞辛苦来到塘沽调研"渤海二号"的使用情况。"渤海二号"为自升沉垫式钻井平台，作业中沉垫曾发生过滑移。如何才能保证坐底式钻井平台不发生滑移呢？他百思不得其解。终于有一天，他想到在薄型沉垫坐底后，可以用桩直接打入海底来防止平台滑移，并形象地将此比喻为用图钉把纸张订在桌子上。思路豁然开朗的顾心怿带领他们迅速完成了平台抗滑移桩设计，采用液压升降装置对每个桩独立操作，最终将坐底平台牢牢地"钉"在海底的泥面上。归功于"抗滑桩"这一创新设计，"胜利一号"在后来的作业中从未发生过滑移现象。为了解决平台坐底不平可能导致钻台井架倾斜的问题，他们又专门设计了钻台调平装置以保证钻井作业顺利进行。

1976年，我国第一座坐底式钻井平台"胜利一号"设计终于完成。相关部门组织专家论证后，认为该方案技术可行，批准马上建造。

（2）木帆社建造钢平台

为了尽早建造出钻井平台，刚完成设计工作的顾心怿带领小组又马不停蹄地到山东沿海的船厂调研，希望能够选到一家合适的船厂建造钻井平台，但是当时整个山东沿海居然没有一家大型船厂愿意承担该任务。

山重水复疑无路，柳暗花明又一村。虽然困难重重，但顾心怿从没放弃过。1976年年底，他来到烟台调研，希望能说服当地的船厂承建这座平台。但当时烟台还没有正规的造船厂，只有一家专门制造木船、帆船的合作社（简称“木帆社”），56米长、24米高、满载排水量达2030吨的平台，对于只有建造小木船经验的木帆社来说绝对是一个“庞然大物”，不可想象。但当他们听说国家亟须建造平台下海找油时，毅然表示愿意尝试建造这个“钢铁巨人”。木帆社的这个决定得到了烟台市领导的大力支持，1977年在原“木帆社”的基础上，正式成立了烟台造船厂。

刚刚成立的烟台造船厂几乎是一穷二白，条件非常简陋，设计人员更是稀缺。为了加快平台建造进度、保证平台建造质量，顾心怿干脆带领着自己的设计小组进驻船厂，帮助船厂开展生产设计，并现场指导施工建造。当时正值“文化大革命”结束不久，造船用的钢材严重缺乏，当时船厂没有船用钢板。顾心怿他们跑遍上海、南京、北京、天津、青岛等地也没有找到合适的钢板，最后，找到胜利石油管理局总部领导，请他们帮忙解决钢板问题。油田领导想到了加工油罐时还剩余不少钢板，问顾心怿是否可以用。虽然这些钢板不是专用的船用钢板，但也都是低碳钢，考虑到当时国内的实际情况，顾心怿决定因陋就简，就用这些制造油罐的钢板建造钻井平台。

船厂的生活条件非常艰苦，据当年参加监造平台的一名老职工回忆：当时他所在的钻井队“分家”后，多名职工到烟台参加坐底式钻井平台的建造，队上的两头猪也被一起运到了烟台造船厂。经过一段时间的圈养，原本一百五十多斤重的猪却瘦到了八十多斤，可想而知平台建造者们所处的环境是何等的艰苦。

1978年11月，经过两年拼搏和攻关，我国第一座适用于极浅海坐底式钻井平台巍峨壮观地矗立在烟台造船厂码头上，被正式命名为“胜利一号”。

（3）创新设计问鼎国家奖

“胜利一号”下海后顺利抵达渤海湾极浅海油田的预定井位，不到一个月就完成首钻的试验井，拖船就位、压载坐底、钻井生产、起浮退场均一次成功。

1984年，胜利石油管理局为了加大对极浅海油田的开发力度，计划从国外引进一座坐底式钻井平台，便派顾心怿等人去美国考察。前来陪同考察的美国工程师看不起中国人，夸口说世界上能够建造坐底式钻井平台的只有美国。顾心怿当即拿出了自己设计制造的“胜利一号”平台的照片，美国工程师非常惊讶，特别是看到抗滑桩，还以为是自升式钻井平台的桩腿，当得知是用做抗滑桩时，他非常佩服这种设计，立即对顾心怿等人刮目相看。

“胜利一号”钻井平台从1978年钻成胜利油田海上第一口井“埕中1井”开始，直到1987年正式退役，共钻井17口，总进尺4万多米，为极浅海油田开发做出了应有贡献。

“胜利一号”可在水深1.8~6米、泥砂质海底的海域进行钻井作业，不仅填补了我国浅海钻井装备空白，让我国拥有了自己的“浅海石油海军”，还使我国跻身于世界上能设计建造坐底式钻井平台的极少数国家之列，1987年“胜利一号”因薄型沉垫、抗滑桩等自主创新设计获得石油部科学技术进步奖二等奖，并于1988年获国家科学技术进步奖三等奖。

多年后已经是中国工程院院士的顾心怿谈起这段往事时，无不感慨地鼓励年轻人说：“‘胜利一号’是‘没有设计过平台的人设计的，是没有建造过平台的厂建造的’，也同样设计建造得很成功，大家一定要勇于尝试新鲜事物、敢想敢干。”

3.3.2 独创的步行式钻井平台

（1）搁浅事故激发灵感

“胜利一号”虽然适合在水深1.8~6米海域作业，但面临浅海滩也会陷进泥潭，寸步难行。

如何在海陆过渡区的滩涂和潮汐带进行钻井作业？针对这一难题，曾经成功设计了适合极浅海作业的“胜利一号”的顾心怿又开始苦苦思索，寻找解决办法。

灵感来源于一次搁浅事故。1981年的一天，时任胜利油田钻井院总工程师的顾心怿带领科研人员乘坐登陆艇前往海上作业现场，结果登陆艇在潮间带搁浅了，由于水很浅且海底淤泥较深，救援船只无法进入，所有的人都困在登陆艇上等待涨潮。等了两天两夜后，有一个水性好的船员因为家中有事急于回家，决定蹚水上岸。这名船员在齐胸深的水中徒步行走了几个小时，最后终于登岸。顾心怿看到这一幕，突然想到船只无法在浅海滩中航行，人却可以在浅海滩中行走，是否可以让钻井平台自己在浅海滩中“走起路”呢？想到这里，顾心怿激动不已，他提出了一个前无古人的大胆设想：建造一座可以“步行走路”的钻井平台。

（2）大胆设计小心求证

顾心怿提出这个想法后，遭到了质疑，质疑者认为国外都没有想过的平台我们怎么能够造出来呢？顾心怿顶住了各方面的压力，立即带领设计人员着手设计方案。初步方案很快完成后，他又专门跑到上海交通大学去寻求支持，希望和上海交大一起完成设计。1982年9月，胜利油田钻井院浅海室和上海交通大学组成了联合设计组，在顾心怿的主持下，开始了步行坐底式钻井平台的详细设计。

要想使一个重达数千吨的庞然大物在淤泥滩上一步一步地行走，谈何容易。顾心怿带领联合设计组的科研人员开展了大量研究工作，反复修改设计，最终确定了平台借助双体结构形式以及装在平台上的液压步行机械系统实现步行。在付出了近四年的心血后，联合设计组终于完成了这一举世无双的平台设计方案。

平台初步设计完成后，顾心怿到石油部去汇报。当听到顾心怿要建造全世界首座能自己“走路”的钻井平台时，石油部的领导们虽然很欣赏但都没有轻易表态。正当顾心怿感觉到失望的时候，一位领导找到顾心怿，鼓励他说：“你这个平台设计的理念很好，但是缺少试验依据做支持，如果试验数据证明平台可行，我们都会支持你。”为此，还专门批了30万元经费用于平台模型试验。试验完成后，石油部组织专家再次进行论证，专家们整整讨论了三天，论证结果终于出来了：步行坐底式钻井平台技术上完全可行，可以建造。这就是“胜利二号”步行坐底式钻井平台，适用于水深小于6.8米的极浅海和滩海区进行钻井作业，能在0~12米水深的浅滩淤泥中步行前进到达作业井位，在水深大于2米的情况下，也可作为一般的坐底式平台使用。

（3）钢铁巨人“步行”下海

1986年5月，我国自行设计的第一座极浅海和滩海步行坐底式钻井平台“胜利二号”在青岛北海船厂举行船台组装开工典礼，平台建造正式开始。

为了顺利建造“胜利二号”，顾心怿又一次进驻船厂。特别是在平台关键设备“步行机构”的安装调试过程中，顾心怿为了节省往返住地和工地的时间，和其余5位技术人员就在船坞上一间6平方米的小活动房里居住，两个人睡上铺，两个人睡下铺，还有两个人打地铺，大家轮流值班，夜以继日地工作。在这样艰苦的条件下，他们和船厂一起成功完成了步行机构的安装调试。在经历近两年的攻坚克难，“胜利二号”终于建造完成。

听说北海船厂建造了一条“会自己走路的船”，好奇的人们纷纷来到北海船厂想一探究竟。1988年9月19日这一天，北海船厂人山人海，大家都期望早日目睹这座“会自己走路的船”。只见“胜利二号”稳稳地走下船台，步行了700多米直接走到海中，一时间掌声雷动。

1988年11月20日，“胜利二号”完成了第一口2434米深的海上试验探井，发现了20米厚的油层，宣告了世界上第一座步行坐底式钻井平台研制成功。“胜利二号”的横空出世，打开了极浅海和滩海区域的石油资源之门。

“胜利二号”不仅是我国第一座步行式钻井平台，在世界上也是首创。该平台于1991年获中国专利金奖，1992年获全国十大科技成就奖，1995年获国家发明奖二等奖。

“胜利二号”多次走进其他任何钻井设备无法涉足的极浅海和滩海，在该类区域成功钻井6口，并在浅海海域钻成油井近百口，为钻探渤海湾广大浅海地区的石油资源发挥了巨大的作用。

3.3.3 瞄准国际水平持续改进

20世纪60年代末我国工业基础薄弱，自力更生首次建造的“渤海一号”自升式钻井平台与国外先进平台相比还是存在明显差距。例如“渤海一号”配置的国产设备故障率较高，严重影响了平台的作业时效，还发生过断桩腿的严重事故。而从日本引进的“渤海二号”虽然设计建造水平、设备配置、作业能力等方面优于“渤海一号”，但是沉垫多次发生滑移，严重的还导致过钻井事故发生，存在一定的安全隐患。

国内的自升式钻井平台无论从数量还是作业能力上都无法满足海洋石油勘探钻井的需求，因此石油部于1974年计划再次自行设计和建造多座自升式钻井平台，这项任务落到了曾恒一肩上，他被任命为钻井平台总体设计的负责人。

曾恒一带领技术人员一边虚心学习国外先进技术，一边认真分析总结“渤海一号”设计建造的经验教训，持续改进提高国内钻井平台的设计建造水平。他同各专业人员一道，从分析已有的两座自升式钻井平台的优缺点入手，多次到海上与船员座谈，认真了解他们在海上实际操作中发现的问题，虚心征求他们对改善性能的建议。同时，尽量搜集国外钻井平台的资料，并把当时国外能用于渤海海域作业的4种类型的钻井平台进行了分析比较。为了计算钻井平台对环境的适应能力，曾恒一自学了波浪理论及风、浪、流重现期推算的预报方法，自学了土壤力学及钻井平台插桩深度的计算、钻井平台沉垫抗滑能力的计算等。在大量综合分析的基础上，他提出了一个总体设计方案，大胆地把主要的设计参数定位到世界同类型钻井平台的先进水平上，并且做了水池模型试验、翻沉模拟试验，分析了各种状态下的稳定性和运动性能，为钻井平台总体设计提供了可靠的依据。

在此基础上，1979年至1983年国内陆续自行设计建造了“渤海三号”、“渤海五号”、“渤海七号”等多座自升式钻井平台。

（1）认真总结经验教训

从“渤海一号”建成以来，技术人员就对其设计建造中出现的问题进行了认真剖析总结，发现多数问题都集中在桩腿、液压系统和升降系统上。这些问题主要包括以下几方面。

1）平台液压系统故障

平台大量采用了国内工厂自制的非标准阀件，而且阀件制造工厂的铸造质量不过关，如稳压节流阀的阀体、电磁溢流安全阀的阀体等均存在铸造质量缺陷。这些阀件往往在使用一段时间后，会产生外部及内部漏损，进而导致失效。

此外，平台各桩腿无法实现同步升降，尽管后来安装了液压缸同步齿轮齿条装置可以基本满足要求，但是油泵的油嘴不能全部开启，油泵流量超过额定流量的四分之三则会产生齿轮齿条跳牙事故，从而影响了升船速度。

2）升降机构零件质量不过关

平台升降机构中的所有零部件均属于重型受力部件，其质量至关重要。然而“渤海一号”的一些零件加工质量不合格，包括活塞杆的材料及热处理不过关、支撑油压缸的底盖耳部铸件不合格等。例如有一根活塞杆在空车跑合时，还没有负载就自行断裂，断面光滑似玻璃断裂一般，没有断面收缩现象，属于典型的脆性断裂，说明材质和热处理不合格。

3）升降系统液压缸活塞杆密封失效

“渤海一号”升降系统液压缸装配后进行油压试验时发生漏油，技术人员检查发现活塞杆密封压板强度不够，产生了不允许的变形。经过计算校核，材料已达到屈服极限，最后加大压板厚度，并改用优质钢材40Cr，同时压板螺栓的材质也改用经调质处理的40Cr，才解决了问题。

4）桩腿自动升降操纵失灵

原设计中桩腿升降操纵分为桩边及集中两部分进行（就地控制和中控），又有手动和自动操纵。实际上由于左、右两侧的液压缸同步误差及行程开关失灵等原因，只能手动操纵，自动控制无法实现。

5）桩腿插销锁紧失灵

原设计中，桩腿的插销操纵气缸背部无锁紧装置，结果在1976年12月的大风浪中，由于长时间摇摆，其中一个桩插销自桩腿导板孔中脱出，发生桩腿插入海底并折断的重大事故。因此，后来对操纵气缸背部改进，加装了锁紧装置。

除此之外，“渤海一号”的国产钻机设备、船用设备、控制系统等也出现过不同程度的故障，设计人员对此都非常重视，对每个故障均进行详细分析和研究，为之后的新型钻井平台设计建造提供了经验。

（2）“爆炸法”解决大问题

“渤海三号”设计建造时，国内已经拥有自建的“渤海一号”以及进口的“渤海二号”和“渤海四号”，设计时参考了“渤海二号”、“渤海四号”平台的特点，也吸取了“渤海一号”设计建造中的经验教训，因此“渤海三号”较“渤海一号”有了不小的改进。

方案设计由原海洋石油勘探开发设计研究院设计完成，参照了我国船舶有关规范和美国船级社（简称ABS）规范的要求。为验证基本设计参数，设计中曾先后两次委托上海交通大学进行了适航性及阻力模型试验。“渤海三号”平台仍然由大连造船厂建造，钻机由兰州石油机械厂建造。该平台于1979年7月建成，作业水深40米，名义钻深4000米。

在“渤海三号”建造过程中，工程技术人员急现场之所急，敢于大胆创新。据大连船厂老专家何庆景介绍说，“渤海三号”桩腿的桩靴底部需要一个半球形挡板，板厚度42毫米，半球直径约3米，当时大连船厂没有大型水压机，无法一次加压成型，而为了加工半球形挡板专门进口机床不现实，也来不及。设计人员研究探讨了多种方案，经过反复论证，最终决定采用“爆炸法”进行加工，这在中国当时完全是一种创新，船厂没有任何经验和先例，提出“爆炸法”加工的专家也没有百分之百的把握，但是在没有更好办法的前提下，只能迎难而上。为了保险起见，技术人员先做了小尺寸模拟试验，结果非常成功，大家松了一口气。模拟试验成功后进行实际加工，半球形挡板一次成型，表面粗糙度、尺寸精度均达到设计要求。

虽然“渤海三号”在设计建造上取得了一定进步，但是在渤海进行第一口井作业时，由于“渤海三号”的钻井设备仍采用国产货，故障率还是比较高，泥浆泵、柴油机等出现较大的故障。而且由于同时期国内已经有“渤海二号”、“渤海四号”和“南海一号”等比较先进的进口钻井平台，加之当时渤海勘探工作量不饱满。因此“渤海三号”建成投入使用后，未钻完一口井（井下发生事故）就被闲置了下来，于1984年报废。

（3）首获DNV船级认证

“渤海五号”和“渤海七号”自升式钻井平台于1982年开始设计建造，这两座钻井平台为姊妹船。技术人员认真反思自建平台使用中存在的问题，对照进口“渤海二号”、“渤海四号”等自升式钻井平台，通过学习国外先进技术，在认识上有了新的飞越，设计水平有了很大提高，很快完成了新一代自升式钻井平台的设计。为了确保设计质量，还将“渤海五号”的设计书交给挪威船级社（DNV）审核。这是国内首次引进国外船级社作为第三方审查，大大提升了国内自升式钻井平台的设计质量和建造水平。

“渤海五号”不仅是国内首次得到国际船级社认可的平台，还取得了DNV和中国船检局（简称ZC）双重船级。“渤海五号”工作水深40米，设计风速51.4米/秒，钻井能力6000米，最大可变载荷1500吨，钻机最大钩载450吨，升船高度8米，最大升船速度13.8米/时。与“渤海一号”、“渤海三号”以及“勘探一号”钻井船的“完全国产化”不同，“渤海五号”上首次配置了美国大陆公司EMSCO的全套钻机。

“渤海五号”于1983年建成后随即出租给日中石油开发株式会社，用于合作开发区的钻探作业，在渤海湾油气勘探开发中取得了良好的业绩。实践证明，“渤海五号”自升式钻井平台的设计作业环境条件、风暴自存条件、钻井能力、可变载荷及设备配置水平等主要性能均达到了当时国际同类钻井平台的水平。

“渤海七号”也是在1983年建成的，租给法国ELF公司在渤海中部合同区11/05区块钻井，随后又用于辽东湾自营区钻井。“渤海七号”在辽东湾钻的第一口井是“锦州20-2-1井”，该井是完全按照国际钻井标准在渤海钻探的第一口自营井，也是第一口高压气井，具有很好的油气显示，从而发现了锦州20-2凝析气藏，为渤海石油开发做出了应有贡献。

与“渤海一号”比较，“渤海五号”和“渤海七号”具有如下优点：可变载荷由1247吨增加到1500吨；平台长宽尺寸由60.6米×32.5米，扩大到76米×46.6米，带来了更大的甲板作业面积；桩腿直径由2.5米变为3米，增加了桩腿强度；改进了平台的预压方式，由原来的单桩预压改为对角线预压方式，大大减少了预压时间；升降装置由横梁插销式变为双移动环梁插销式，解决了液压机构不同步的问题；能适应低温、地震海域环境条件并具有一定抗冰能力，而且配备了性能优良的进口钻井设备。此外，与“渤海五号”相比，“渤海七号”在钻井工艺、泥浆储存能力、飞机平台结构、船舶系统等方面又有不少改进。

紧接着于1984年建成了“渤海九号”。该平台和“渤海五号”、“渤海七号”为同一船型的平台。当时考虑到海上作业需要生活支持平台，因此“渤海九号”最初没有安装井架，而是扩充为生活区，作为海上施工服务支持平台使用，直至1996年恢复为钻井、生活服务两用平台。

“渤海五号”、“渤海七号”、“渤海九号”的建成，标志着在“渤海一号”、“渤海三号"的基础上，通过持续摸索改进，国内已完全掌握40米水深以内自升式钻井平台的设计建造等关键技术，设计有了较大创新，平台综合使用性能良好，因此在1985年荣获了国家科学技术进步奖二等奖。这些国内自主建造的钻井平台有力地支撑了我国近海油气的勘探开发，在渤海自营油气田勘探开发以及辽河、胜利、大港的浅海勘探开发中发挥了积极作用，其中"渤海五号"和"渤海七号"还为数十家外国作业者提供过钻井服务，获得了业主的高度评价。这三座平台后来又几经改造，进一步提高了钻井作业能力，到目前为止仍在正常服役。

20世纪70~80年代，很多技术人员在我国自升式钻井平台发展过程中付出了极大心血，涌现出曾恒一、肖希书、耿福东、孙德刚、何庆景等一批做出重大贡献的技术骨干，他们后来均成为我国海洋装备行业的权威专家，其中曾恒一当选中国工程院院士、耿福东被授予"全国工程设计大师"称号、何庆景被大连船厂授予"终身名誉顾问"的头衔。

3.3.4 比肩国际的"勘探三号"

"勘探三号"是我国自主设计建造的第一座半潜式钻井平台。与"勘探一号"钻井船的"完全国产化"不同，"勘探三号"半潜式钻井平台是一座"土洋结合"的钻井平台。

在"勘探三号"的设计建造过程中，技术人员既吸收了国内自主设计建造的"勘探一号"钻井船的经验，又吸收学习消化了进口的"勘探二号"等自升式钻井平台和"南海二号"半潜式钻井平台的先进技术，最终建成了一座当时可比肩国际水平的半潜式钻井平台。

（1）困难中前行

1972年，"勘探一号"钻井船设计建造基本完成之际，海洋地质调查局组织设计建造单位开始进行新型钻井装置的方案研究。设计人员收集了国际上当时已有的各种海上钻井装置，针对我国海域环境条件、作业水深、作业需求等，提出了多套船型方案。1974年10月，国家计划委员会组织了方案审查会，确定设计建造一座半潜式钻井平台。由708所、上海船厂和海洋地质调查局共同组建的三结合设计组负责"勘探三号"半潜式钻井平台的设计工作。

由于受到当时历史形势的影响以及工业基础条件的限制，从1975年到1979年，"勘探三号"的设计和建造准备工作艰难曲折。设计工作启动初期，我国还没有购置"南海二号"，国内缺乏半潜式钻井平台的相关资料，而且几乎所有建造所需的大型配套设备都没有现成的，均需要组织科技攻关进行试制，质量性能和进度都难以保证。同时设计组的组织机构几经变迁，导致了建造准备工作几起几落。再加上当时的特殊政治形势，项目被多次暂停。

尽管如此，广大设计人员还是怀着满腔热情、群策群力，克服了重重困难，于1979年底，成功完成了“勘探三号”的设计，上海船厂随即准备正式开工建造。

（2）实事求是，敢于纠错

也是在1979年，刚刚建成的自升式钻井平台“渤海三号”由于采用了国产试制的设备，钻井设备故障率高，导致该平台钻第一口井时就被迫中断，平台无法继续使用。面对这样活生生的教训，工程技术人员不得不认真审视已完成的设计和配套方案。

由于当时设计已经完成，国内试制的设备也大量到货，船体已经开工建造，是修改原来的方案，还是维持原来的方案继续建造？如果修改原来的方案，是否有能力解决存在的问题？会不会产生大量浪费？面对重重顾虑，工程技术人员坚持党的十一届三中全会提出的“解放思想、实事求是”的方针，不捂盖子、勇于纠错，坚持要把“勘探三号”钻井平台建成真正好用的平台，从而避免更大的浪费。

1981年5月，海洋地质调查局正式提出彻底改善“勘探三号”技术性能的建议，提出更换不合格的钻井设备、水下设备和其他试制设备，并且请船级社按照国际规范进行入级检验。1982年国家机械委员会组织召开了最终协调会，同意了“勘探三号”的修改方案。

本次会议成为“勘探三号”设计建造的重大转折，虽然推迟了平台的建造进度，更换了很多设备，增加了平台建造费用，但却保证建造质量，避免了更大的损失。

就在设计人员开始修改“勘探三号”设计方案时，恰遇“南海二号”在广州黄埔船厂进行大修和改造。这次大修改造不仅是按照BP公司的要求进行整改以满足反承包作业要求，更重要的是通过系统大修可以真正从设备原理等方面掌握半潜式钻井平台的先进技术。国家有关部门非常重视，组织了5个部委，动用了国内最强的技术力量，共40多个厂家参与了“南海二号”的维修改造。本次维修改造不仅全面提升了“南海二号”设备的能力，更是国内设计建造单位对半潜式钻井平台的一次全面学习机会。特别是“勘探三号”的设计建造人员以“南海二号”的大修改造为契机，深入学习、消化、吸收了半潜式钻井平台的关键技术，为“勘探三号”的设计建造提供了有力的技术支持。

最终“勘探三号”顺利建成投产并一直使用至今，充分证明了当时修改方案的决定是完全正确的，当初付出的代价也是十分必要的，也是坚持“实事求是”

原则勇于纠错的典范。

（3）“浮力顶升法”创奇迹

“勘探三号”半潜式钻井平台结构主要包括浮箱（以前称为沉垫）、立柱、平台甲板三大部分。建造中所遇到的最大技术挑战是如何将面积达4200平方米、重达2000余吨的大型平台甲板，在相当于12层楼高的空中与6根直径为9米的巨型立柱进行准确的定位合拢。

如今的造船厂都有大型起重机械和运输机械吊运大型总段，而20世纪80年代初，国内还没有任何船厂有这种大型行吊或浮吊装备。如何进行大型总段的合拢，是摆在船厂技术人员面前的一道大难题。

当时国外有三种建造方法：一是下沉法，即在水深30米以上的天然无风港内，先将浮箱、立柱部分沉入水下，再与水面上的平台甲板进行合拢；二是吊装法，即浮箱和立柱先在特殊船台上或船坞内部分合拢，然后用大型浮吊把分段的平台甲板，依次吊至立柱上进行高空合拢；三是液压顶升法，即在合拢水面打入直径1.8米、长70米的合金钢管桩8根，在桩上安装液压千斤顶，把平台甲板顶到要求的高度，再与立柱、沉垫合拢。但是这三种方法需要的条件国内均不具备。这一难题困扰着时任上海船厂设计科的科长祝源钧。

祝源钧在船厂长期从事造船技术工艺工作，在造船理论上造诣很深，具备非常丰富的生产实践经验，而且善于思考、敢于创新。为了想出总段顺利合拢的好办法，他日思夜想，可就是不得要领。

组织上考虑他工作太辛苦，就安排他去北戴河休养。没想到祝源钧依然念念不忘“勘探三号”总段合拢的事。一天清晨，在海边的沙滩上散步，他一边走一边思考。旭日从海面喷薄而出，将碧波荡漾的海水染得金碧辉煌。忽然，波光粼粼的海面上，几个救生圈随着金色的波浪浮浮沉沉，闯入他的眼帘。突然的灵感让他心里豁然开朗，仿佛黑暗里忽然照进一束亮光，让彷徨中的旅人看到了前行的方向。他按捺不住内心的激动和喜悦连忙奔跑回疗养所，拿着笔“刷刷”地写了起来，“浮力顶升法”的雏形就这样诞生了。这一极具创新的工艺得到了当时上海船厂广大工程技术人员、工人师傅的认可和支持。

“浮力顶升法”是一个前无古人的大胆方案。在上海船厂附近宽广的黄浦江面上，采用三只方驳船以及在船台上建造并已下水的两只浮箱，作为水上合拢、组装整座钻井平台的工装设备。这一工艺的特点与巧妙之处在于利用浮力原理，通过对“工装驳”和两个“浮箱”进行交替压、排水，利用吃水差将平台逐步向上顶升，同时将6根“立柱”分成若干段，从平台甲板下部起向下逐节分段焊接，先完成平台甲板和6根立柱的对接，然后完成6根立柱和两个浮箱的焊接，从而实现整座海上钻井平台的总装合拢。

采用“浮力顶升法”独创工艺建造“勘探三号”，实施效果很好，实际尺寸公差达到小于1/1000的设计要求。在顶升时，平台的水平度优于原定指标，建造精度达到很高水平。

“浮力顶升法”这个创新工艺技术被誉为奇迹，为国家节省了大量的基建投资，引起了国内外专家、媒体的高度重视和广泛关注。1981年7月4日，著名科学家钱伟长会同几位力学专家，专程赴上海船厂考察“勘探三号”建造中所使用的“浮力顶升法”。经现场实地调研，钱伟长充分肯定了这一独创性的先进工艺，并指出：“要采取措施保护我国科技人员的这一创举。”《人民日报》、《解放日报》、《文汇报》、上海人民广播电台、上海电视台等多家媒体做了及时报道。时任瑞典驻华大使在现场详细观察后，也对这一新工艺大加赞赏。

（4）“勘探三号”赢得赞誉

在设计建造“勘探三号”的全过程中，上海船厂建设者同心协力，提出合理化建议和技术改进共144项，平台各重要部位X射线拍片及超声波探查焊缝合格率均为100%。各项检验证明，“勘探三号”建造质量可靠，结构和设备性能优良，达到了20世纪70年代国外同类海上石油钻井平台的先进水平。

建造完成的“勘探三号”由浮箱、立柱、平台甲板、钻台、井架、生活楼和直升机坪等构成。从浮箱底部至井架顶部总高近100米，平台总长91米，总宽71米，工作排水量达21 991吨，工作水深35~200米，最大钻井深度6000米，配置了从美国进口的钻井设备。平台甲板被6根直径9米的立柱高高地托在空中，远看像是一座巍然屹立的岛屿。

合拢总装完成后，通过系泊试验、倾斜试验、海上拖航、起抛锚和压载试验以及中国船检局和美国船级社检验，“勘探三号”于1984年7月正式交付使用。这是我国自行设计建造的第一座半潜式钻井平台，平台设计建造历时十年，虽然经受了各种曲折磨难，但是广大设计建造人员没有被困难吓倒，而是勇于纠错、大胆创新，通过坚持不懈的努力，终于高质量地完成了这一创举。

“勘探三号”先后荣获1983年中国船舶工业总公司重大科技成果特等奖、1985年国家科学技术进步奖一等奖、1986年国家质量金质奖。此外，由于“勘探三号”建造中的“水上合拢、浮力顶升法”具有独创性，因此“浮力顶升法”合拢工艺获得了1982年交通部科学技术重大成果奖一等奖、1983年国家发明奖二等奖，还获得香港“何梁何利”奖。

从1984年7月建成投入使用以来，“勘探三号”历经风浪，转战我国南北海域，圆满完成了各项海上钻井作业。1984年，“勘探三号”在东海钻第一口探井“灵峰一井”就获得油气显示。1985年钻东海“天外天一井”，井深超过5000米，不仅获得工业油气发现，还打破了当时海上钻井深度的纪录。从1986年至1996年十年间，先后在东海钻了“平湖四井”、“断桥一井”、“残雪一井”、“春晓一井”等16口探井，发现了多个含油气构造和油气田，为东海平湖、天外天、春晓等油气田的勘探开发立下了赫赫战功。

如果说国内设计建造“勘探一号”钻井船是一次“初生牛犊不怕虎”的实践，设计建造“勘探三号”半潜式钻井平台就是一次真正意义的消化吸收并且自主再创新的科学实践，为中国移动式钻井平台的发展探寻出一条道路。

从技术角度讲，“勘探三号”半潜式钻井平台的船体结构、作业能力、平台性能等方面与当时世界先进水平相比差距并不大。说明中国当时在海洋浮式钻井平台的设计与建造技术方面已接近世界先进水平。遗憾的是，由于种种原因，直到2006年中国海油启动“海洋石油981”平台建造之前，在20多年时间内，国内一直没有再独立设计建造过半潜式钻井平台，使得国内和国外的差距再次被拉开。

20世纪70年代前后，我国近海钻井作业主要由固定式钻井平台完成，海上每年钻探井数量仅1~2口，海上油气勘探开发进程缓慢。据统计资料显示，我国拥有移动式钻井装备之前，海上石油产量最高的年份为1971年，年产量仅1.01万吨。

1972年以后，随着国内自主建造“渤海一号”以及从国外引进“渤海二号”等钻井平台，我国移动式钻井装备逐步增加，国内海洋石油勘探开发飞速发展。到1978年，国内已有8座移动式钻井装备，其中自建3座、进口5座。我国海上钻井数量大幅度提升，渤海中部和西部、南海北部湾均有油气田投产，海上石油年产量达到16.85万吨。

到1995年，我国移动式钻井装备数量又上了一个新台阶。国内已有自升式钻井平台、坐底式钻井平台、半潜式钻井平台、钻井船等4种类型移动式钻井装备。其中国内自主设计建造移动式钻井平台10座（已报废4座），从国外进口移动式钻井平台18座（已损毁2座）。

1995年，中国海油已有18个在生产的海上油气田，原油产量为841.72万吨，天然气产量为49 360万立方米，中石化胜利浅海油田的海上原油产量也突破50万吨。这些海上油气田，除埕北油田等极少数油气田为固定式钻井平台钻探井发现外，其余油气田均由移动式钻井平台钻探井发现。例如，“渤海六号”1980年钻“渤中28-1-1”井，发现渤中28-1油田；1987年钻“绥中36-1-2D”井，确认了绥中36-1超大油田的发现。“南海四号”1982年钻“涠10-3-1”井，发现涠洲10-3油田；1985年钻南海西部第一口自营探井“乌石16-1-5”井，发现乌石16-1油田；1989年钻“涠洲10-2-1”井,发现涠洲10-3北油田；1995年钻“涠洲12-1-3”井，发现涠洲12-1油田。“渤海四号”1982年钻“东海1井”,成为东海油气发现的开始；1991年钻“歧口18-1-1”井,发现歧口18-1油田；1995年钻“秦皇岛32-6-1”井，发现了秦皇岛32-6亿吨大油田。“渤海七号”1984年钻“锦州20-2-1”井，发现锦州20-2凝析气田；1988年钻“锦州9-3-1”井,发现锦州9-3油田。“南海五号”1988年钻“惠州26-1-1”井，发现惠州26-1油田；1990年钻“惠州32-2-1”井，发现惠州32-2油田。

除了在国内锋芒初显外，中国海洋钻井装备还走出国门，跻身于竞争激烈的国际钻井市场。“南海三号”、“渤海四号”和“渤海十二号”先后到马来西亚、日本海域作业。其中，“渤海十二号”于1995年赴日本秋田海域钻一口5000米深的取心资料井。经过6个多月的奋战，安全、优质地完成了作业，受到了日方以及合作伙伴的高度评价，并荣获了日本海洋凿削株式会社（简称JDC）颁发的“十万人小时安全无事故”奖牌。日本石油勘探公司（简称JAPEX）报社记者还进行了专访报道，这也是中国海上钻井队第一次获得国外如此高的赞誉。

光阴荏苒、物换星移，从20世纪60年代末到20世纪末的三十年间，中国海洋石油人白手起家，冲破封锁设计建造了“渤海一号”自升式钻井平台，攻克双体浮式钻井船设计建造难关建成了“勘探一号”。随后国门大开，我们也看清了自己与世界的差距。为了早日达到世界先进水平，我国下定决心“洋为我用”，引进了国外自升式和半潜式钻井平台。之后，我国坚持“自建”和“引进”相结合的道路，通过消化、吸收国外先进技术，自主创新，攻克了一系列设计建造难题，大幅提高了国内移动式钻井平台的设计建造水平，建成了适合极浅海油气田开发的坐底式钻井平台“胜利一号”，世界首创了步行式钻井平台“胜利二号”，建成了首获DNV船级认证的“渤海五号”、“渤海七号”以及比肩国际水平的“勘探三号”等。通过白手起家、“洋为我用”和奋力追赶，中国海洋石油人砥砺前行，实现了我国海洋钻井装备从无到有、从小到大、从弱到强、从低科技含量到高科技含量的跨越式发展，极大提升了我国海洋石油勘探的能力，从而在我国近海掀起了勘探的高潮，从渤海到南海油气发现齐头并进，为我国海洋石油工业的跨越发展奠定了坚实的基础。

第四章

开拓进取——移动式钻井平台升级与改造

1972年我国自行设计建造的第一座自升式钻井平台“渤海一号”横空出世，标志着中国进入了移动式钻井平台“元年”。随后，国内又自主设计建造了“渤海三号”、“渤海五号”、“渤海七号”等多座自升式钻井平台，以及“勘探一号”双浮体钻井船和“勘探三号”半潜式钻井平台等多座海洋钻井装备。与此同时还陆续从国外引进了“渤海二号”、“南海二号”等多座移动式钻井平台，使我国逐步形成了初具规模的海洋移动式钻井平台船队。

这些移动式钻井平台驰骋于我国渤海、南黄海、东海、南海的大部分海域，发现了一批大中型海上油气田，为我国近海油气资源的开发利用做出了不可磨灭的贡献。然而，时代在发展，技术在进步。随着时间的推移，到20世纪80年代末，历史又站到了新的起点，在役的移动式钻井平台已经难以满足海上油田勘探开发新的形势需求。升级改造，已经是大势所趋。

4.1 应势而进——新形势呼唤更强的钻井装备

（1）大开发的需求

移动式钻井平台机动性好、作业能力强，特别适合海上油田早期勘探钻井作业“打一枪，换一个地方”的作业需求。随着我国海洋石油工业的发展，20世纪80年代中后期，中国近海有一大批自营油气田相继投产，中国海洋石油工业由以勘探为主的阶段进入大开发阶段，海上开发井钻井作业量大幅增加，需要进一步提高钻井作业效率、降低钻井成本。但当时国内在役钻井平台无论在数量上还是在能力上都难以满足海洋石油大开发时代的需求，最突出的矛盾是当时的槽口型自升式平台难以满足钻开发丛式井的需求，半潜式钻井平台无法在更深的海域作业。因此，需要对这些平台进行升级改造来满足大开发对海洋钻井装备提出的新要求和挑战。

（2）国际主流技术发展趋势引领升级

从1950年世界上第一座自升式钻井平台建成起，自升式钻井平台技术一直在持续进步。早期的自升式钻井平台为槽口型，也就是在平台甲板内开一个槽口，钻井作业时，钻台只能在槽口范围内移动，导致槽口型平台只能用于勘探井和部分开发井的预钻井。20世纪80年代初，国际上出现了悬臂梁型自升式钻井平台。这种平台的井架、钻台等坐于悬臂梁上，钻井时悬臂梁可外伸滑动到相应的井口位置进行作业。悬臂梁型钻井平台具有作业范围大、作业能力强等先天优势，所以逐步取代原有槽口型，成为自升式钻井平台的主流型式。悬臂梁型钻井平台的出现标志着自升式钻井平台的功能已经从传统的纯勘探钻井发展到勘探开发并举。

20世纪80年代初，中国海油到挪威等国家的石油公司进行考察调研时，了解到国外已经开始采用悬臂梁型自升式钻井平台进行海上钻井作业，作业能力明显优于槽口型平台。1985年，为了满足渤海辽东湾钻开发井的需求，中国海油同意日中石油开发株式会社租用JDC的悬臂梁型自升式钻井平台“白龙九号”，这是中国海油第一次采用悬臂梁型平台进行钻井。实践证明，“白龙九号”悬臂梁型钻井平台的综合性能和作业效率确实明显优于国内槽口型自升式钻井平台。

（3）综合性能难以满足要求

中国海油在20世纪70~80年代自己建造或购置引进的移动式钻井平台装备技术性能逐渐落伍，难以满足海上钻井工艺技术水平迅速发展的需要。而且经过十多年的海上征战，船龄偏高，平台设备逐渐老化，效率降低，难以满足我国海上油气勘探开发新的要求。

与此同时，世界海洋石油行业发生了多起灾难性的事故，造成了巨大的人员伤亡和财产损失。人们从对事故的反思中，进一步提高了海上石油开发安全意识，对海上钻井平台的安全提出了更高的要求。各国船级社和船舶检验部门不仅对原有的标准规范进行了修订，还制定了一些新的安全规范和标准。我国当时在役的钻井平台难以满足这些新的标准规范。

总而言之，不管是从平台自身的状况、大开发的需求还是从国际技术发展趋势来看，对我国早期在役移动式钻井平台改造升级已是迫在眉睫。于是，中国海油从20世纪80年代中期开始了对在役移动式平台大规模改造升级。为了降低成本，同时兼顾长远发展战略，中国海油坚持急用先改、着眼于每座平台综合性能的全面提高原则，有计划、有步骤地逐步进行改造升级。

4.2 升级换代——由槽口到悬臂梁

早期的自升式钻井平台都是槽口型，对于大规模开发钻井，槽口型平台存在诸多不足。第一，受到钻井槽口限制，一次就位能钻井数有限，因此无法设计更大尺寸的导管架生产平台。第二，受到桩靴脚印、与导管架相互干涉等多种因素限制，钻井平台多次就位作业难度大。第三，当导管架平台安装就位后，即便自升式钻井平台的槽口能就位“插入”导管架平台进行钻井作业，但作业难度高、风险大、安全性差。第四，当上部组块安装导管架平台后，平台上部分井口位置超出槽口范围，因此无法进行修井或调整井钻井作业。面对不同储量油田开发的现实和大量的生产钻井需求，槽口型自升式钻井平台往往只能望“井”兴叹。

悬臂梁型自升式钻井平台则具有诸多优势。船体部分不需要开槽口，有效保证整体结构的完整性，可提供更大的甲板空间。常规的悬臂梁可以沿钻井平台甲板上的滑道纵向移动，钻台下底座可以在悬臂梁的滑道上横向移动，从而到达任意井槽实施作业，可以在一次就位中钻更多数量井。悬臂梁型自升式钻井平台由于其灵活性和经济性，多用于海上丛式开发井钻井作业等，在导管架平台旁就位后，只需移动悬臂梁和钻台下底座，就可覆盖井口甲板区域。从作业能力上讲，可钻探井、生产井，也可以完成修井、侧钻等作业。因此，悬臂梁型自升式平台一问世就得到了业界广泛的认同和推崇，新建和待建的自升式钻井平台几乎均采用悬臂梁型自升式钻井平台，在用的槽口型自升式钻井平台也逐渐升级改造为悬臂梁型。

从1986年开始，中国海油开始有步骤地对槽口型自升式钻井平台进行升级，最先实施悬臂梁加装改造的是“渤海八号”钻井平台，紧接着对“渤海十号”进行了同样改造。到1997年，除了少数不具备加装悬臂梁条件的平台，完成了所有槽口型自升式平台的升级改造，使我国自升式钻井平台的作业能力有了质的飞跃。

4.2.1 第一次吃螃蟹

1986年，中国海油对自升式钻井平台升级改造可行性论证后认为，“渤海八号”、“渤海十号”为同一船型，该船型国外当时已有采用悬臂梁的先例，而且这两座平台的起升可变载荷达到1200吨，加装悬臂梁改造工作相对容易。另外，可以通过一次方案设计同时改造两座平台，有利于提高效率，缩短改造工期。而其他平台，如“渤海四号”起升可变载荷小，只有900吨。如果加装大型悬臂梁，改造工作量大且费用高。因此，将改造的首选目标平台锁定在“渤海八号”和“渤海十号”。

“渤海八号”和“渤海十号”均由美国马拉松海上工程公司设计，新加坡马拉松船厂制造，设计和制造满足美国ABS规范要求。这两座钻井平台均于1980年从新加坡购入。“渤海八号”和“渤海十号”作业水深76.2米，名义钻深6000米。“渤海八号”在国内钻的第一口井为南黄海无锡13-1井，这是中外合作钻的第一口井。1986年6月，“渤海十号”钻井平台利用到南黄海承包钻井作业前的空隙，在辽东湾打了绥中36-1-1井，并获得了可喜战果，拉开了勘探开发绥中36-1自营大油田的序幕。“渤海八号”、“渤海十号”在渤海早期油气勘探中留下了浓墨重彩的一笔。

关于“渤海八号”和“渤海十号”这两座平台加装悬臂梁改造，遇到的第一个问题就是改造工程是在国外还是在国内进行？经过认真调研分析，项目组认为国内具备实施加装悬臂梁的基本条件。为了节约改造费用、加快项目进度，中国海油决定在国内就地进行钻井平台改造，这意味着国内在自升式平台加装悬臂梁要面临第一次“吃螃蟹”的考验。如何在国内当时的技术水平和装备条件下保证加装悬臂梁的改造一次成功，改造后钻井平台性能满足作业要求，都是严峻考验和巨大挑战。

（1）边学边干，在联合设计中成长

1986年底，中国海油正式启动了“渤海八号”加装悬臂梁项目。本次改造的重点是在平台主尺度、可变载荷、钻井负荷不变以及抗风、浪能力不变的条件下，将原来的槽口型改为悬臂梁型，钻台中心最大外伸量为12.1米，钻台横向移动由原3.048米扩大为3.658米。综合各方面因素考虑，中国海油决定由“渤海八号”的原设计单位美国马拉松海上工程公司负责改造的基本设计，上海造船厂承担详细设计、生产设计和改造施工。

“渤海八号”的这次加装悬臂梁升级改造，对中国海油和上海船厂来说都是第一次。上海船厂从20世纪80年代起才开始涉足海上石油钻井平台建造工作，曾于1984年建成国内第一座半潜式钻井平台“勘探三号”，而对于自升式平台的改造，上海船厂却是第一次。

为了尽快形成国内悬臂梁型平台改造的技术能力，学习国外先进的设计方法和理念，中方决定与外方一起成立联合设计小组，共同完成改造设计。1986年12月，上海船厂和中国海油项目组派出联合设计小组，赴美国马拉松海上工程公司参与平台改装设计。这是国内技术人员首次接触悬臂梁型钻井平台设计，大家都非常珍惜与国外公司联合设计的机会，在工作中虚心向外方专家学习，边学边干，完成了平台在漂浮状态下各种拖航工况的稳定性计算和升船工况下的重力、风力、流力、波浪力等作用下各种升船状态时的桩腿稳定、强度和支反力计算等66项分析计算工作，编制设计文件42份。随后基于这些分析计算结果，通过中国海油项目组与上海船厂技术人员的共同努力，完成了槽口型平台改悬臂梁的详细设计，形成了船体结构加强方案以及钻台下底座改造方案，新设计了行走机构以适应新的悬臂梁。

通过与外方一起开展联合设计，国内的工程技术人员得到了锻炼和提高，掌握了悬臂梁改造设计的关键技术和相关的分析计算技术，更加坚定了依靠国内力量完成钻井平台加装悬臂梁升级改造的信心。

（2）严控焊接质量，确保悬臂梁整体建造精度

完成设计方案，迈出了成功的第一步，但悬臂梁的建造和安装工作依然面临重重挑战。为保证“渤海八号”升级改造工程顺利进行，中国海油与上海造船厂成立了“渤八工程指挥领导小组”组织联合攻关。船厂还成立了重大项目突击队，开展焊接、设备安装、大件吊运等劳动竞赛，同时严格控制质量，确保“渤海八号”升级改造的质量和进度。

“渤海八号”悬臂梁由两根“工”字形梁平行拼装而成，长28.4米、宽16.56米、高5.18米、重280吨。连同置于悬臂梁上面的钻机上下底座、井架、钻井绞车等设备共重约760吨。为使悬臂梁在滑道上顺畅来回滑行，必须保证两根“工”字形梁滑轨的建造平行度，平面误差要求控制在10毫米以内。

鉴于国内当时的建造条件和技术水平，在没有任何经验可借鉴的情况下，面对如此苛刻的制造和安装工艺要求，悬臂梁建造安装面临着前所未有的挑战，其中焊接质量是保证平台整体质量的关键环节。

悬臂梁焊接仅仅确保焊接工艺准确是远远不够的，在焊接、装配过程中必须严格控制变形量，要对焊前预热、焊时的层间温度、焊后的加热及保温时间等进行严格控制，才能保证悬臂梁的整体精度。对于这个庞然大物般的悬臂梁，只能在室外完成全部焊接工作。工作人员严格按照焊前检查、打磨等工艺程序一丝不苟地进行作业，加班加点不分昼夜抢进度，最终用20多个日夜就完成了悬臂梁的加工制造。建成的悬臂梁经无损探伤全部合格，制造精度达到设计要求。

（3）开动脑筋，破解试验难题

“渤海八号”加装悬臂梁改造完成后，还需要进行包括称重、倾斜和负荷等系列试验，以测试平台整体性能。其中倾斜试验是验证改造后平台稳定性是否满足要求的重要试验。由于“渤海八号”船体较宽，国内一时找不到合适的船坞进行试验，时任上海造船厂技术负责人的戴国俊为此吃不下饭、睡不着觉。一天早晨打开办公室窗户，看到黄浦江波光粼粼，江面上船只穿梭来往，戴国俊突然想到有没有可能直接在黄浦江上进行“渤海八号”的倾斜实验？可是，与船坞水面或者开阔平静的外海相比，黄浦江上波动的江水会对倾斜实验带来干扰，如何才能消除这些干扰？戴国俊用手中的茶杯来回比划着，渐渐在头脑中形成了解决方案。他们采用了十个有刻度的有机玻璃管分别置于钻井平台左舷和右舷的指定位置，通过玻璃管数据的对比抵消了江水波动对试验读数的影响。没想到这一招还挺灵，

倾斜实验最终在黄浦江上顺利完成。

完成倾斜实验后，戴国俊等技术人员又巧妙地设计了悬臂梁负荷试验和悬臂梁称重实验。进行负荷试验时，他们利用装满水的250吨打捞浮筒代替等重量的荷重，既准确又安全。悬臂梁称重试验则采取把液压千斤顶的油压换算成重量的方法，并用加重累进校验法解决了称重的精度问题。这三次试验的科学性、实用性及准确性使驻厂的美国船级社（ABS）验船师们十分惊叹，受到一致称赞。

从开始设计到完成施工交船仅用185天。1987年7月完成加装悬臂梁的“渤海八号”即赶赴渤海辽东湾执行钻井作业任务，综合性能表现优异。同年10月，中国海油乘胜追击将“渤海十号”再次委托给上海造船厂进行改造，由于有了“渤海八号”的改造经验，“渤海十号”于1988年3月即顺利完成升级改造。

这是我国首次在国内船厂进行钻井平台加装悬臂梁改造，其技术难度和工程规模在当时而言都是空前的。中国海油和上海造船厂凭借多年的技术积累和大胆的自主创新，攻克了悬臂梁建造安装过程中的多道技术难关，成功解决了平台性能测试的三大试验难题，最终通过了ABS认证。“渤海八号”和“渤海十号”的成功改造使国内技术人员首次系统学习了国外先进的设计技术与设计理念，掌握了自升式平台改造设计计算方法与详细设计技术，为后续自升式钻井平台的升级改造积累了经验，打下了坚实的基础，对提升我国自升式钻井平台设计建造水平起到了积极作用。1989年起，这两座改造升级后的自升式钻井平台先后进入绥中36-1油田试验区进行开钻井作业，至1992年一共完成了48口井的钻井作业，为绥中36-1油田的高效开发做出了巨大贡献。

4.2.2 再接再厉

1997年7月1日，“东方明珠”香港顺利回归祖国，中国人民扬眉吐气、举国欢腾。中国海油人也深受鼓舞，着手谋划更加宏伟的蓝图。同年8月，中国海洋石油总公司一年一度的年中领导干部会议确定：到2005年，南海东部、渤海原油年产量1000万吨，以南海西部为主的天然气折合油当量达到年产1000万吨。要实现这一战略目标就需要有性能优良的钻井装备打出更多的开发井。中国海油根据“渤海八号”、“渤海十号”改造的经验和技术积累，迅速做出“渤海四号”等平台加装悬臂梁改造的部署。

当时中国海油组成了“渤海四号”悬臂梁升级改造概念设计小组，与英国Noble Denton公司共同进行了概念设计的工作。经过一段时间工作后，由于该公司对“渤海四号”的船型了解不透彻，所完成的概念设计方案不符合中方要求，设计小组最后采用“渤海四号”原设计方美国Baker Marine公司的加装悬臂梁改造设计方案。

1998年8月，大连造船新厂在竞标中战胜日本、新加坡、香港的多家船厂，取得“渤海四号”改造实施合同，并于同年11月开工。改造内容包括平台结构、升降系统、钻井系统、甲板机械、机舱机械和生活区等6大类400多项更新改造。整个改造工作的“头号”工程无疑是将平台的主体结构由槽口型改造成悬臂梁型，这项改造对平台性能的影响是全方位的，包括稳定性、强度、作业性能等，牵一发而动全身。

（1）“百米穿针”装悬臂

由于准备充分，开工后大连造船新厂仅用了二十多天就完成了悬臂梁主体结构预制工作，改造工作迈出重要的一步。对于悬臂梁改造的整个过程而言，如果悬臂梁的建造是重中之重，那么悬臂梁的安装就是难点中的难点。工程技术人员提出十多种可能的安装方案，对每种方案的优缺点进行了对比分析，考虑了各种可能存在的风险。

为了进一步提高安装精度、提高作业效率，技术人员提出了“渤海四号”采用悬臂梁整体插入的安装方法，将悬臂梁主体结构与井架下底座、管支架平台总组以后，再将悬臂梁的两个主梁插入到钻井平台主甲板上的预留安装座子中。安装座子与将要安装的悬臂梁之间上下间隙仅3毫米、左右间隙仅6毫米。这对于重量达300吨、插入行程超过12米的悬臂梁总段而言，相当于“百米穿针”。

面对这一看似不可能完成的任务，工程技术人员仔细分析了船厂的设备条件，对方案可能存在的风险经过仔细考虑、慎重权衡利弊以后，决定采用工厂900吨龙门吊安装悬臂梁总段，并用吊车本身的平衡功能对总段的左右方向进行调平。总段的前后方向调平采用起吊后在合适位置加放压载铁的方法进行,使悬臂梁总段安装顺利完成。

实践证明，采用这种安装技术非常成功。整个总段的合拢安装前后仅用了十余个小时，极大地缩短了平台改造的周期，提高了效率。本次悬臂梁总组进坞安装合拢技术在国内甚至国际上都处于领先水平。参加过设计、改造四十余座类似平台的美国专家知道后赞不绝口：“这是我首次见到的技术，日本人改造时也没敢将悬臂梁总组以后再进行安装，你们却做到了。”

（2）巧用驳船试压载

“渤海四号”加装悬臂梁安装工作结束后，大连造船新厂按照设计要求对其进行负荷、称重和倾斜等试验。国外船厂通常采用钻机的游动系统（天车、游车、大钩）施加外部载荷来完成负载实验，外部载荷一般多采用水袋。但是“渤海四号”的游动系统最大承载能力仅500吨，达不到悬臂梁726吨的负荷试验要求。另外，当时大钩仍在维修尚未交验，无法使用，而且在平台改造这么短的工期内，现场很难准备好试验用的大量水袋。

有没有别的办法能替代国外常用的负荷试验方法呢？技术人员通过多种方案比选，最终决定采用船厂现有的800吨驳船代替水袋作为外部载荷，并用“渤海四号”平台的升降机构代替钻机游动系统，在悬臂梁井架中心吊灌水驳船的方法，通过测量驳船水位来计算悬臂梁所承受的负荷。这种试验方法在国内实属首创，大连造船新厂初次使用即获得了成功，节约了工期和费用。负荷试验结果表明改造后的“渤海四号”符合ABS规范要求，加装改造悬臂梁工程获得成功。

（3）严控精度，安装升降单元

自升式钻井平台的升降系统由多个电机驱动的齿轮升降单元组成，确保桩腿能够克服海底泥土、砂石带来的阻力，实现桩腿插入或拔离海床，另外能够克服平台自身的重力，实现整个平台的升降。升降系统是自升式钻井平台的关键装置，其性能的优劣直接影响到平台的安全性能、使用性能和经济性。

相对于“渤海四号”自身的重量和尺寸，其原有升降装置的能力较弱，在升降载荷偏大或者升降速度过快时经常发生齿条与齿轮啮合不好的现象，影响作业效率，且存在一定的安全隐患。因此，在这次平台改造时需要为“渤海四号”每个桩腿增加4个升降单元，以期提高升降能力，使平台升降船操作更加安全、平稳、快速。

12个升降单元的安装精度和焊接质量直接影响升降系统的正常工作。工程技术人员精心计算，通过模型反复比对，在安装过程中对尺寸进行严格控制，确保了升降单元的安装精度。在随后进行的升船试验中，升降系统运行平稳，升降齿轮与齿条啮合完美，获得高度赞赏。

“渤海四号”升级改造工期仅为126天，突破了国际公认的7个月施工期。按当时国际最先进技术进行改造升级的“渤海四号”成为当时国内设备最先进、钻井服务能力最强的海洋钻井平台。“渤海四号”改造后井架中心纵向移动范围从3.6米（12英尺）扩展到13.7米（45英尺）。“渤海四号”的成功升级改造充分证明了我国已完全具备对大型海洋钻井装备进行大规模升级改造的能力。

4.2.3 更上一层楼——“从45英尺到60英尺”

“南海一号”和“南海四号”同为“渤海四号”的姊妹船。“南海一号”从1989年到1997年一直在涠洲10-3油田作为钻采平台使用，1998年2月再次恢复为钻井平台。1999年，为了适应油田开发生产对悬臂梁自升式钻井平台的要求，满足当时渤海蓬莱19-3油田作业的要求，由美国Baker Marine公司完成了“南海一号”和“南海四号”的悬臂梁改造设计工作。

此时国际上已出现了纵向移动范围达60英尺的悬臂梁平台。为了进一步提高作业效率，在借鉴“渤海四号”成功改造经验的基础上，中国海油大胆提出利用原平台上的钻台下底座滑移轨道，将悬臂梁上转盘中心覆盖范围从45英尺（13.7米）扩展到60英尺（18.3米）。此后，同类型的平台均按照此方案进行了悬臂梁改造。

2000年4~10月，在大连造船新厂先后完成了“南海一号”和“南海四号”的加装悬臂梁改造工作。在进行最后的悬臂梁负荷试验时，技术人员创造性地提出了将悬臂梁和钻井游动系统负荷试验结合在一起，一次负荷试验完成对两个系统的检验，此方法也被应用到了后续的所有悬臂梁改造和新建自升悬臂式钻井平台的悬臂梁和钻井游动系统负荷试验中。经过改造，“南海一号”和“南海四号”的悬臂梁纵向作业范围为60英尺，比“渤海四号”多钻一排井槽，大大增加了生产井钻井效率。之后多年的实际海上作业再次证明了“南海一号”和“南海四号”加装悬臂梁的改造是成功的。

4.3 修旧立新——钻井平台的改造

4.3.1 增稳性，从钻井平台到钻采两用平台

（1）截短桩腿抗风浪

“南海一号”自升式钻井平台是1976年12月由石油部从新加坡进口的，为Robary300型自升式钻井平台，由三条桩腿和船体组成。该平台由美国ETA公司设计，最大工作水深91.4米，平台上配有6000米钻机及配套设施。

1988年8月，中方接替道达尔公司成为涠洲10-3油田作业者，为加速涠洲10-3油田群的滚动开发，本着降低油田开发成本的原则，中国海油决定将“南海

一号”自升式钻井平台改装成钻采两用平台以减少新建采油平台的工程投资，改造后的“南海一号”与涠洲10-3A平台之间用软管连接，并以原涠洲10-3油田生产设施为依托，迅速形成滚动开发的生产能力，这样“南海一号”就从原来的移动式钻井平台变为固定式钻采两用平台，实现“一肩挑双责”。

由移动式钻井平台改为固定式生产平台，变化最大的是环境条件适应能力的大幅提高。遇到台风等恶劣环境时，移动式平台可以考虑撤离避开台风，对其抗台风能力可以适当降低。但固定式生产平台无法随时撤离，就必须具备更强的抵抗台风的能力，这样能够更好地保障安全生产。另外，作为生产平台，“南海一号”还需新增4根隔水导管。因此，需要对“南海一号”进行适应性改造。

1989年5月，“南海一号”改造设计工作正式启动，由中国海油南海西部勘察设计所负责。由于“南海一号”原设计最大作业水深90米，而涠洲10-3油田水深仅40米，设计人员首先按照固定生产平台的标准规范对“南海一号”进行强度计算校核，发现桩腿上部强度不满足要求，必须进行改造。通过多方案对比研究，降低桩腿高度是最经济有效的方案。经过计算，需要将“南海一号”桩腿高度降低100英尺，每根桩腿上部需截短七个节间的长度。最终，截短桩腿的改造设计方案通过了ABS的审查。

随后，“南海一号”改造升级由中国海油南海西部工程公司承担，于1989年完成，顺利获得ABS入级证书，并更名为“涠洲10-3B”平台，具备钻井和采油生产双重功能。改造后的“南海一号”当年就完成了4口生产井钻井任务，确保了油田顺利投产，年产量比原来增加了8万立方米。

1989~1997年，“南海一号”一直在涠洲10-3油田作为钻采平台使用，相继完成新钻和侧钻了9口井，保证了涠洲油田的滚动开发，有力地保障了涠洲10-3油田安全稳定生产。

（2）清淤填砂抗滑移

1990年底，中国海油再次成功将“渤海六号”沉垫自升式钻井平台改装成钻采两用平台，并更名为“涠洲10-3C”平台用于涠洲10-3油田的滚动开发。由于“渤海六号”图纸、资料不足，设计人员积极开动脑筋，采用类比法巧妙地解决了平台整体强度校核的难题。

从钻井平台到钻采生产平台，功能发生变化，设计环境条件提高了，除了要解决强度校核的难题，更重要的是解决平台底座抗滑移难题，一旦出现此类问题，就会给生产带来严重影响，甚至停产。生产平台长期驻守海上，抗滑移难度更大也更必要。为了解决改造后的“渤海六号”坐底抗滑移问题，工程技术人员认真分析了平台条件和地层条件等因素，提出了通过减少沉垫下的淤泥、海底填砂等多种方式，这样可以增加沉垫与海底的摩擦力。

清淤填砂工程由广州救捞局实施，南海西部公司实行管理及现场监督。工程实施一共耗时61天，清淤约2000立方米、填石1370立方米、填砂820立方米。在40米水深下进行如此大规模的海底处理工程，在国内尚属首次。改造工程建成后不久，1991年7月，涠洲10-3C平台遭遇“9106号”强台风，平台经受住了这次50年一遇强台风正面袭击的考验，证明了这种设计合理、安全可靠，是把各种钻井设备合理利用起来的典范。

4.3.2 可移动，实现钻机共享

对于早期自主设计建造的“渤海五号”、“渤海七号”等钻井平台，由于可变载荷偏小、船体强度和刚度较小、平台尺寸限制、桩腿间距小等原因，不适合改造加装悬臂梁。另外，即便是悬臂梁型自升式钻井平台也会出现在钻台远端打井时由于大钩载荷和钻井数量的限制而打不了井的情况，这个问题在开发井较多时尤其突出。能否通过创新思路和改造升级让“渤海五号”为渤海油田开发再立新功呢?

受可搬迁模块钻机的启发，工程技术人员大胆提出设想，是否可以将“渤海五号”自升式钻井平台的钻机通过滑移轨道推到固定式生产平台上作业呢?经过反复论证，工程技术人员一致认为这个思路是可行的，并很快提出了具体方案。实现钻机从自升式钻井平台顺利滑移到固定式生产平台，前提条件是自升式平台必须就位精确。通过采取一系列的技术措施及对操作人员进行培训后，可以使“渤海五号”就位精度达0.5米以内。

同时为了实现钻机共享，首先要建造一个滑移底座并将其置于固定式生产采油平台上。待自升式钻井平台就位后，调整升船高度，使钻井平台井架底座滑轨与固定式生产采油平台滑移底座滑轨对准调平，然后将钻井平台上的井架及上、下底座通过井架下底座移动装置直接滑移过渡到导管架平台上去。为了确保实现此方案，还需要对钻机移动部分的管线、电缆等进行相应的改造和加长。

最终，利用该方案成功实现了非悬臂梁式钻机滑移上生产井口平台直接钻丛式开发井，突破了悬臂梁钻井平台作业时的局限，同时，滑移到导管架平台上后，扩大了钻井作业窗口。

1998年，“渤海五号”利用该项技术成功滑移到锦州9-3油田生产平台，顺利完成了锦州9-3油田30口井的钻井任务，大大节约了油田开发成本。随后“渤海五

号”又于1999年和2005年分别在秦皇岛32-6油田、渤中25-1等油田利用该技术将底座滑移到生产平台实施钻井作业。

2004年，“渤海七号”同样利用该项技术顺利完成了旅大10-1/4-2油田全部生产井的钻井任务。这种“钻机滑移”技术，开创了非悬臂梁式钻井平台钻开发井的新途径，为经济有效开发渤海边际油田做出了积极贡献。

4.3.3 改设备，拓展作业能力

在海上油田钻井中，有时会遇到由于作业海域水深或地层的特殊需要而现有的钻井平台无法满足要求的情况，此时就要考虑通过改造提升拓展平台的作业能力。对自升式钻井平台，主要是进行加长桩腿、改造桩靴等来满足插桩要求；对于半潜式钻井平台，主要考虑加长锚链和隔水管等以便适应更深水深的要求。

（1）加长桩腿，保障安全

为了保证钻井平台安全，自升式钻井平台插桩就位后必须留有足够的气隙，防止海浪拍击平台。如果井位水深比较深，接近平台作业水深，而要插桩的井位地层软，则会出现插桩过深，无法保证足够气隙的情况，要想保证正常作业必须加长平台桩腿。

“南海四号”原作业水深为90米，无法满足在南海东方油气田70多米水深软地层钻高温高压井的作业要求，因此，2001年在大连船厂完成了桩腿加长改造，共计加长4.9米。2007年5月在大连造船新厂完成了对“渤海九号”桩腿加长改造，共计加长2米，保证了这些钻井平台在软地层插桩后有足够的气隙。此外，为了从钻采两用平台恢复成钻井平台，“南海一号”在2000年也加长了桩腿。

（2）新增桩靴，站得更稳

“渤海五号”、“渤海七号”于1983年建成，是我国自行设计建造的自升式钻井平台。由于建造年代早，这两座平台的桩腿当时都没有设置桩靴，而采用摩擦桩的形式。由于摩擦桩仅适合于地层土相对比较硬的井位作业。因此，“渤海五号”和“渤海七号”在软地层作业时经常出现插桩过深、拔桩困难等问题。

随着自升式钻井平台技术的发展，桩靴已经成为自升式钻井平台的关键结构之一，用于承担海底对平台的支撑力。桩靴的尺寸和形状，对于平台安全插拔桩作业非常显著。特别是对于软底层，摩擦桩插桩深度过深将导致平台气隙不够或者拔桩困难，此时可考虑改造桩靴形式，增加桩靴承载力。为了保证钻井作业安全、

提高作业效率、增强作业能力，1999年在大连造船新厂对“渤海五号”、“渤海七号”分别进行了增加桩靴的改造。增加桩靴后，大幅降低了“渤海五号”、“渤海七号”在软地层作业时的插桩深度，作业安全性大大提高。

（3）加长锚链，适应深水

1987年，中国海油在钻井市场低迷的情况下，逆势而动，利用“南海三号”的赔偿金购置了“南海五号”，使中国海油拥有了第一座超过300米作业水深的钻井平台。“南海五号”的设计最大作业水深为457米。1987年拟使用“南海五号”钻“白云7-1-1井”，但是井场所处水深499.4米，超过了“南海五号”设计作业水深，因此需要对平台进行改造。为了满足水深的要求，平台必须加长锚链和隔水管。技术人员对锚泊系统和隔水管系统能力进行了校核，根据校核结果，为满足下部隔水管抗挤毁能力要求及降低井口和隔水管张力器的承重负荷，从国外租用20根每根长度16.4米、壁厚15.88毫米和带浮力块的隔水管。“南海五号”原有锚链长度为1372米，但该井水深至少需要1830米锚链，因此临时增加8组457米、K4级锚链。改造后的“南海五号”于1987年5月顺利完成我国第一口500米作业水深的深水井作业，这也是我国第一次采用预抛锚方式完成平台定位。

4.3.4 修船体，保障平台安全

（1）增加立柱，提高稳性

1980年4~9月，“南海二号”在日本日立船厂进行大修和改造，根据“南海二号”当时实际作业人员数量的需求，为平台增加了一层生活楼和相应的生活设施，扩建和新增了空调机组并改建了直升机坪。另外根据国内作业习惯，在面对井架开口的平台甲板上设置了龙门吊等。但此次改造导致平台可变载荷减少，平台迎风面增加，稳性变差。1985年，按DNV要求对“南海二号”进行国内首次倾斜试验时，发现“南海二号”可变载荷不足，需要增加可变载荷。因此决定再次对“南海二号”实施改造，这次主要改造工作包括在“南海二号”外侧增加了两个小型立柱以增大排水量，恢复原可变载荷，提高平台稳性。本次改造由香港友联船厂完成，改造后的“南海二号”通过了DNV的检验。

（2）驳船托举，更换底板

在服役了近20年后，1997年“南海二号”再次进行大修，需要更换推进器的

舱底板。由于香港友联船厂的干船坞尺寸不足，“南海二号”无法进坞修理，因此设计人员大胆提出用两艘驳船将“南海二号”托起来，形成干坞的维修作业条件。由于之前从未尝试过这种方式，在第一次用驳船托举“南海二号”的过程中还发生了惊险的一幕。因两个驳船排压载水的速度不一致，导致“南海二号”出现意外倾斜，操作人员马上停止了压载，避免了险情的发生。紧接着设计人员经过反复计算分析和试验，优化了托举过程中关键控制参数，在第二次托举中成功地用两艘驳船将“南海二号”托出水面，使得“南海二号”水下结构部分修理得以顺利实施。这种采用两艘驳船托举半潜式平台的方案在当时是一次了不起的创新和大胆的尝试。

此前由于我国沿海缺乏足够大的干坞，半潜式钻井平台维修长期依赖新加坡船厂。经过此次尝试，找到了新的半潜式钻井平台维修方法，不仅节约了大量工期和费用，而且从此以后我国半潜式钻井平台坞修基本在国内完成。

（3）精检细焊，修复裂纹

“南海六号”建于1982年，1988年购置回国，平台总长95米、宽71米，设计最大作业水深457米，钻井深度可达7600米。1994年，“南海六号”准备为美国阿科公司钻南海西部的高温高压井，美国阿科公司请美国ModuSpec公司进行了第三方检验，发现船体结构表面有长短不一的裂纹。但当时为了按期履行合同，只进行了一些局部修复工作，没来得及彻底解决存在的隐患。

1998年，国际油价低迷，钻井作业量骤减，加上“南海六号”船体结构仍然存在裂纹隐患，因此中国海油曾一度考虑将“南海六号”出售，后来由于多种原因没有售出。2000年，对“南海六号”进行特检，发现全船有大量表面裂纹存在，裂纹累计总长达200米。为了彻底解决这些隐患，便下决心对“南海六号”进行彻底改造修复。本次改造修复工作是在香港友联船厂进行的，修复了所有焊接裂纹，彻底解决了原建造工程留下的质量问题,从根本上消除了“南海六号”存在的隐患。修复后的“南海六号”焕然一新，在后来的钻井作业中表现优异。

4.3.5 添设备，升级钻机能力

（1）更新旋转系统

钻机旋转系统对于提高平台钻井系统能力至关重要。20世纪80年代前，传统钻机一般采用转盘配合方钻杆进行旋转钻具作业。20世纪80年代中期，钻机出现

重大技术变革，顶驱诞生。相对于传统的转盘驱动，顶驱具有节省接单根时间、倒划眼防止卡钻、下钻划眼减少卡钻风险、保证人员和设备安全等优点。为了提高钻井效率，保证作业安全，更好地完成锦州20-2油田的钻井任务，“渤海八号”于1989年率先配置了顶驱，成为国内第一个配置顶驱的自升式钻井平台。

安装于“南海二号”钻井平台上的钻机设备也经历过多次升级改造。1978年购置回来时是采用转盘和方钻杆钻井，到1992年为其配置了Varco的TD4S顶驱，替代了原来的方钻杆，提高了钻井作业效率和安全性。为了增加顶驱扭矩，2008年又将“南海二号”的TD4S顶驱更换成TD8S顶驱。

此后，中国海油对其他的移动式钻井平台旋转系统都进行了升级改造。

（2）改造水下设备

“南海二号”的水下设备也经历了多次升级改造。1997年更换了不同类型的井口连接器。还更换了水下防喷器的电控系统和气控系统。

由于原来25英尺隔水管起下效率低，而且一些隔水管锈蚀壁厚减薄，承压能力达不到设计要求，因此在2004年购置了0.625英寸壁厚的隔水管管体，仍然采用原来隔水管接头，对隔水管进行了更新。为了提高起下隔水管的效率，还将原来25英尺长的隔水管更换为50英尺长的隔水管。

2005年华北石油荣盛机械制造有限公司对“南海二号”水下防喷器进行维修，更换了阻流管汇、控制面板、控制台等，其中控制管线、梭阀、高压管线、导向绳、隔水管张力器大绳和转喷器等均为国产。

2007年，“南海二号”隔水管张力器液压缸进行大修时，由于张力器液压缸内壁的镀铬层脱落，无法修复。由国内厂家研制了新的液压缸，第一次实现了该设备国产化。随后，隔水管张力器装置的活塞杆、张力绳导向液压缸等均实现了国产化。

（3）增强泥浆循环系统和净化系统

循环系统是保证钻井安全和效率的重要设备系统。早期的钻井平台一般配置两台1300马力泥浆泵，例如，“渤海八号”、“渤海十号”、“南海四号”等平台原来均只配置了两台1300马力泥浆泵。

20世纪80年代末，海上油气田开发大幅提速，为了提升油藏控制能力、增大泄油面积，对海上钻大位移井、水平井的需求越来越多，早期的泥浆循环系统已经不能满足钻井作业要求。为了满足钻井作业高压、大排量的要求，提高钻井效率，还需要对原有的泥浆泵系统进行升级改造。

“渤海八号”和“渤海十号”为了适应绥中36-1油田的“优快钻井”需要，将平台上原配的两台1300马力泥浆泵更换为1600马力泥浆泵，大大提高了钻井效率。“南海四号”则是国内第一座采用国产化泥浆泵进行升级改造的自升式钻井平台，1996年将平台原配的两台1300马力泥浆泵更换成两台国产1600马力泥浆泵。该泵是由兰州石油化工机器总厂（简称“兰石厂”）引进美国国民油井技术后的首制泵。考虑到泥浆泵的备用，仍然在平台上保留了原来的一台1300马力泥浆泵。这是我国自升式钻井平台第一次配置3台泥浆泵。在随后的几年间，中国海油对在役自升式钻井平台普遍进行了泥浆泵升级。改造后的泥浆泵系统对钻井提速及作业安全起到了重要作用。

20世纪90年代中期，“南海二号”原来配置的两台1600马力泥浆泵已经不能满足钻井作业要求，因此1996年又配置了一台1600马力的泥浆泵。到2003年，原配置的两台泥浆泵已经服役近30年，设备老化严重，因此又更换了两台由宝鸡石油机械厂生产制造的1600马力泥浆泵。

泥浆净化系统在现代海上钻井作业中具有非常重要的作用，直接关系到钻井的成功与否，当时在役的钻井平台泥浆净化系统陈旧落后。为了提升作业效率，自1996年以来，对在役钻井平台全部更新了钻井液净化装置，例如增加振动筛的台数，采用新型线性振动筛，改造升级除气器、除砂器，配置离心机等。

（4）扩容动力系统

由于钻井平台在升级过程中，都更换了大马力泥浆泵，增加了顶驱，因此平台的动力系统普遍需要扩容。先前自升式钻井平台配置的柴油机多为D399型，功率为1200马力。扩容改造后自升式钻井平台大部分改为3516型，功率增加到1600马力。而半潜式钻井平台则改为采用2200~2650马力的柴油机组。相应的供配电系统也进行改造。动力系统的扩容改造，不仅提高了作业效率，还降低了能耗。

2005年，“南海二号”在深圳友联船厂进行例行的大修检查，由于平台使用时间已超过30年，很多设备已超期服役，因此本次大修更换了大量设备，包括柴油机、发电机、电站系统、船用压缩机、高压压缩机、锚机液压泵等设备。经过这一轮大修的“南海二号”设备能力得到大幅拓展，为后来走出国门到海外服务打下良好基础。

4.4 成效显著——改造与升级的效果

20世纪80年代中期中国海油有计划、有步骤地开始对移动式钻井平台实施升级改造，使海洋钻井装备总体能力明显增强，大幅度提高了钻井效率，降低了钻井成本，为边际油田开发、海上优快钻井的实现提供了装备保障。另外，也满足了一些特殊井的钻井要求，包括钻高温高压井、大位移井、水平井等。升级改造后的移动式钻井平台在实施"自营与合作开发并举"、中国海油"十五"计划、第二次对外全面合作过程中发挥了无可替代的重要作用，为中国海油产量突破5000万吨战略目标的实现做出了应有的贡献。

例如，锦州9-3油田属于边际油田，当时海上平台设计布井数高达47口，开发效益较差。通过"渤海五号"、"渤海七号"滑移钻机到锦州9-3生产平台，实现了钻井的优质快速，降低了开发成本，从而有力地带动了锦州9-3油田的开发。

同时，国内改造瞄准国际先进技术，中国海洋钻井设备经过升级改造逐渐与国际先进水平接轨，打入国际高端市场，日租金大幅提高，打造出中国海油钻井队伍的国际品牌。1997年"南海五号"进行了满足高温高压钻井的改造，其作业能力有较大提高，平台日租金从不到3万美元提升到8.5万美元，使"南海五号"第一次迈入国际高端钻井服务市场行列。

对钻井平台的改造大修，不仅成功保障了海上油气的勘探开发，也有力带动了我国船厂和设备制造厂家的技术进步。在升级改造过程中，国内厂家通过与国外同行的联合设计、现场学习以及实战演练，积累了经验，提升了能力和技术水平。1982年底至1983年初，"南海二号"在广州黄埔船厂进行了第二次维修和改造，国家对于这次改造和维修非常重视，组织了5个部委等共40多个单位参与，包括设备厂家、船厂、院校以及设计院所等。通过本次维修，国内设计院所和厂家大大提高了半潜式钻井平台的设计建造水平，为随后自主设计建造"勘探三号"半潜式钻井平台打下了良好的基础。

总结回顾这段历程，中国海油根据不同时期、不同海域油田的作业需求，对在役钻井装备进行持续不断的升级改造，很好地适应了钻井工艺技术水平迅速提高的需要，满足了海洋石油勘探开发规模大幅扩展的要求。随着技术的不断发展，新的需求不断出现，在未来还需要不断对平台进行升级改造，还将不断地续写平台升级改造的新篇章。

第五章

跨越发展——海洋模块钻机大器渐成

20世纪70年代末，国外海上油田开发势头迅猛。当时北海油气田开发如日中天，滚滚油气甚至成为英国这一老牌资本主义国家经济复苏的重要引擎。大洋彼岸的美国，更是早在20世纪40年代就在墨西哥湾竖起了第一个钢结构海上平台，并拉开了现代海洋石油开发的大幕。反观20世纪70年代末的中国，海洋石油年产量仅有十多万吨，这一数字和我国海域蕴藏的石油资源相比，仅仅是冰山一角，远远不能满足国民经济对能源的需求。彼时，不仅海洋石油勘探开发程度远低于国外，而且海洋钻井装备的水平更是远远落后于国际先进水平。如何加快我国海上油气勘探开发步伐、提高钻井数量，成为当务之急。

为了加快中国海洋油气资源的勘探开发，1982年1月，国务院颁布了《中华人民共和国对外合作开采海洋石油资源条例》。同年2月成立了中国海洋石油总公司，专门负责海洋油气的勘探开发。其后，原中国石油天然气勘探开发公司与国外公司签订的物探协议和石油合同，转由中国海洋石油总公司执行，海洋石油由此成为我国第一个全方位对外开放的工业行业，并迎来了新的发展机遇。

“日出江花红胜火，春来江水绿如蓝”。在此大背景下，我国海洋钻井装备，特别是海洋模块钻机的发展也迎来了自己的“春天”。

5.1 他山之石——洋钻机踏上中国海

20世纪70年代末，在我国茫茫的渤海之上，仅矗立着几座老式固定钻井平台和移动式钻井平台，当时的国人甚至对现代化的海洋模块钻机这一概念都闻所未闻。多年的特殊环境使我们与外界的交流渠道非常有限，加之我国海洋石油工业刚刚起步，国内对海洋模块钻机的相关资料和情况知之甚少，认识上几乎是一片空白。而此时，国外发达国家经过多年积累，已形成了相对完善的海洋模块钻机设计、建造技术体系，美国石油学会甚至在1973年就已经发布了模块钻机标准“API SPEC 2E 1st”。当时的墨西哥湾和北海等海域的油气田在导管架平台上安装海洋模块钻机已经成为一种常见的油田开发作业模式。海洋模块钻机广泛应用于钻开发井、调整井以及完井和后期的修井等作业。这一时期，国外海洋模块钻机技术遥遥领先。

5.1.1 懵懂初识组块钻机

1980年5月，中国石油公司海洋分公司与日本日中和埕北石油开发株式会社，在东京签订了“在渤海南部及渤海西部海域合作勘探开发石油的合同书”和“在

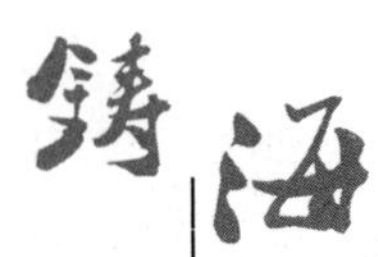

渤海西部海域埕北油田合作勘探开发石油的合同书”。

一石激起千层浪。由此，这片面积近8万平方公里、资源丰饶、古老而又神奇的渤海海域成为我国海洋石油对外合作的最前沿。中日合同中的埕北油田也由此成为我国海洋石油最早对外合作开发的油田。1985年和1987年，埕北油田B区和A区先后投入商业性油气生产，成为我国第一个按照国际规范进行建设的现代化海上油田。这一历史性事件也作为当年国家的大事记被镌刻在中华世纪坛的青铜甬道上。

埕北油田位于渤海西部埕北低凸起的西部高点上，水深16米，20世纪70年代初由中方勘探发现并曾投入试采。中方曾对埕北油田进行过一系列评价工作，并于1979年自主编制了《埕北油田开发方案》，通过6号平台开采，但因油井出砂而最终关停。1980年，随着中日合作开发合同的签订和日方作业者地位的确立，日方重新编制了新的埕北油田总体开发方案，并于1981年4月获得石油部批准。新方案包括B区和A区，每个区均由多个平台组成。根据整体开发计划，埕北油田B区先行开发投产，因此B平台先设计建造安装，A平台紧随其后。

两个区的平台群均有自己的钻井（生产）平台、生活（动力）平台，B区还有一个专门的储油平台。在钻井装备上，两区的钻井（生产）平台上均安装一套组块式海上钻机用于钻井作业。两区均设计钻28口井,采用“钻采掉头”的作业模式，即先在钻井（生产）平台上安装钻井组块进行钻井作业,钻井结束后拆下钻井组块，再安装生产组块用于生产采油。

在埕北油田B区开发工程设计中，组块式海上钻机的设计及制造的大部分工作均由日方完成。埕北油田B区开发工程由日本石油工程株式会社总承包基本设计；日本新日本制铁株式会社（NSC）分包承担导管架基本设计；日本三菱重工业株式会社（MHI）总承包埕北B区钻井/生产平台甲板组块工程；日本钢管株式会社（NKK）承担详细设计；中方的渤海石油公司仅承担了一些辅助的制造和安装工程。1982年，埕北油田B区平台组块式海上钻机建成，成为我国最早的组块式海上钻机，也是当今我国现代化海洋模块钻机的雏形。

中日双方的合作开发带来了崭新的设计理念，新的组块式钻机与我国以往固定式钻井平台上的老式钻机有了明显区别。首先表现在钻机驱动方式为电驱，相比我国之前占地庞大的柴油机械驱动方式更为先进。再者，从功能上来看，新钻机的井架和提升系统可以依靠特制的上下底座实现纵横移动，使钻机覆盖多个井槽。另外，钻机的泥浆泵、发电机、井架、上下底座、地质库房、生活楼等设施均按组块形式制作，方便海上安装起吊和搬迁。有了这些特点，埕北油田B平台的组块式海上钻机已经可以归类于“模块化的钻机”，已经具有了现代海洋模块钻机的雏形。但是由于这些“组块”还相当零散，与现代海洋模块钻机布置仍然有很大区别。

埕北油田组块钻机对我国海洋钻井装备的发展而言，意义重大，影响深远。其设计和建造为国内海洋模块钻机的发展带来了新技术和新理念。另外，钻机的设计和建造虽由日方总包，但是国内渤海石油公司、兰石厂等单位的工程技术人员，到项目组参与学习海洋模块钻机的设计、建造技术，使得中方人员专业技术水平有了一定程度的提高。同时，B平台的设计、建造实践经验，也对随后A平台及其组块式海上钻机的设计、建造和安装起到重要的借鉴作用。然而，这个时期国内对于海洋模块钻机的理解还比较模糊，特别是对于海洋模块钻机如何分块、分块的原则及分块后在海洋平台上的集成布置原理等，尚没有形成清晰的概念。

5.1.2 参与设计组块钻机

对外合作，是我国在技术、经济条件相对落后的情况下进行海洋石油勘探开发的策略之一，最终目的在于学习外方的先进技术和管理经验，师夷长技为我所用，尽快有效开发沉睡在我国海底多年的石油宝藏。

通过参与埕北油田B平台的设计、建造，中方工程技术人员积累了一定经验，在随后埕北油田A平台的设计、建造中，他们不负所望，承担了更多设计、建造任务。如A平台的钻井（生产）平台由中国海洋平台公司总承包，组块设计由渤海工程设计公司总承包，详细设计由上海708研究所负责，建造任务由大连造船厂承担，安装由渤海石油公司完成，组块钻机主要设备则与B平台一样，是由当时我国石油装备主力厂家兰石厂制造和供货的。

在埕北油田B平台建成后不久，1983年，埕北油田A平台组块式海上钻机也建造成功并投入使用。虽然埕北油田A平台组块钻机的主要设计仍然是建立在埕北油田B平台组块钻机设计基础上的，特别是基本设计几乎就是B平台相关设计的翻版，但这是国内直接参与设计和建造的第一座组块式海上钻机。它不仅提高了国内平台和钻机的详细设计、建造能力，而且通过实践积累了宝贵的经验。值得一提的是，“埕北油田A钻井平台模块设计”获得了1985年中国海油科学技术进步奖一等奖，而“埕北油田A钻机平台设计和丛式钻井技术”则荣获了当年国家科学技术进步奖一等奖。

埕北油田A平台组块钻机严格按照美国API相关规范以及我国“海上固定平台入级与建造规范”进行设计，通过了中国船检局的检验。该平台的组块式钻机属于全自给式钻机，设备配套齐全。配浆设备、固井设备、钻井防喷器、测井仪器、录井仪器、发电、消防、救生、供热、通风、通信设备等一应俱全，满足了钻井工艺要求，大大提高了海上钻井效率。这种全自给式钻机与当时的陆上钻机相比已经有了很大进步，然而与同时期国外海洋模块钻机比较，该钻机在自动化程度、模块集成度、设备可靠性等方面都还存在一定差距。特别是由于采用了国产钻机设备，故障率较高。此外，虽然埕北油田A平台钻机详细设计和建造都由国内完成，但其主要设计理念及方法均参考了日方设计的埕北油田B平台钻机，整体设计还停留在模仿学习阶段，自主设计创新能力相对缺乏。然而瑕不掩瑜，相比之前国内老式落后的固定式钻井平台钻机，这无疑是一次巨大的飞跃和进步。

5.1.3 引进现代模块钻机

与渤海油田相比，南海的“金娃娃”有点姗姗来迟，当渤海油田已转入开发阶段时，南海还在进行艰苦的海上油气勘探工作。天道酬勤，从20世纪70年代末到90年代初，在经历了两次大规模对外合作勘探和集中攻关后，在南海东部相继探明发现了一批“金娃娃”。南海，这片让海洋石油人魂牵梦绕的“聚宝盆”，终于迎来了对外开放、技术引进、共同投资、集中开发的新时代。

1989年，中国海油开始在南海东部海域与国外公司合作共同开发油田，但当时大部分合作油田均由外方担任作业者。期间，随着油田开发规模的扩大，海上钻井作业量也开始有了突飞猛进的增长，海洋模块钻机也正是在这一时期被引入中国的。当时南海东部首个合营油田惠州21-1油田亟须开发，现代海洋模块钻机便顺势被引入中国。这其中有两个重要的契机。首先，国外公司作为合营油田作业者主导着油田的开发，而海洋模块钻机在国外已是成熟技术，因此作业者进行油田开发设计时，自然而然地将这种对国内而言尚属新鲜事物的开发钻井作业模式引入了国内。其次，南海东部开发井数量剧增使得钻井作业量大幅增加，导致近海移动式钻井平台资源紧缺。昂贵的钻井平台租金和庞大的开发计划，使得综合成本低的海洋模块钻机引进和应用成为历史的必然选择。

继惠州21-1油田在1990年顺利投产后，南海东部海域多个合营油田也相继投入开发，油气产量开始大幅度提升。1989年，中国海域油气产量不过百万吨，但到了1996年底，仅南海东部海域的年产油气当量已达千万吨规模。短短7年，不仅南海东部油气产量实现了从零到千万立方米的质变，而且中国海域油气产量也上升到一个新台阶，令人刮目相看。这其中，从国外引进的海洋模块钻机和钻修机大显身手，立下了汗马功劳。

从1990年到1996年，南海东部海上油田一共引进安装了7座海洋模块钻修机和模块钻机，其中惠州21-1平台模块钻机钻深能力为4500米，惠州26-1平台、惠州32-2平台模块钻机钻深能力为3200米，陆丰13-1平台、陆丰32-3平台、西江24-3平台、西江30-2平台的4座模块钻机钻深能力达7000米。

惠州21-1油田位于南海东部地区，水深110米，作业者为意大利阿吉普、美国雪佛龙和德士古公司联合组成的作业集团（简称ACT）。油田设计开发井15口，并于1990年9月正式投产，这是我国海上第一个年产百万吨的油田。惠州21-1油田井口平台在安装时配置了4000米海上模块钻修机，用于完井、日常修井和后期的补孔作业等，是国内首个采用预钻井回接方式安装的海上模块钻修机。该模块钻修机由兰石厂总包供货钻井设备，在新加坡裕廊船厂总包建成，是国内首个真正意义上的现代模块钻修机。它不仅为海上油田开发带来了新的作业模式，更重要的是带来了模块化钻井装备新的设计理念。除此之外，惠州26-1、惠州32-2/32-3平台均配置了4000米钻深能力的模块钻修机，同样由兰石厂总包供货钻井设备，并分别在新加坡裕廊船厂和胜宝旺船厂建造完成。

1990~1996年，在南海东部海域，除了惠州油田群4000米模块钻修机采用预钻井回接方式安装外，西江30-2、陆丰13-1及西江24-3等油田则根据自身油藏特点及实际作业需求，采用了6000米钻深能力的完全自给式平台模块钻机，即直接将模块安装布置在导管架平台上，用模块钻机完成全部钻井、完井、修井和后续调整井等作业。

1993年10月投产的陆丰13-1油田，是我国海上合营油田中第一个直接采用完全自给式海洋模块钻机进行钻井作业的油田。该油田水深140~150米，为了降低成本并使油田尽快投入开发，作业者日本JHN石油公司从美国壳牌西方勘探生产公司购买了一座二手模块钻机平台进行改造，用于陆丰13-1油田开发。该平台原名“Julius”，由韩国现代船厂建造。平台在建造之初配置了两套Continental Emsco钻深6000米的完全自给式海洋模块钻机，分别布置在平台两侧井口区，后期改造时拆除了一套供西江24-3平台使用。陆丰13-1油田海洋模块钻机钻井系统的海上连接、调试工作均由赤湾石油设备修造公司完成。

西江24-3油田于1994年投产，水深99米，作业者为美国菲利普斯石油公司。根据开发需要，该油田采用了从陆丰13-1平台（原“Julius”平台）上拆下来的Continental Emsco 6000米海洋模块钻机。其改造设计由美国Petro Marine公司负责，具体改造由兰石厂完成，最终组装也在深圳赤湾码头完成。这两套钻深能力6000米完全自给式海洋模块钻机的成功搬迁、改造和再利用，不仅提升了钻机利用率，而且大大降低了油田开发成本。

1995年10月投产的西江30-2油田水深99.4米，作业者为菲利普斯和派克顿公司，设计开发井22口，同样采用海洋模块钻机进行钻井和后期作业。钻机为国外进口的BBA 160型钻机，名义钻深达6000米。由美国John Brown工程建造公司完成设计，韩国大宇船厂负责建造。

南海东部油田在20世纪90年代批量引入的现代海洋模块钻机和钻修机，都是对外合作中由国外公司带来的新技术、新设备，不仅为南海东部海上油气上产提供了利器，而且对此后我国海洋模块钻机国产化，以及海上油气田开发作业模式优化等均产生了深远的影响。

5.2 摸索前行——国产化技术萌芽的诞生

20世纪90年代引进的“洋钻机”、“洋模块”基本上都是由国外公司主导设计建造的，但我国技术人员也参与了其中的部分详细设计和建造，积累了一些技术和经验，为我国海上油田模块钻机的国产化设计、建造奠定了一定基础。依靠“洋拐杖”的同时，我国工程技术人员也没有忘记消化吸收和摸索前行，对模块钻机设计和建造的国产化进行了积极、重要的尝试，堪称我国海洋模块钻机国产化技术之萌芽。

进入20世纪90年代后期，随着我国近海海洋石油开发形势及需求的发展变化，海洋模块钻机显得愈发不可或缺，面对昂贵的进口成本和国外公司的技术垄断及封锁，海洋模块钻机的国产化需求日益迫切，国产化的呼声也随之日渐高涨。

5.2.1 初步尝试概念设计

自1983年完成埕北油田A平台组块式海上钻机设计、建造之后，在较长一段时间里，渤海油田主要围绕勘探开展工作，对模块钻机需求并不迫切，现有移动式钻井平台基本能满足当时的钻井需求。直到80年代后期，在进行绥中36-1油田开发方案前期研究时，工程技术人员才再次开展了海上平台配置模块钻机钻丛式井的方案研究，并首次完成了绥中36-1油田柱式平台海洋模块钻机概念设计和研究，具有重要意义。

绥中36-1油田位于渤海辽东湾海域，是由我国自营开发的大型稠油油田。在该油田开发方案前期研究期间，由于当时自升式钻井平台资源日趋紧张且租金渐高，加上自升式钻井平台一次就位打井数量有限，难以满足在同一平台上钻数十口开发井的要求。为此，当时的中海石油工程设计公司大胆提出，采用柱式平台并配置标准全自给式海洋模块钻机，完成数十口开发井钻井任务的设想。在方案研究中，柱式平台设计有84口井槽，钻井设备均以模块分层布置。而无论是柱式平台还是模块钻机，对于当时的工程技术人员来说都是全新的。由于国内缺少海洋模块钻机设计的成熟经验，对海洋模块钻机设计的理解还不全面，因此平台和海洋模块钻机的概念设计研究是与德国一家设计公司共同合作完成的。

概念设计研究的关键是明确设计原则，从技术上和经济上进行可行性研究，形成总体设计方案，确定全套专业接口界面和设计参数。当时中海石油工程设计公司在平台结构、机电仪等方面具有丰富设计经验，矿机专业人员也熟悉海上钻井工艺的要求，但对于现代海洋模块钻机设计却很陌生，只在资料和文献上见过零星报道，许多人甚至从未见过海洋平台模块钻机。然而，知难而进的工程技术人员面对挑战毫不畏惧，在与外国设计公司人员共同开展工作的过程中，既虚心向外国专家学习请教，又大胆提出自己的见解和想法。经过三个多月联合攻关，最终很好地完成了柱式平台海洋模块钻机概念设计。在这次海洋模块钻机概念设计研究中，引用了国外海洋模块钻机纵横移动、分块和分层布置的理念，尝试性地按功能划分了钻机模块，在有限的空间上合理布置了钻井设备和配套设施。从设计和研究的角度，论证了绥中36-1油田采用海洋模块钻机钻丛式井的可行性。

在开展本次模块钻机的概念设计之前，国内设计人员并没有真正接触过现代海洋模块钻机设计，只是通过有限的资料对海洋模块钻机有了初步的感性认识。因此，工程技术人员对平台模块钻机中“模块”的理解还比较模糊，对模块划分、设备布置原则、方法等更缺乏具体认识。通过本次与国外公司合作开展海洋模块钻机概念设计研究，我国技术人员初步了解了现代海洋模块钻机的设计方法和理念，对海洋模块钻机概念设计的基本要领从“一知半解”到“深入了解”、从“只知其一”到“也知其二”，这对海洋模块钻机的国产化意义非凡。

然而，由于国内当时尚无自己的海洋模块钻机设计标准，只能照搬国外标准，而采用国外标准的设备国内无法生产，需要从国外进口。恰逢当时国际油价低迷，经济效益评估显示，全面开发绥中36-1油田的时机尚不成熟，因此柱式平台方案及其海洋模块钻机的设计研究工作也随之搁浅。即便如此，此次概念设计中形成的设计理念和方法，均为日后海洋模块钻机国产化打下了一定基础，所完成的概念设计图纸、设计文件，也都成为海洋模块钻机设计国产化进程中的宝贵财富。

5.2.2　精心改造二手钻机

如果将绥中36-1油田海洋模块钻机概念设计研究看成是一场实战前“纸上谈兵”的演习，那么东海平湖油气田钻采综合（简称DPP平台）模块钻机的引进和

改造设计则是一场精彩纷呈、不辱使命的攻坚之战，更是一场孜孜探求海洋模块钻机核心技术的求实之战。

平湖油气田位于我国东海陆架盆地西湖凹陷，是我国在东海海域第一个发现并投入开发的复合型高产油气田，距上海市东南约450公里，总开发面积240平方公里。由上海市、中国石化和中国海油三方共同投资开发，并由三方合资组建的上海石油天然气公司（SPC）负责运作。中国海油受SPC委托进行海上工程设施建设和油气田生产操作管理。

根据油田总体开发方案，平湖油气田需要采用海洋模块钻机进行钻井及后续开发调整作业。然而，当时从国外购买具有6000米钻深能力的全新成套海洋模块钻机需要花费2000万美元，且采办周期很长。为了降低油气田开发成本、提高开发效益，同时为了保证工期、及时向长三角地区供气，工程技术人员将目光转向了国外的一座二手模块钻机。该钻机由美国国民油井公司于1981年生产，最大钩载650吨，名义钻深9000米，为直流驱动钻机。钻机最初在美国使用过一段时间后停用，1991年进行过一次维修改造。1992年开始该钻机在新西兰近海油田又打了10口井，1994年5月再次停用。1996年年初，平湖油气田开发工程项目组到现场考察后，认为该钻机功能完整、状态较好，可以继续使用，决定将这座二手海洋模块钻机引进回国进行改造。

由于购买的是二手模块钻机，且该钻机已经过一轮维修改造，又几易其主，缺乏准确的钻机图纸和技术资料，使得此次改造困难重重。然而改造工作刻不容缓，中海石油工程设计公司在接到该模块钻机的改造设计任务后，迅速成立了以朱江为设计项目经理的项目组。临危受命的朱江不惧艰难和压力，立即带领项目组成员一路马不停蹄、不远万里地赶到新西兰现场。他们顶着炎炎烈日，在一堆“铁家伙”里爬上爬下，亲手测量二手钻机的参数，量尺寸、画草图，获得了宝贵的第一手资料。为了回国后能够争取设计的主动性，朱江和同行工程技术人员恨不得把每个接口的尺寸都画出来。她还特别用心、细致地把各种技术参数、规格尺寸及外方原设计采用的标准全部手抄下来进行了对比分析，为后来钻机的优化改造设计奠定了重要基础。

回到国内，困难依旧层出不穷。当时国内尚没有专门开展海洋模块钻机设计的队伍，中海石油工程设计公司的技术人员擅长海上采油平台的设计，对海洋模块钻机，特别是对二手模块钻机却有点“束手无策”。工期有限，责任无限。在项目经理朱江的带领下，设计人员面对挑战，迎难而上，在开展改造设计的同时，如饥似渴地学习相关标准和参考资料，不仅吃透了模块钻机原来设计所采用的全部标准，而且凭借海上采油平台设计的经验和专业齐全的优势，全力攻克了一个个技术“拦路虎”，圆满完成了所有改造设计任务。

在设计项目组和建造项目组的精诚合作下，经过近两年攻坚克难，最终高质量地完成了模块钻机的改造，并顺利通过第三方检验。在建造过程中，项目组严格按照API标准对各个环节进行严格测试，使模块钻机质量有了很好的保证。1998年7月，经改造而焕然一新的模块钻机在平湖DPP平台上安装调试完毕，同年8月投入东海钻井作业，为平湖油气田的顺利投产立下了汗马功劳。

这台经过改造的二手模块钻机工作状况一直良好，不仅完成了既定20口开发井的钻井作业，而且还完成了后期生产过程中大量的修井和侧钻作业，为平湖油气田连续多年稳产高产提供了重要的装备支撑。2007年，根据开发调整方案，要在平湖DPP平台安装天然气湿气压缩机，平台需要整体减负荷，因此对模块钻机又进行了一次较大改造。2014年，为了钻中山亭区块的大位移井，再次对模块钻机进行改造，更换了井架、顶驱、绞车、泥浆泵等主要设备，使得该钻机焕然一新。迄今，这座“二手”海洋模块钻机仍然在东海平湖DPP平台上岿然屹立，日夜的轰鸣声仿佛在抒发着海洋石油人开发东海聚宝盆为国家奉献能源的壮志豪情！

平湖海洋模块钻机改造项目，是国内首次依靠自身力量完成的海洋模块钻机改造基本设计和详细设计。所完成的设计图纸和资料，成为后续东海天外天等油气田海洋模块钻机设计的重要参考。在这次海洋模块钻机自主改造过程中，积累了设计、建造、安装调试经验，通过对海洋模块钻机国际标准的学习、掌握和应用，大幅提高了国内海洋模块钻机的独立设计能力，这是国内对平台模块钻机系统的工艺流程设计方法及设计要点的大胆探索和实践，形成了海洋模块钻机设计的三大突破：从合作研究到“以我为主”设计的突破；从概念设计到基本设计的突破；从“纸上谈兵”的研究设计到实际应用设计的突破。对打破国外垄断、实现海洋模块钻机国产化具有重要推动作用，是海洋模块钻机国产化过程中一个划时代的里程碑。

5.2.3 独立拿下概念设计

宜将胜勇追穷寇，不可沽名学霸王。如果说“绥中36-1油田柱式平台海洋模块钻机概念设计”是“纸”上谈兵，“东海平湖油气田模块钻机改造设计”是攻坚实战，那么随后的“大港赵东油田海洋模块钻机概念设计”则是在这两次“战役”之后的乘胜追击之战，更是在海洋模块钻机设计领域的又一次大胆尝试。

赵东油田隶属于中国石油大港石油管理局。与绥中36-1油田相似，赵东油田也位于我国渤海石油富集区。不同的是它位于渤海西部靠近陆地的浅水区，而且是一个与国外石油公司合作进行风险勘探开发的商业性油田。

外方设计的赵东油田总体开发工程方案包括一座固定式钻采平台、一座固定式处理及储运平台，并计划在固定式钻采平台上配备海洋模块钻机进行钻井作业。由于大港油区大部分是陆上油田，当时没有熟悉海洋模块钻机的设计研究人员，更没有相关设计经验，因此只好将该平台海洋模块钻机概念设计研究的重任，委托给了中海石油工程设计公司。项目经理朱江凭借着刚刚从东海平湖模块钻机改造项目中积累的设计经验，带领项目组成员怀着坚定的信念大胆地接受了任务。

在设计研究过程中，项目组人员一方面参考了东海平湖油气田DPP平台海洋模块钻机的改造设计方案资料，另一方面也从零星的国外海洋模块钻机文献中寻求思路。精诚所至，金石为开，通过努力攻关，项目组如期为赵东油田拿出了海上平台模块钻机的概念设计方案，充分展现了中国海油工程技术人员的实力。

由于种种非技术原因，最终赵东油田没有采用为其编制的海洋模块钻机概念设计方案。但是，赵东油田海洋模块钻机概念设计的成功完成，证明了中国海油技术人员已经掌握了海洋模块钻机的概念设计要点。而且本次概念设计是完全依靠国内自身的技术和人员，与“绥中36-1油田柱式平台海洋模块钻机概念设计”中与德国人合作开展设计研究相比，又是一次突破。

赵东油田海洋模块钻机概念设计不仅再次锤炼了中国海油的设计队伍，而且使工程技术人员更加熟悉了海洋模块钻机总体设计的流程和局部细节，进一步提升了工程技术人员的信心。

5.3 背水一战——全力以赴打造开发新利器

随着我国国民经济的起飞，对石油能源的需求日趋迫切。世纪之交，我国海洋石油开发也掀起了新的高潮，雄心勃勃的海洋石油开发计划及紧张的移动式钻井平台资源，使得作业效率较高且成本相对低廉的海洋模块钻机再次成为焦点中的焦点。

5.3.1 大开发呼唤国产利器

任何技术发展都离不开所处的社会时代背景及企业需求。海洋模块钻机的发展更是与我国海洋石油的开发形势和需求息息相关。

1997年8月，时任中国海油总经理的王彦主持召开中国海洋石油总公司年中领导干部大会，确定了海上油气生产的跨世纪目标：到2005年，南海东部海域原油年产量稳产1000万吨，渤海海域原油年产量达到1000万吨，以南海西部海域为主的天然气折算油当量年产达到1000万吨。2002年，中国海油更是提出了新的战略目标：用5年左右的时间，以较强的盈利能力、较好的发展质量进入世界500强，逐步成为国际一流的能源公司。

庞大的跨世纪海上油田开发规划对海上油气井的需求激增，在国际油价低迷的大背景下，对高效钻井装备的需求也更加迫切，特别是急需能够在海上平台钻多口丛式井的钻机。此时，适应新形势、满足新需求，在油田开发钻井作业实践中被证明经济高效的海洋模块钻机，开始受到我国海洋石油人的极大关注。

然而，当时我国并没有完全形成自主设计制造海洋模块钻机的能力，进口海洋模块钻机的费用动辄数千万美元，对于我国海洋石油开发而言仍然是一笔不菲的费用。想引进洋模块钻机，费用昂贵；想直接获得设计、建造技术，更是难上加难。国外公司的技术封锁和限制使得很多核心技术尤其是设计技术是学不到的、更是买不来的。其中东海天外天气田的海洋模块钻机设计经历便是明证。因国内当时尚不具备相关能力，天外天气田海洋模块钻机的基本设计被迫交由英国RDS公司进行。然而该公司对基本设计费用开口就要价100万美元，中方派人参与学习，他们不仅态度傲慢，而且对技术高度保密，从来不谈及各项设计的要领和细节，生怕中方人员学到相关技术。

“将登太行雪满山，欲渡黄河冰塞川”。海洋模块钻机国产化得不到解决，不仅将制约我国海洋石油开发规划，更会影响公司的长远发展。海洋石油大开发的形势，热切呼唤着海洋模块钻机国产化。面对海洋石油开发的滚滚热潮，此时我国工程技术人员头脑里不再是20年前的陌生和迷茫，而是跃跃欲试和摩拳擦掌。海上油田大开发的迫切需求和工程技术人员的热情及信心交织在一起，海洋模块钻机国产化呼之欲出。

5.3.2 倾力推动利器中国造

前期与国外公司合作中的不断积累，使国内海洋模块钻机的设计、制造及安装能力有了大幅提升，而此时庞大的油气开发计划、昂贵的海洋模块钻机进口成本、国外核心技术的封锁等一系列因素又使我国技术人员不得不背水一战。弓已拉满，箭已在弦，海洋模块钻机国产化势在必行。

虽然“逼上梁山”，但工程技术人员清醒地意识到，要想打好这场翻身仗，必须扎扎实实地做好前期准备工作。

（1）装备能力大普查

知己知彼，百战不殆。面对海洋模块钻机国产化的急切需求，首先要做的就是全面、准确地了解我国当时各厂家已有的海洋模块钻机设计建造能力和技术水平。

时任中海石油研究中心开发设计部钻采室经理周建良积极组织，统筹安排，很快就成立了以朱江为组长的海洋模块钻机调研小组开展相关工作。小组人员不畏长途跋涉之艰辛，从渤海之畔的大港油田现场开始，再一路舟车劳顿，西去兰州宝鸡、南下成都广汉、东至南阳荆州，全面掌握了当时我国海洋模块钻机设计制造能力的第一手情况，并向公司主管部门递交了一份翔实的调查分析报告。

正如调研行程之曲折艰辛，摸底过程中，调研人员的所见、所闻、所感也同样跌宕起伏。摸底之初，调研小组曾满怀希望，认为国内钻机专业厂家经历多年的发展和技术进步，应该已具备了海洋模块钻机国产化的基本条件和能力。尤其当调研小组刚刚来到大港油田钻井公司陆地作业现场时，看到现场设计合理、摆放有序、运转高效的陆地钻机组块，顿时信心倍增。心想既然陆地油田已经完全实现了钻机组块化，那么海洋模块钻机设计制造也应该问题不大。他们对国内钻机设计制造厂家寄予了很大的期望，自以为国内厂家以陆地组块钻机的设计理念和建造方法，也同样可以为海上油田设计和建造海洋模块钻机。

然而当调研人员在调研组专家朱江的带领下，首站来到兰石厂时，映入眼帘的情景却让人大跌眼镜。陈旧的厂房周围杂草丛生，老式的办公楼墙面已经剥落，楼道门窗锈迹斑斑，办公楼里仅有的一台老式电梯有气无力地运转着……眼前萧瑟的场景给人一种时空错乱的困惑和不解。这个曾经是中国石油钻采机械和炼油化工设备制造排头兵的企业、曾经年产石油钻机占全国年产总量一半以上的“老大哥”究竟是怎么了？调研人员带着种种疑问与兰石厂的接洽人员见面后，通过他们略显无奈的介绍了解了始末。原来兰石厂当时正面临国企困境，主营的石油钻机业务江河日下，被迫改革整顿。当时刚刚与美国国民油井公司进行合资重组，不仅公司财务吃紧，而且人员变动较大，造成人心惶惶。至于海洋模块钻机的相关研究设计任务，兰石厂则给出了明确答复，“目前肯定不行！除非借助美国国民油井公司的设计力量！”此时的兰石厂,因技术人员流失较多,损伤了设计“元气”，除了能进行单件设备按图纸施工制造外，基本不具备海洋模块钻机系统设计能力。

目睹此情此景，又闻此明确答复，大港油田现场调研后的欣喜荡然无存，一股怅然若失的失落感顿时涌上调研人员的心头。这个曾经最早为海洋石油开发提供钻机，并且早期与中国海油合作最多的国内石油钻机制造企业尚且如此，那么其他制造厂家又会如何呢?

带着种种忐忑和无奈，调研人员一行又来到了宝鸡石油机械厂（简称“宝石厂”)。宝石厂早在20世纪60年代，就为我国渤海湾第一座自力更生建造的海洋钻井平台制造过井架。80年代，宝石厂又为“勘探三号”半潜式钻井平台设计制造过动态井架。经过90年代末的一系列改革，宝石厂不断发展壮大，并站在了行业潮头，具备了独立设计制造全套陆地钻机的能力。宝石厂相关人员热情地接待了调研组一行，从宝石厂概况、技术研发、特色加工和主导产品等方面进行了详细介绍，随后又带领调研人员参观了相关设计场所和制造车间。调研中，宝石厂技术人员对陆地模块钻机设计制造信心十足，但是对于海洋模块钻机设计制造则难掩一丝犹豫。虽然宝石厂有决心进军海洋模块钻机设计制造领域，也刚刚成立了海洋工程部和技术研发中心，计划打造海洋模块钻机的基本设计及详细设计能力。但因为海洋环境的特殊性、海上平台空间狭小、结构形式特殊及钻井作业方式上的差异性，加之国内当时还没有海洋模块钻机设计、建造的相关规范和标准，所以宝石厂技术人员并未轻易下结论，而是表示可以先开展相关研究和试验，这一点与调研组的试想不谋而合。

随后，项目组又一路马不停蹄南下四川，来到了川油广汉宏华有限公司（简称“宏华集团”),并参观了其生产车间和钻机总装测试场地。通过现场调研了解到，宏华集团虽然自1997年就开始配套生产陆地模块钻机，但唯独没有涉足海洋钻机，更没有参与海洋模块钻机设计和建造的经验。但尺有所短寸有所长，宏华集团的交流变频数控钻机技术国内领先，并与国际水平同步。另外，宏华集团虽然本身的生产制造能力比较薄弱，但集成行业内专业生产能力进行钻机配套的能力却非常强大。更重要的是，宏华集团还是一个具有创新活力、经营灵活的公司，拥有一定的研发设计团队和基本软硬件配备。当时宏华集团已获得渤海旅大4-2、南堡35-2油田海洋修井机设计、建造合同，正着手寻找具有建造基地的海洋工程伙伴，以启动海洋修井机设计、建造项目。这大大出乎调研人员所料，让人备觉惊喜和意外。

随后，调研人员又走访调研了西南石油大学，与机电工程学院多位教授面谈，他们虽然对海洋模块钻机设计、建造国产化这一内容很感兴趣，但也同时表示没有经过系统研究，不能轻易下结论，建议以科研课题方式进行可行性研究。调研人员随后对中国石化集团河南石油勘探局南阳石油机械厂（原石油部第二石油机械厂,简称“二机厂”)和中石化石油工程机械有限公司第四机械厂(简称“四机厂”)又进行了调研，这两家专业的钻修机装备制造厂商，都曾在20世纪90年代成功为中国海油配套设计、建造过海洋修井机。对海洋模块钻机国产化虽然积极性很高，但也未能给出完全肯定的答复，仅仅是给出了一些积极的反馈和建议。他们认为海洋模块钻机国产化的基本条件已经具备，但从设计、建造海洋修井机，到设计、建造海洋模块钻机，仍有不少挑战和亟待攻关解决的难题，不可能一蹴而就，而应当重点攻关，循序渐进。

（2）可行性论证明思路

攻关在即，科研先行。在对国内厂家进行全面摸底之后，中国海油技术人员愈发感到，要想真正实现海洋模块钻机设计、建造的国产化，必须从基础的科研攻关入手，对重点环节进行大力攻关，以解决国产化道路上的一系列“拦路虎”。

1）申报国家“863计划”

国家高技术研究发展计划（简称“863计划”）旨在提高我国自主创新能力，充分发挥高技术引领未来发展的先导作用。经过多年的实施，它不仅成为我国高技术发展的一面旗帜，而且也有力地促进了我国高新技术及其产业的发展。面对海洋石油大开发对海洋模块钻机的迫切需求，非常有必要通过“863计划”这样的大型国家科技支撑项目来实现海洋模块钻机国产化。

在这一背景下，宏华集团和中海石油研究中心决定合作申报海洋模块钻机国产化的“863计划”项目。从2003年开始，双方就积极着手开始调研，在工作中经过多次反复交流、讨论和研究，提出了海洋模块钻机国产化的初步思路和技术路线，明确了主要研究内容。第二年，双方又开展了大量工作，最终完成了海洋模块钻机国产化项目的“863计划”立项申报材料。然而由于种种原因，海洋模块钻机国产化的“863计划”项目最终没能申报成功。

结果虽令人遗憾，但申报准备的过程却让人受益匪浅。研究人员为申报“863计划”项目进行了大量调研、交流探讨，并提出了海洋模块钻机的技术发展思路和构想，这些为后来的科研工作打下了良好的基础。更重要的是，通过这次申报，双方技术人员对实现海洋模块钻机国产化的目标更加清晰，信心也更加坚定了。

2）中国海油综合科研课题立项

申报“863计划”项目研究虽然未能如愿以偿，但是科研技术人员并没有因此而灰心气馁，坚持海洋模块钻机国产化的想法没有改变，“科研先行”为海洋模块钻机国产化提供技术支撑的决心也未改变。

为了把握好科研攻关方向，夯实理论基础，攻克海洋模块钻机国产化进程中的各项关键技术。2004年，中海石油研究中心再次向中国海洋石油总公司申报了两项关于海洋模块钻机国产化的综合科研课题，一项是设计国产化，另一项是设备国产化。当时已过了立项时间，总公司和中海石油研究中心有关部门破例开启立项绿色通道，专门组织了立项论证会议，使这两个科研课题成功立项。

在立项过程中项目组就了解到，由宝石厂控股的宝大公司老专家刘宝钧，带领团队刚刚完成旅大4-2/10-1油田两台海洋修井机的基本设计，具有较强的海洋模块钻机系统设计能力，于是果断与宝大公司合作，共同开展海洋模块钻机国产化研究。通过该研究课题，针对以往海洋模块钻机的设计资料和经验、项目运作模式和实际效果，对照国外海洋模块钻机系统设计能力，全面评估了国内可用设计力量，以及不同设计阶段的工作程序、流程、内容、接口界面、项目运作模式、软硬件设备等，明确得出了海洋模块钻机可以实现国内设计的研究结论。此外，技术人员结合实际，提出了三套设计和总包管理方案，还提出了轻量化、可搬迁海洋模块钻机和钻修机的设计思路，有力地推动了海洋模块钻机国产化的进程。

在与宝大公司合作研究的同时，中海石油研究中心还与西南石油大学一起开展了海洋模块钻机设备系统国产化的研究工作。为了彻底弄清楚海洋模块钻机设备国产化的可行性，西南石油大学机电工程学院的张茂教授及其研究团队，利用院校优势，建立了一套可行性评价模型，以技术性、经济性、生产性、安全环保性、技术支持性、社会性等多项指标及其权重，综合刻画、评判国产化可行性。通过最终模型评判，从学术研究结果中获得了可以实现海洋模块钻机国产化的重要研究结论。此外，通过将国内设备与国外同类设备进行对比，指出了部分设备国产化程度较差的原因，明确了关键设备和制约因素，提出了设备系统国产化相应对策和具体建议，为海洋模块钻机设备国产化提供了科学依据。

两个科研项目的研究成果为海洋模块钻机的国产化技术路线指出了明确方向，使海洋模块钻机国产化的思路和技术路线更加清晰，坚定了工程技术人员对海洋模块钻机国产化的信心。

（3）召开“两会”做部署

2004年之前，除中海石油研究中心以外，中海油南海西部石油合众公司、渤海工程公司等也分别开展了海上模块钻修机的国产化科技研究工作，为最终形成并提高国内海洋模块钻机设计、建造能力做出了积极努力。并通过参与国内海洋模块钻机、海洋修井机的建造项目，初步具备了一些设计、建造经验。另外，国内的兰石厂、宝石厂均为中国海油海上平台模块钻机提供过钻机设备，二机厂、四机厂、宏华集团等，在此之前也曾为中国海油设计、建造过海洋修井机。总体而言，海洋石油系统内外相关单位和厂家，在海洋模块钻机的设计和建造方面都积累了一定的工程经验，具备了国产化的客观条件。鉴于模块钻机全面国产化的时机已经成熟，中国海油根据自身发展需要，适时顺势，分别于2004年和2005年前后召开了两次与海洋模块钻机国产化相关的大型专题研讨会。这两次会议在海洋模块钻机发展史上举足轻重，被来自全国各地参加会议的各专家代表公认为海洋钻机的“两会”。自此，全面推进海洋模块钻机国产化的工作正式启动。

1）统一思想的务虚会

2004年10月，由中海油有限公司开发生产部钻完井办牵头，中国海油各相关单位及国内有关钻修机设备生产厂家等共聚北京，在潭柘寺边上的一个会议中心召开了“海洋平台钻机研讨务虚会”。

深秋的北京韵味无穷，曾为皇家寺院的潭柘寺游人如织，高大的银杏树在阳光中泛着一片金黄、散发着醉人的气息，但各位与会代表却无心观赏。面对对我国海洋模块钻机来说具有划时代意义的首次大型专题研讨会，各与会单位代表情绪高涨，各抒己见，甚至连会议休息时间都在讨论和交流，争分夺秒地利用会议间歇对海洋模块钻机国产化的可行性进行深入探讨。

会议讨论异常激烈。因为当时国内行业内有一种比较普遍的质疑，中国海油有能力自主完成海洋模块钻机的设计吗？国内海洋模块钻机建造水平能够满足海上作业要求吗？出了问题谁负责？大家激烈地争辩着、讨论着，会议整整持续了近两天。不同的声音在这里交锋，不同的观点在这里交汇，不同的智慧在这里碰撞，不同的观念在这里升华。

来自渤海石油工程公司、合众公司等单位的王少平、黄康华、苏继锋、李学军等人，从中国海油具备的技术基础及对海洋模块钻机的客观需求等方面，实事求是地提出了海洋模块钻机国产化的攻坚方向，同时也并不回避面临的挑战。来自中海石油研究中心的技术人员也提出了自己的观点。例如，时任中海石油研究中心钻修机首席工程师的朱江，代表研究中心做了“关于海洋模块钻机国产化的初步设想”的主题发言，报告了海洋模块钻机国产化项目研究总体思路、进展情况，受到与会人员的一致认可和好评。此外，她在会议上还对海洋模块钻机钩载设计安全系数的选取提出了自己的见解。朱江指出：“海上平台模块钻机与移动式钻井平台的使用条件有很大差别。移动式钻井平台在设计时，对未来钻井深度、环境条件等是不可预知的，工作载荷也是不确定的，而且移动式钻井平台海上服役年限远大于海上平台模块钻机。因此，在设计海上平台模块钻机时，安全系数和设计寿命不能简单参照移动式钻井平台选取。”此学术观点得到了大多数与会人员的支持。后来的事实也证明，该建议有效降低了海上平台模块钻机的重量和建造费用，对海洋模块钻机国产化起到了关键作用，成为制定海上平台模块钻机标准的重要依据之一。

经过两天的认真讨论和思想交锋，与会人员达成一致共识，要改变目前只能"买或租赁"国外海洋模块钻机的不利局面，唯有走"国产化"道路，自主设计、建造海洋模块钻机。

时任中海油有限公司开发生产部钻完井办岗位经理的谢梅波，明确表态坚决支持走海洋模块钻机国产化的道路，并积极组织各单位协调沟通，布置了相关任务。这次会议还明确了要从设计国产化和制造国产化两方面入手，由中国海油各相关单位与国内各钻机装备制造厂家共同努力，设计并制造出满足海洋平台要求的模块钻机，同时会议也指出，一定要依托项目培养出自己的设计和建造专业队伍。

2）战略部署的动员会

"海洋平台钻机研讨务虚会"确立了研究方向，统一了思想，各单位根据会议的相关计划和初步分工，积极开展海洋模块钻机国产化各项准备工作。为了加速推进国产化进程，2005年4月初，中海石油研究中心和中国海油基地集团油田工程建设分公司（简称"油建公司"），在河北燕郊再次召开会议进行部署和动员。

4月的燕郊虽已是初春，仍春寒料峭、乍暖还寒。但阵阵寒意依然无法阻挡工程技术人员急切实现海洋模块钻机国产化的火热之心和坚定步伐。有了前期务虚会后思想上的统一，此次会议着重就如何进一步完善分工进行了重点讨论和部署。会场上，与会人员围绕议题畅所欲言、各抒己见、深入探讨，生怕放过任何一个重要细节，场面可谓是热火朝天。通过这次全面而深入的讨论交流，与会人员进一步统一了思想、明确了分工。会议最后明确提出，要抓紧形成中国海油自己的海洋模块钻机国产化设计力量，并尽快培养自己的建造队伍。此次会议之后，油建公司加快了对南方和北方两个片区海洋模块钻机业务的整合。

（4）优势组合建队伍

2004年之前，通过与国外设计公司一起参与不同阶段的海洋模块钻机设计工作，中国海油工程技术人员在不同程度上积累了一些经验，但技术力量还是十分分散薄弱，缺乏海洋模块钻机总体设计的系统性和能力，更没有形成专业化的海洋模块钻机设计和建造队伍。为此中国海油审时度势，积极开展海洋模块钻机专业化队伍的组建，加强了该领域力量的整合和配置。

1）组建油田建设工程公司，整合海油南北队伍

2004年12月，中海石油基地集团有限责任公司（现为"中海油能源发展有限责任公司"）重组和改革，将北方的渤海石油工程公司和南方的合众公司合并，成立了新的公司——中国海油基地集团油田工程建设分公司（简称"油建公司"），

进一步增强了海洋模块钻机国产化的设计和建造能力。

在此之前，合众公司是中国海油所属的湛江石油片区的工程建设公司，地处风景秀丽的海滨城市湛江。合众公司具有丰富的海洋工程结构设计、建造经验，2002年参与了番禺4-2/5-1海洋模块钻机建造监理，2004年总包了旅大5-2海洋模块钻机建造，此外合众公司还在2003年时总包建造过旅大油田海洋修井机。通过参与建造和总包，合众公司积累了丰富的海洋修井机建造经验。

渤海石油工程公司位于渤海之畔的天津塘沽，是中国海油的一家下属工程建设公司，在改革开放之初就参与过海洋平台钻机建造，曾参与过埕北油田B区和A区平台组块式海上钻机的建造和安装等重大工程，是渤海片区的老牌海上钻机装备服务单位。

合众公司与渤海石油工程公司合并后，中海油南方片区和北方片区的海洋模块钻机设计研究人员和建造队伍从此合二为一，大大加强了技术力量。南海东部海上油田的番禺30-1海洋模块钻机的详细设计和建造，即是油建公司成立后完成的第一个项目。通过这种强强联合的方式，油建公司快速整合了海洋模块钻机的设计和建造资源，有效提升了海洋模块钻机的设计、建造一体化能力。

2）成立工程设计研发中心——首支海洋模块钻机专业设计团队

海洋模块钻机国产化的核心是设计的国产化，重组后的油建公司清醒地认识到，必须首先加强海洋模块钻机的设计能力。时不我待，2005年初，油建公司迅速抽调精兵强将，成立了工程设计研发中心，专门负责海上钻机及修井机的设计。

新成立的工程设计研发中心由原南海西部石油勘察设计公司、天津开发区渤海石油油田建设工程设计所（后更名为“天津中海油工程设计有限公司”）、天津渤海石油工程设计有限公司组建而成，总部设在天津塘沽，在湛江设有分支机构。

工程设计研发中心的成立，使海洋模块钻机的国产化设计有了专业化的组织保障，然而仅有专业组织机构是远远不够的。新成立的工程设计研发中心积极主动通过多种渠道对设计人员进行培训，不断完善结构、机电、仪表、总图以及钻井工艺等专业人才队伍，提高设计能力。与此同时，工程设计研发中心还购置了多款专业软件用于海洋模块钻机设计校核，例如SACS、ANSYS、PDS、PDMS等强度校核和三维设计软件。随着工程设计研发中心海洋模块钻机设计工作不断深入，工程技术人员普遍掌握了这些软件的使用，大大缩短了设计周期，提高了设计效率。在油建公司及工程设计研发中心组建的过程中，恰好赶上了南海番禺30-1、西江23-1等油田海洋模块钻机设计和建造项目。通过积极参与相关设计，工程设计研发中心工程技术人员有了实战的机会，积累了经验。

专业化组织及人才队伍的组建和完善，软硬件配备及其应用水平的提高，加之以番禺30-1、西江23-1为代表的一系列项目实践等，大大提升了工程设计研发中心的海洋模块钻机设计水平，加快了海洋模块钻机国产化的进程。随着中国海油海洋模块钻机项目的发展，新成立的工程设计研发中心也快速发展，目前该中心已有员工300余人，其中具有国家注册工程师等各类高级专业技术资格的有32人、中高级工程师161人，形成了一支高水平、高效率、能“啃硬骨头”的专业化海洋模块钻机设计研发队伍。

3）油服模块钻机项目组——国内另一支建造劲旅

除了中海油能源发展有限公司的油建公司外，中国海油还有另一只海洋模块钻机建造队伍——中海油田服务股份有限公司（简称“中海油服”）模块钻机项目组。中海油服的主营业务包括海上钻井、油田技术、船舶、物探勘察等，其中最核心的业务就是海上钻井服务。

近水楼台先得月。虽然建造海洋模块钻机的业务并不是中海油服的主业，但由于中海油服在长期从事钻井作业的过程中，培养了一批熟悉钻井工艺、了解钻井装备的专家。加之天时地利等其他因素，中海油服也渐渐形成了一支专业的海上钻机建造队伍，完全有能力胜任海上油田固定平台模块钻机的建造任务。

中海油服开始涉足海洋模块钻机，最早可追溯到20世纪90年代东海平湖油气田二手海洋模块钻机的首次改造项目，但真正形成专业力量却是在21世纪以后。2000年初，对于中海油服而言，整体设计、建造海洋模块钻机还只是宏伟蓝图和梦想，要想赶上在此领域耕耘多年的国内外同行谈何容易。当时，主宰海洋模块钻机设计的是老牌英国RDS公司，主导钻机设备配套制造的是美国NOV公司。无论从技术壁垒还是价格垄断来说，这两大公司都处于绝对优势。面对严峻的现实和差距，中海油服钻井事业部不气馁、不放弃，积极探索实践、开拓进取。

2000年末，中海油服不失时机地派出作业人员进入作业者为丹文公司的西江油田，参与海洋模块钻机操作管理，并在后期为深圳分公司积极提供了海洋模块钻机升级改造和EPC一体化总包服务，积累了操作和管理经验。不过中海油服模块钻机项目组的成立，却是在渤海南堡35-2油田开发之时。

2003年，经过三年多的预可研、可研和ODP设计，具有世界海上稠油开采难度的南堡35-2油田即将进入实质性开发。考虑到后期调整及增产作业需要多次反复调整打井，前期总体方案为该油田海上DPPB平台配置了4500米钻深能力的海洋模块钻机。总体方案蓝图描绘出来了，但是谁能承担完成钻机的基本设计和详细设计，谁能够将蓝图变为现实，却成为摆在中国海油人面前的“拦路虎”。

时间紧、任务重，中海油天津分公司生产部的张洪波临危受命，担任了渤海南堡35-2油田模块钻机的项目经理。面对当时的困境，张洪波也曾一度寝食难安、一筹莫展。经过多方打听咨询，张洪波了解到英国RDS设计公司曾经为东海天外天海洋模块钻机等完成过基本设计。虽然对RDS公司要价高已略有耳闻，但无奈之下天津分公司也只好硬着头皮找到RDS公司。令人气愤的是，RDS公司并不重视该项目，仅仅将任务交给了位于澳大利亚的分部。当以张洪波经理为代表的中方人员不远万里漂洋过海赴澳大利亚检查项目时，才发现外方所完成的设计方案的深度远远达不到基本设计的要求。为此，中方人员不断与外方交涉。然而中方人员只要一提出修改意见，外方就认定是设计变更，要追加费用，给中方人员带来了很大的压力。但在中方代表据理力争之下，RDS公司最后总算勉强按要求完成了南堡35-2模块钻机的基本设计。

有了这次基本设计的经验教训后，天津分公司钻修机项目组不得不另辟蹊径，寻找新的合作伙伴来进行下一步详细设计和建造总包。与此同时，中海油服钻井事业部也利用其在项目管理、装备技术、操作经验等方面的优势，正式成立了海洋模块钻机建造项目组，并于2003年底，提出了南堡35-2海洋模块钻机EPC总包的合同请求。基于中海油服在钻机操作经验、专业技术、项目管理、配套资源等方面的优势，中海油有限公司天津分公司同意中海油服、美国NOV公司以及合众公司三家共同参与竞标。通过竞标，2004年7月，中海油服正式获得了南堡35-2油田海洋模块钻机的总包建造合同。

这是中海油服第一次自主总包建造海洋模块钻机。面对美国NOV技术封锁以及国内驳船浮吊等资源紧缺的外部困难，中海油服模块钻机建造项目组充分发挥自身优势，并积极寻求其他合作力量，与天津分公司一起迎难而上。在英国RDS设计公司前期完成的基本设计方案的基础上，项目组仅用几个月时间便创造性地完成了详细设计，有力地保障了项目的顺利进行。此外，为了确保建造进度和质量，他们在建造过程中积极跟进，对相关装备提前进行调试，发现不合格项立即跟踪整改。这不仅保证了南堡35-2海洋模块钻机在建造完成后能够立即投入使用，大大缩短了人机磨合的时间，而且也使操作人员能更加轻松自如地融入到所要使用的装备之中。经过9个月零11天的努力，南堡35-2海洋模块钻机于2005年顺利安装、调试完毕并投入钻井使用，不仅创造了建造奇迹，更为南堡35-2油田的稠油开发做出了重要贡献。

快马加鞭未下鞍。随后中海油服又在2006年、2008年、2009年分别承担了渤中26-2、绥中36-1油田I期调整WHPK平台和锦州25-1南、锦州25-1油田相关平台的海洋模块钻机总包建造。值得一提的是，中海油服在积极承担国内海洋模块钻机总包建造业务的同时，也同时吹响了向国际海洋模块钻机市场进军的号角。2006年初，中海油服审时度势，果断投标墨西哥国家石油公司PEMEX的4座海洋模块钻机总包建造项目，并在国际公开竞标中一举中标。PEMEX模块钻机于2006年5月份开始设计，同年7月份就完成详细设计，2007年5月开始分批投入使用。这是当时国内建造的为数不多的钻深能力达7000米的海洋模块钻机，中海油服享有100%自主知识产权。该项目打开了中海油服装备及服务板块进军海外南美市场的大门，有力地推进了中海油服模块钻机业务进军国际的进程。经过以上多个海洋模块钻机建造项目的实践，中海油服锻炼出了一批精兵强将，成为另一支海洋模块钻机建造的劲旅。

2009年之后，中国海油对二级单位业务进行重新整合，中海油服不再参与国内海洋模块钻机的总包建造，重点转到开拓海外钻井装备市场。

5.3.3 成功实现“三级跳”

通过积极尝试积攒经验、走南闯北全面摸底、申报课题明确方向、召开“两会”坚定信心以及招兵买马组建队伍，中国海油和相关模块钻机装备制造厂家奠定了技术、队伍、政策等海洋模块钻机国产化的重要基础。国产化指日可待，工程技术人员信心倍增，开始向着海洋模块钻机设计这个技术堡垒发起了不断冲刺和攻坚。

（1）大热身——蓄势待发

2002年，上海石油天然气公司（SPC）投资的东海天外天油气田准备投入开发，这是我国在东海投入开发的另一个重要油气田，主要为长江三角洲地区供气，战略意义重大。

与1998年投产的平湖油气田相似，在总体开发方案中，考虑到海上油田后期调整等因素，需要采用海洋模块钻机。SPC公司对此项目高度重视，成立了专门的项目组。但无奈国内还没有自主完成海洋模块钻机基本设计和详细设计的先例。面对如此高难度的项目，项目组人员刚开始都面面相觑，不知该如何深入开展工作。

鉴于以上情况，SPC公司经过慎重考虑，决定将整个天外天开发工程设计项目，连同海洋模块钻机基本设计一起交给国外公司。最后该工程项目总包由TECHNIP公司中标，英国RDS公司成为海洋模块钻机设计的分包商。然而RDS公司在基本设计和详细设计中不仅要价高，而且态度非常高傲。为了油气田尽快投产，尚无基本设计和详细设计能力的中方人员只能委曲求全，被迫接受高昂的垄断设计价格。为了推动项目进展，学习积累设计经验，中方向远在英国伦敦的RDS公司总部派出了代表。在此过程中，中方代表结合天外天油气田的情况和现场操作需求，积极地参与到相关设计中。然而RDS公司人员态度冷漠，从来不解释设计原则、设计过程，对关键参数和关键环节三缄其口，格外保密，这令中方代表非常愤懑。

虽然愤懑但并没有意气用事，中方代表深知，为了项目质量和进度，必须坚持原则。天外天油气田海上平台甲板面积有限，要布置7000米钻深并附带整个电站的全自给海洋模块钻机，难度非常大。而当时RDS公司又非常傲慢，只肯按照FEED的深度进行设计，不愿按照总包合同规定的基本设计深度完成设计工作，中方代表为此不断与RDS公司进行交涉。此外，RDS公司觉得从基本设计获得利润不多，所以对文件审核投入的精力很少，草草完成后就甩给业主审查，错误百出。在钻机结构设计方面，RDS公司也很保守，没有进行精心设计和核算，不仅模块钻机总体重量达到了2300多吨，而且占地面积也很庞大。按照RDS公司设计方案建造的天外天油田海洋模块钻机，无论是走廊过道、栏杆还是结构梁等，都存在过宽、过大的问题。显而易见，RDS公司在设计方案上，并没有下足工夫。为此，王治龙作为中方代表和海洋模块钻机项目组负责人，与项目组一起严格把关，仔细检查每一项设计内容，并坚持据理力争，积极推动，提出了很多优化建议。然而，只要中方代表一提出优化，RDS公司就提出设计变更并要求增加费用，为此双方争吵不断，这令中方代表很气愤，也很有压力。

鉴于当时国内海洋模块钻机相关设计经验少、资料少的困境，中方坚持让RDS公司按合同要求完成了天外天海洋模块钻机EPC设计的标书文件。这些设计技术文件资料，很多都成为了中国海油后续其他海洋模块钻机项目设计的重要参考资料，为我国海洋模块钻机国产化设计积累了宝贵的资料。值得一提的是，1996年以朱江为项目经理的东海平湖DPP二手海洋模块钻机改造项目所形成并留下的技术资料，给天外天海洋模块钻机项目组留下了很好的参考依据。

东海天外天油气田海洋模块钻机项目，虽然进行艰难曲折，但却是我国第一次全面且较深入地参与到现代海洋模块钻机的基本设计、详细设计及EPC建造过程当中。通过这些项目的历练，中国海油工程技术人员对概念设计、基本设计、详细设计、改造设计及建造、安装等都有了一定的掌握和了解，完成了海洋模块钻机攻坚克难“三级跳”之前的大热身，“第一跳”蓄势待发！

（2）化身监理实现第一跳

2002年，作为南海对外合作油田之一的番禺4-2/5-1油田即将投入开发。该油田的作业者是丹文（中国）石油公司，根据油田开发计划，采用海洋模块钻机来降低总体开发成本。丹文（中国）石油公司当时将番禺4-2/5-1油田海洋模块钻机的设计、建造任务总包给了美国的国民油井石油工程有限公司。湛江合众公司作为中国海油下属公司，因其得天独厚的公司属性及主营业务情况，于2002年6月首次承揽了番禺4-2/5-1海洋模块钻机的建造监理任务，主要负责模块建造和施工项目管理。这也是在南海海域,中外合作进行的第一个海洋模块钻机国内建造项目。合众公司高度重视，并成立了专门的监造项目组，开展番禺4-2/5-1海洋模块钻机建造施工的第三方监理工作。

万事开头难。要想真正做好建造监理这一“丙方”的工作，首先需要了解建造的相关技术，做到知己知彼、心中有数。然而合众公司在此之前，无论是技术还是管理经验都相对缺乏，但有问题就要找方法，自身有不足就要多学习。为此，合众公司利用湛江海工码头19万平方米配套齐全的建造场地的优势，借鉴国外公司在海洋模块钻机设计、建造领域的先进技术与项目管理经验，引进国际上的先进技术标准、规程规范和管理程序，并应用到该海洋模块钻机项目建造监理的管理之中。这不仅保证了番禺4-2/5-1海洋模块钻机设计和建造项目的质量和进度，同时也积累了相关经验，锻炼和培养了一大批海洋模块钻机建造技术和项目管理的专业人才队伍，为海洋模块钻机国产化打下了坚实的基础。

合众公司虽然在该项目中承担的只是海洋模块钻机建造监理工作，但也不忘抓住这次难得的机会，进行全面学习，刨根问底，努力做到知其然也知其所以然。在此过程中，虚心学习是工程技术人员谦逊的态度，刨根问底是工程技术人员急切的心情。第一次全面接触海洋模块钻机的设计详细图纸，第一次全面接触海洋模块钻机设计和建造的相关标准和规范，第一次零距离参与现场建造管理……如饥似渴地学习、热火朝天地讨论，多个第一次亲自实践与参与，不仅开阔了工程技术人员的视野和思路，更体现了他们对来之不易的学习机会的珍惜和重视。

通过番禺4-2/5-1海洋模块钻机设计和建造监理项目，合众公司工程技术人员不仅熟悉了相关设计及建造的流程和标准，而且大大开阔了眼界，积累了海洋模块钻机设计和建造的经验，锻炼了自己的设计和建造队伍，可谓“一石多鸟”。通过该项目我国工程技术人员圆满实现了海洋模块钻机国产化飞跃中的“第一跳”。

（3）总包建造实现第二跳

旅大5-2油田海洋模块钻机项目是我国海洋模块钻机国产化中的另一个重要里程碑。

旅大5-2油田位于我国渤海辽东湾海域，平均水深约20米，油田储量大、埋藏深。2002~2003年，中海石油研究中心完成了旅大5-2油田从预可研、可研到整体开发方案（ODP）的研究工作。因旅大5-2油田为稠油油田，考虑到后期的调整需要，开发方案中为旅大5-2油田配备了一座6000米钻深能力的海洋模块钻机。

ODP总体设计方案确定了该海洋模块钻机的主要参数、接口界面、模块尺寸等，按程序该马上进入基本设计。但放眼国内，踏破铁鞋也找不到一家能够从事海洋模块钻机基本设计的单位。无奈之下，中方只好花重金将旅大5-2油田海洋模块钻机基本设计项目再次委托给美国国民油井公司。然而这家著名的设计公司并不看重这个基本设计，因此在基本设计中没有投入足够的人力和物力，而是想通过基本设计所开的“技术窗口”来争取后续的详细设计。

值得一提的是，2004年6月，美国国民油井公司鉴于中方合众公司在番禺4-2/5-1海洋模块钻机项目“丙方建造监理”中的出色表现，直接将其完成基本设计后的旅大5-2平台模块钻机建造工程总包给合众公司，由合众公司全面负责海洋模块钻机建造的全过程。因此这次海洋模块钻机总包建造就成为中国海油工程技术人员首次自主完成的海洋模块钻机加工设计。

为了更好地完成项目，合众公司迅速抽调了一批骨干力量，组建了以黄康华为项目经理、李红为项目副经理的旅大5-2海洋模块钻机建造项目组。项目组为了在管理上与国际接轨，完全采用了国外工程建设中的项目管理模式。在吸取了国民油井等国际知名公司的先进技术和管理经验的基础上，通过自身的努力，进一步优化了旅大5-2海洋模块钻机的设计、建造方案，并尽可能地采用国产化设备，以减少设备采办周期，降低了钻机的整体费用。

与“第一跳”相比，总包建造中中方工程技术人员的收获同样是巨大的。第一次用软件搭建起海洋模块钻机结构梁示意图，第一次为海洋模块钻机的设备配管，第一次亲自参与现代海洋模块钻机的设计及优化……多少次的苦思冥想、多少次的各种尝试、多少次的反复计算修改，躬身力行参与总包建造工作，使得中国海油工程技术人员对海洋模块钻机的设计、建造程序和思路的理解愈发地透彻，设计和建造的能力也得到了很大提升。

2005年7月，旅大5-2油田海洋模块钻机投入使用，并运转良好。经过业务整合已划归油建公司的合众公司再次不负众望，如期上交了一份令人满意的答卷。通过旅大5-2海洋模块钻机总包建造项目锻炼形成了自己的设计和建造力量。

由“建造监理”变为“总包建造”是我国海洋模块钻机设计和建造的巨大跨越，实现了中国海洋模块钻机国产化的“第二跳”。

（4）自主设计实现第三跳

海洋模块钻机的设计分为概念设计、基本设计、详细设计、加工设计，其中难度最大的为详细设计和基本设计，而基本设计更是难上加难。在20世纪八九十年代，中国海油仅具备概念设计能力，进入21世纪后，也只形成了海洋模块钻机加工设计能力，可以说已掌握了海洋模块钻机设计的“一头”和“一尾”，但恰恰是位于整个“设计链”中段的详细设计和基本设计尚在摸索中。

1）奋力拿下详细设计

番禺30-1气田综合钻采平台位于我国南海的珠江口盆地，水深约200米。该气田在开发规划时主要是为“东方明珠”香港供气，意义非凡；而且它也是中海油深圳分公司第一个使用海洋模块钻机的自营气田。2003年，在中海石油研究中心完成了油气田开发前期总体设计后，番禺30-1气田海洋模块钻机开始进入基本设计阶段。鉴于国内没有海洋模块钻机基本设计的能力，该设计同样委托给了英国RDS公司来承担。

该海洋模块钻机名义钻深为6000米，钻机最大钩载为450吨，钻机设计寿命30年。深圳分公司派员到英国RDS公司全程参与，但因整个基本设计由英国RDS公司主导，而且中方人员当时对海洋模块钻机的设计理念和设计方法的掌握还不够全面，所以只能以学习的态度参与基本设计，以提高自身水平。

在基本设计中，英国RDS公司设计总体偏保守，模块重量突破了ODP设计中对海洋模块钻机重量的要求，这将使番禺30-1气田海上平台的导管架承载被迫进行很大调整。如果继续让RDS公司进行详细设计，不仅费用高昂，而且外方继续沿用原设计理念，将使海洋模块钻机的总重量增加很多，对整个平台的导管架承载带来很大的挑战。此外，整个工程工期紧、任务重，如何在有限的时间内高效推进海洋模块钻机的设计和建造是必须考虑的问题。

对此棘手问题，中国海油内部也在多个层面上进行了多次充分讨论。一些领导和专家认为，客观上国内已经积累了一定的海洋模块钻机设计、建造经验，为了扶持和推动国内自己的设计能力，应当由国内尝试自主进行该海洋模块钻机的后续详细设计，这样无论是对于该项目还是以后的海洋模块钻机项目都大有裨益。此言一出便立即出现了不同的声音，反对的人坦率指出，虽然国内积累了一定的设计、建造经验，但国内并没有做过完整的海洋模块钻机详细设计，为了确保赶上工期，还应请经验丰富的国外公司，这样对保证项目进度、质量更有利。支持自主设计的人也毫不示弱，当即指出合众公司刚刚完成了番禺4-2/5-1海洋模块钻机建造和施工监理管理项目，以及旅大5-2平台海洋模块钻机总包建造项目等，积累了不少实践经验，可以满足项目要求。就这样，大家你一言我一语地就“到底是委托外方设计还是自主设计”热烈地争论着，一时间各执一词，莫衷一是。

面对众说纷纭的局面，时任番禺30-1油田开发工程项目组总经理的梁羽站在为国家民族争气的角度，本着培养国内自己设计力量的目的，顶着可能失败的风险和压力，果断拍板，要从中国海油内部找到一家合适的设计承担单位。经过系列项目历练并积淀了技术实力的合众公司主动请缨，积极表达了尝试进行详细设计的愿望。天时地利人和，2004年11月，合众公司终于如愿以偿地获得了该海洋模块钻机的详细设计和总包建造合同，这是国内工程技术人员首次承担海洋模块钻机的详细设计。

在复杂的海洋模块钻机设计中，基本设计和详细设计的衔接非常重要。作为详细设计方的油建公司（2004年12月由合众公司和渤海石油工程公司重组而成），在第一次与基本设计方RDS公司进行项目交底沟通和技术澄清时，就遭遇了外方的冷遇和不信任。RDS公司设计人员非常不屑，根本不相信中国人能够独立完成海洋模块钻机的详细设计。在基本设计方和详细设计方的技术交底会上，中方的所有技术人员都早早到齐了，而外方仅来了寥寥几人。在交流会上，RDS公司的一个专家曾不屑一顾地对中方技术人员说："如果你们能够靠自己完成全部详细设计，我就吃掉自己的靴子。"这样赤裸裸的羞辱，让现场的中方技术人员无不愤慨，但他们强按捺住内心的怒火，并未与外方专家争辩，暗自下定决心：一定要自主完成海洋模块钻机的详细设计，让行动证明一切。

为了高质高效完成任务，详细设计之初，深圳分公司就专门指派了有着丰富海上钻井经验的胡泽刚担任甲方建造项目经理。胡泽刚一上任就立即与油建公司设计人员一起，认真分析了RDS公司的基本设计报告，他结合自己的现场技术经验和公司的钻井需求，对泥浆循环系统和固井系统等提出了许多优化建议。经过对基本设计相关参数的反复计算校核，技术人员还从结构优化减重入手，大胆优化，使详细设计比基本设计减少了100多吨的钢材用量。此外，在该海洋模块钻机的设计建造中，第一次采用了套装自举式井架，不仅节约了浮吊费用，而且大大减少了海上安装时间。这种安装方式后来在海上其他油田得到推广应用，目前的海洋模块钻机基本均采用套装自举式井架。

在该模块钻机的设计中，工程技术人员并未完全模仿沿用外国公司的基本设计思路，而是根据现场实际情况充分发挥主观能动性，在对外方基本设计进行优化的基础上顺利拿下了详细设计，并在详细设计中体现了自己的设计思想，完成了海上平台模块钻机从"模仿"设计到"优化"设计的跨越。在模块钻机项目组全体成员的不懈努力下，经过420个昼夜的忘我工作，油建公司如期完成了海洋模块钻机的详细设计和总包建造工作，共提交详细设计文件477份、加工设计文件1301份，高质量地完成了任务。该项目的成功让曾经藐视我们的外方公司大跌眼镜，也向世界证明了我们的实力。

通过番禺30-1气田海洋模块钻机的详细设计和建造项目，油建公司不仅锻炼了队伍，而且掌握了关键技术，提高了海洋模块钻机设计和建造水平。但客观地从专业角度来看，番禺30-1气田海洋模块钻机的整体设计、建造水平还不能说尽善尽美，特别是与后来建造的多座海洋模块钻机相比，番禺30-1气田海洋模块钻机的建造水平仍有差距。南海番禺30-1气田的海洋模块钻机项目是我国海洋模块钻机设计中的又一里程碑，其意义在于通过该项目的攻关真正形成了我国海洋模块钻机的详细设计能力。该钻机的成功建造开启了中国海油自主设计、建造海洋模块钻机的新篇章。

番禺30-1气田海洋模块钻机的详细设计和建造项目是油建公司成立后首个成功建造完成的海洋模块钻机项目，也是该公司首次完成海洋模块钻机详细设计的项目,凸显了国内设计人员的能力和水平,也正是有了这次详细设计的历练，油建公司后来才有机会参与西江23-1油田海洋模块钻机的基本设计项目。

2）*成功掌握基本设计*

海洋模块钻机国产化的前提是设计自主化，而设计自主化的关键是完全掌握基本设计。中国海油工程技术人员在成功掌握海洋模块钻机建造监理、总包建造及详细设计后，开始向海洋模块钻机基本设计这一最后技术堡垒发起了攻坚战。

首当其冲的当属西江23-1油田模块钻机项目。西江23-1油田位于我国南海珠江口海域，平均水深约90米，其综合钻采平台（DPP）共设20个井槽，配备海洋模块钻机一套。该模块钻机于2005年开始相关设计及建造工作，是中海油深圳分公司自营油田的第二个自建海洋模块钻机，名义钻深5000米，最大钩载315吨。在西江23-1油田海洋模块钻机设计建造项目之初，鉴于在前期一系列项目中的参与及学习工作，油建公司工程技术人员曾带着满腔热情和想要一展身手的强烈愿望参与基本设计投标，最终却因为没有基本设计经验铩羽而归，业主还是不得不花重金聘请国外公司完成基本设计。最终西江23-1油田海洋模块钻机的基本设计由当时的美国国民油井公司承担，油建公司仅承担了海洋模块钻机的详细设计和总包建造工作。

虽然如此，当时身为甲方的中海油深圳分公司，向国民油井公司明确提出了两项特殊要求：一是要派中方人员全程参与基本设计项目，二是基本设计地点必须放在深圳，以便于沟通协调，更重要的是可以确保中方技术人员能全程参与外方基本设计。同时要求每周开一次例会，定期交流讨论设计方案，根本目的就是希望油建公司工程技术人员可以通过参与基本设计掌握其中要点，最终实现设计全面国产化的夙愿。由于国内对海洋模块钻机技术的掌握程度已经达到一定水平，因此在讨论中，中方根据现场作业要求，提出了不少合理的设计理念和思路，大部分都被国民油井公司采纳并优化到基本设计中。可以说参与西江23-1油田海洋模块钻机的基本设计是国内海洋模块钻机设计史上的一个重要转折，逐渐形成了自己的设计理念，并开始有能力主导海洋模块钻机的基本设计。

为了能够将西江23-1海洋模块钻机建造成品牌钻机，达到并赶超国外先进技术水平，油建合众公司和深圳分公司工程技术人员积极查阅资料、分析计算，实现了动力及控制系统的国产化。如在海洋模块钻机上大胆采用了直流和交流变频复合控制系统，使绞车采用交流变频驱动，泥浆泵等采用直流驱动，并在实践中逐步形成了一套海洋模块钻机谐波治理的方法。通过西江23-1海洋模块钻机项目，不仅进一步锻炼了我国的海洋模块钻机设计和建造队伍，而且为完全形成海洋模块钻机基本设计能力打下了坚实基础。

西江23-1海洋模块钻机项目之后的渤中28-2南平台模块钻机项目，是我国工程技术人员第一次完全自主设计和建造的海洋模块钻机。渤中28-2南海洋模块钻机名义钻深5000米，最大钩载315吨，钻机要覆盖50个井槽，也是一个“大块头”，设计建造难度较高。但由于在参与西江23-1海洋模块钻机基本设计的过程中，技术人员已初步具备了海洋模块钻机基本设计的一些能力。因此2007年，在万事俱备只欠东风的情况下，油建公司一举中标，顺利承担了渤中28-2南海洋模块钻机的全部设计和建造总包工作。

经历过西江23-1油田海洋模块钻机基本设计投标失败之惨痛的油建公司工程技术人员终于如愿以偿了，他们格外珍惜这次来之不易的机会。在项目组的精心组织和不懈努力下，全体工程技术人员一鼓作气、攻坚克难，顺利实现了渤中28-2南海洋模块钻机从基本设计到详细设计，再到建造、安装的“一条龙”服务。这不仅是油建公司首次完成海洋模块钻机的基本设计，也是国内第一次全面实现海洋模块钻机设计和建造国产化，标志着国内已经形成了海洋模块钻机概念设计、基本设计、详细设计、加工设计的完整设计链。

海洋模块钻机设计国产化不仅打破了国外技术封锁和制约，还大大节约了设计费用以及后期建造成本，每座海洋模块钻机基本设计费用可节约一半以上。由于国内设计费用远低于国外报价，而且设计质量也逐渐赶超国外水平，在中方技术人员掌握了海洋模块钻机基本设计能力后，英国RDS公司、美国的国民油井公司等在招标中渐渐失去优势，并退出了国内海洋模块钻机设计的市场。

中国海油工程技术人员经过埋头实干、不懈努力，一步一个脚印，成功实现了从建造监理到总包建造，再到完全自主拿下所有设计的“三级跳”，为海洋模块钻机国产化扫清了全部技术障碍。至此，我国工程技术人员真正成为自主设计、建造的主人！

5.4 跨越发展——“中国造”实践结硕果

通过攻坚克难，不懈努力，中国海油不仅全面实现了海洋模块钻机国产化，而且在实现国产化的道路上突破并形成了完整的具有自主知识产权的建造技术体系和产业链，同时，也产生了一批具有代表性的典型成果。

5.4.1 突破关键技术

每个油田都有自己的开发特点，因此，每座海洋模块钻机在设计和建造时也有很大不同。我国工程技术人员在进行海洋模块钻机设计和建造时，针对不同需求建造了一系列满足不同海上油田开发的各具特色的海洋模块钻机，在此过程中，也突破了一系列不同海洋模块钻机的关键建造技术。

（1）掌握“橇块组合式”钻机建造技术

橇块组合式海洋模块钻机由多个橇块组成，各橇块之间通过耳板（连接板）、钢销（或螺栓）连接为一体。模块的各单元橇块分别独立建造,经陆上整体试组装、组装、拆解、装船出海、海上安装和调试后投产。由于每个独立橇块需严格控制重量，结构尺寸精度要求高，给施工建造带来很大难度。蓬莱19-3油田海洋模块钻机就是橇块组合式海洋模块钻井的典型代表，该钻机是我国海上第一个销式连接的组合型海洋模块钻机，其施工难点包括橇块重量控制、结构模块销式连接精确度控制、结构焊接变形控制、橇块组装后整体尺寸控制、模块整体二次组装等。技术人员在项目实施过程中因地制宜地对各个“拦路虎”实施有效击破，顺利完成了蓬莱19-3油田橇块组合式海洋模块钻机陆地建造、试组装、组装、拆解和海上安装调试等工作。所建造的海洋模块钻机各橇块尺寸和整体模块尺寸制作精度均满足设计要求，赢得了作业方康菲石油中国有限公司（下称康菲公司）的一致好评。

该海洋模块钻机的建造过程中，工程技术人员充分利用已有资源降低了工程建造成本，实现了利用平台吊机吊装搬迁海洋模块钻机的设想。其成功建造为海洋模块钻机的设计和安装提供了新的思路和方法，同时证明了海上平台橇块组合式模块设计、建造技术的可靠性，开辟了中国海油海洋模块钻机设施“小模块化”建造的新途径。

（2）创世界一流箱型结构梁建造技术

攻克箱型梁制作技术是我国技术人员在海洋模块钻机建造领域的又一次突破。番禺4-2/5-1等海洋模块钻机的DES（drilling equipment set，钻井设备模块）都采用箱型梁结构，钻台坐落在箱梁上。钻井作业时，钻台在液压移动装置的作用下，可以在箱型梁上实现移动以覆盖不同井槽。

为了保证钻台面能够精确移动、顺利行走，对箱型梁的尺寸误差控制要求非常高。然而由于箱型梁结构复杂、焊接变形大，很难在焊后进行火工校正，所以箱型梁的预制就成为整个钻井模块结构焊接的重点和难点。如果在施工中焊接工艺不合理或者焊接尺寸稍有差错，抑或是焊接时没有对构件进行合理约束等诸多因素都可能导致建造的装置直接报废。油建公司通过大量实验，最终形成了成熟的箱型梁建造技术，所建造的箱型梁建造合格率100%，堪称世界一流水平。

（3）实现海洋模块钻机自主调试

海洋模块钻机的自主调试是国产化的最后一个环节，其成功与否直接影响投产使用和油田生产。整座海洋模块钻机高度集成、电仪控一体化，其调试看似简单，实则技术含量很高。

在海洋模块钻机建造国产化道路上，通过早期西江23-1油田等海洋模块钻机项目的不断实践和经验积累，油建公司掌握了海洋模块钻机的施工建造技术，培养了一支相对成熟、经验丰富的海洋模块钻机施工建造队伍。但是，对于海洋模块钻机建造的调试工作，油建公司还处在摸索阶段。

于是，从西江23-1油田海洋模块钻机项目开始，油建公司就为项目组配置了具备专业技术水平和现场实践经验的专业技术工程师，实现了调试技术的人力资源保证。

通过精心准备、积极沟通、虚心学习、科研探索，项目组向海洋模块钻机技术的最后难关逐步挺进。最终，项目组成员依靠坚定的信心和优秀的组织管理，圆满完成了西江23-1油田海洋模块钻机的海上调试工作。至此，终于实现了海洋模块钻机建造全过程的国产化。

（4）跻身小模块钻机生产国之列

2008年国际金融危机爆发前，国际油价飙升，各国石油公司纷纷加大油气生产力度，不仅抬高了移动式钻井平台的日租费，也使海上大型浮吊的租赁费用猛涨，致使需要大型浮吊才能安装的大模块海洋钻机遭遇严重瓶颈。在此形势下，海洋小模块钻机应运而生。恰好此时，中海油湛江分公司与BP公司计划在崖城13-1油田新钻5口气井，提高向香港的供气能力。根据项目要求和现有平台的自身能力，只能为崖城13-1油田建一座7000米钻井能力的小模块钻机。由于设计、建造工期比常规缩短了50%，国外公司在报价极高的情况下仍然不敢保证按时完工。急甲方之所急，油建公司经过全面分析，积极竞标并顺利中标。

这是一项难度极高的挑战。从概念设计到基本设计终审只有3个月时间，且因为是第一次设计7000米小模块钻机，经验也十分有限。几经周折搜集到的资料中有效信息往往也帮助不大，项目组充分发扬敢于打硬仗、敢啃“硬骨头”、忘我奉献的“铁人”精神，凭着一股韧劲和毅力，创新设计，精心施工，如期完成了设计和建造工作，且仅从设计上就节约了800万元的成本。在最终的验收会上受到了专家组的一致好评，BP公司更是称赞他们“完成了不可能完成的任务”。

崖城13-1气田PFA井口平台小橇块钻机实现了历史性的突破，它是国内首座7000米小模块化设计的钻机，也是国内首座不依赖浮吊完成海上安装的自安装钻机。从此，我国跻身于少数海洋小模块钻机设计制造国之列。

（5）国内第一台全交流变频精品钻机

陆丰13-2油田位于南海东部珠江口盆地陆丰08区块西端，距香港东南约210公里，所在海域水深约132米。该油田于2005年投产，当时并未配备模块钻机。2010年，该油田调整井项目启动后，根据计划需要配备海洋模块钻机承担钻井、完井以及后续修井作业。此时，中国海油工程技术人员已经形成了较高水平的海洋模块钻机设计及建造能力。

在模块钻机设计建造时，设计人员首次使用了三维设计软件PDMS，对模块钻机的结构、布置、工艺流程等进行了大量优化工作，有效地提高了设计和建造的效率。此外，建造中还实现了焊接工艺的创新和操作控制系统的全部数字化。陆丰13-2钻机的绞车、顶驱、泥浆泵均为交流变频驱动，是国内海上第一个实现全交流变频控制的钻机。除了技术上的优化创新之外，陆丰13-2海洋模块钻机项目还实现了质量控制管理的一些转变。自该项目开始，海洋模块钻机的详细设计和建造分开发标，使得质量控制和降低成本变得更加容易。

陆丰13-2模块钻机建成后，钻机从功能、作业效率到外观等方面均达到很高的水平，被公认为达到了“精品钻机”的目标。同时，由于陆丰13-2模块钻机采用了先进技术，设计和建造中做了大量优化，从而缩短海上安装调试工期达30天，节约海上施工费用约1500万元，油田也因此提前一个月投产，为中国海油创造了巨大的经济效益。

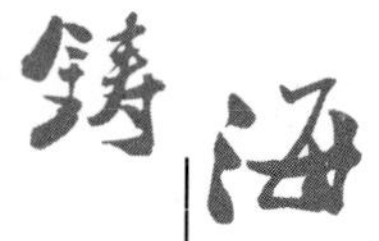

5.4.2 建立技术管理体系

20世纪80年代初到90年代末，我国工程技术人员通过参与海洋模块钻机设计、建造、改造、安装等工作，积累了一些技术和资料。进入21世纪后，所参与和负责的海洋模块钻机项目逐渐增加。例如油建公司，截至2012年，参与设计、建造并投入使用的海洋模块钻机已达20多台套，积累了丰富的经验。在此过程中，经过不断的探索研究和总结提升，油建公司逐渐形成了完整的设计和建造技术体系，建立了一系列海洋模块钻机工程建造的开工程序文件、建造程序文件、建造方案文件、质量检验文件等，从管理、建造及安装调试等方面系统化地规范了相关技术，形成了标准的技术和管理规范，实现了设计和建造的无缝对接和完美融合。在项目管理体系方面，更是形成了整套完整的建造体系文件，涵盖了规格书、程序文件、作业指导书、各类检查报告文件等与海洋模块钻机建造相关的项目管理文件资料。

然而，这些项目管理文件并不是横空出世的，而是在不断学习、实践过程中逐渐积累形成的。在与外方公司合作进行海洋模块钻机的设计建造中发现，外方作业者特别重视管理程序。中方人员开始觉得外国人条条框框太多，办事刻板没有通融的余地。然而，通过合作发现，任何一个项目的运行，包括各阶段各环节都是一个有机的整体，没有程序就没有科学有序的项目管理，也不可能保证项目建设进度、质量以及安全，风险自然不可控。良好的制度和程序才是保证项目进度、质量、安全的重要条件。外方在项目实施过程中所采用的一系列程序管理方法和严格流程体系，让中方参与海洋模块钻机建造项目的相关人员受益匪浅，开始逐渐树立起强烈的标准和规范意识，迅速掀起与国际规范和国际标准接轨的高潮，并在之后的系列建造实践中形成了严格的项目管理和建造技术体系。

从“拜师学艺”到“自立门户”的过程看似简单，实则非常不易。中国人从刚开始参与建造海洋模块钻机起步，到后来的总包建造，再到完全掌握建造和安装技术，一步一个脚印，成功实现了设计、建造、安装调试的一条龙式跨越发展，完全实现了海洋模块钻机国产化的目标，走出了一条不同寻常的海洋模块钻机自主化设计和建造之路。

5.4.3 形成产业链

形成产业链是一个公司发展壮大并具有一定市场地位的重要标志。我国海洋石油事业的快速发展也为油建公司提供了长期稳定的市场。油建公司经过多年的学习、积累、整合等实践，海洋模块钻机产业得到了快速发展，不知不觉间已经成为国内海洋模块钻机领域的领军力量。由于内部和外部市场规模的不断扩大，油建公司逐渐形成了由设计、建造到安装调试全流程的完整海洋模块钻机EPCI总包产业链。

在此产业链中，油建公司不仅形成了完整的技术体系，而且练就了一支总人数超过300人的海洋模块钻机专业设计队伍和装备精良、技术过硬的专业建造队伍，同时形成了湛江、烟台两个海洋模块钻机建造基地，拥有35万平方米的建造场地，能够同时开展多台套的海洋模块钻机建造。

位于南海之畔的广东湛江海洋工程建造场地于1998年开始启用，使用面积19万平方米，作业码头长240米、宽32米，前沿水深8米，可满足万吨级驳船货物装卸和平台拖拉的需要。同时，该建造场地还拥有2条共550米的滑道，滑道线载荷100吨/米，配套设施齐全。

烟台建造场地位于渤海南岸海洋装备企业林立的山东省烟台市芝罘岛西北部，其码头为重力式沉箱结构，长210米，平均水深约7.3米，共2个泊位，可靠泊8000吨级以下货运船舶。建造场地的大件滚装滑道长100米，造船船台长158米，布置6条轨道以及结构物支座、构件加工场地等，建造场地的轨道总长约190米。

我国海洋石油事业的飞速发展，促进了海洋模块钻机配套建造场地的建设，也提升了专业化人才队伍的实力，使得油建公司随之飞速发展壮大，并成就了我国海洋模块钻机设计和建造的产业链。与此同时，形成的完整产业链又大大促进了我国海洋石油开发钻井事业的不断前进，两者相辅相成共生互惠。

从懵懂初识到因势利导，从“借鸡生蛋”、师夷长技到背水一战、攻坚克难，再到成功拿下海洋模块钻机基本设计，全面实现海洋模块钻机设计和建造的国产化“三级跳”。一路走来，有艰辛之汗水，更有收获之欣喜；有屈辱之眼泪，更有自豪之笑颜；有失败之沮丧，更有成功之愉悦。我国工程技术人员面对国内外差距和封锁，凭借着满腔热情，从零起步，奋起直追，通过自身的不懈努力和探索，不仅全面实现了海洋模块钻机设计和建造的国产化，而且在实现国产化的道路上形成了完整的设计和建造技术体系以及产业链。同时，也打造了自己的设计和建造队伍，产生了一批具有代表性的典型成果，为我国海洋石油的开发上产做出了不可磨灭的贡献。通过海洋模块钻机国产化实践，中国海油人用30年的时间，不仅弥补了曾经与国际同行大幅落后的差距，摆脱了海洋模块钻机落后于人、受制于人的局面，而且掌握了其核心科技，填补了国内空白，达到了国际先进水平。从此，中国海油人彻底甩掉了海洋模块钻机的“洋拐棍”，阔步走在海洋石油开发的征途中！

第六章

精进不休——海洋修井机国产化之路

随着我国海上油气勘探开发工作不断深入，广袤的渤海、南海、东海之上，石油平台星罗棋布，犹如夜空中的点点繁星，照耀着这片300万平方公里的蓝色疆土。而这些日夜轰鸣的平台之下，则是一条条钢筋铁骨打造的油气井筒，它们深深地扎入海底油气藏的各个角落，牵出滚滚油龙，不舍昼夜。

这些油气井筒是连接海底油藏和海上平台的唯一通道，长期在高温、高压、高腐蚀、高冲刷等复杂条件下工作，昼夜不停地输送着油、气、水、化学药剂甚至泥沙等混合流体。尽管它们有着钢筋铁骨，但也难免“生病”出现故障。小到井下出现砂堵、结蜡、电泵故障，大到油管脱扣、断裂、套管损坏等，井筒故障问题时有发生。而且随着油气井筒工作时间延长，“生病”频率也会越来越高，“病症”也愈发复杂，导致海上油气井减产甚至废弃。

为了确保海上油气正常生产，平台上亟须借助海洋修井机来排除油气井故障，使它们恢复“健康活力”。早期海洋修井机多为进口，费用昂贵且后期维修困难。随着海上油气开发规模不断扩大，油气井数量骤增，海上修井工作量大幅增加。如何自主设计、制造出国产的海洋修井机，这让所有海洋石油人看在眼里，急在心里。

6.1 进退维谷——海上修井需求呼唤国产化

6.1.1 以陆推海“碰壁”

（1）陆上通井机上平台

20世纪70年代末，在渤海相继发现了一批有商业开采价值的油气田，随后逐渐转入开发试采，渤海428西油田就是其中之一。该油田于1976年9月发现，1981年建成了8号采油平台，顺利投产试采。看到从井底源源不断采出的油气，大家无不欢欣鼓舞。然而好景不长，刚投产不久，一些油井产量就开始大幅下降，这让大家十分着急。经过油田专家仔细“诊断”，发现问题就在井筒里，需要尽快修井才能恢复生产。

这不过是海上油气开发生产过程中的一个寻常“病例”。其实，无论是在陆地还是海洋，修井都是与油气田开发生产紧密相伴的一项作业。随着开发生产不断深入和油井工作时间的延长，油气井“生病”在所难免，修井工作愈发频繁和复杂。早期陆上油田修井广泛采用的装备是通井机。这种通井机有一个可以放倒和竖起的井架，作业时井架不是完全垂直竖立的，而是如同比萨斜塔一样呈倾斜状态。通井机一般需要起吊数十吨的井下油管等重物，因此，保持井架在修井作业过程中的稳定性就显得十分重要。通常井架是由数条长长的钢缆来绷紧，钢缆的一端固定在井架最上端，另一端用地锚固定在地上。地锚离通井机井架越远，钢缆水平分力越大，对井架的支撑作用越强，所以，通井机修井时往往需要占用很大的井场面积。

由于当时没有专门的海洋修井机可用，为了尽快恢复8号采油平台生产，只好购买了一台陆上油田常用的红旗100型通井机，然后用一条大船拉上了采油平台。打地锚、固定绷绳、竖起井架、发动柴油机，这台陆上通井机就在海上正式开始“问诊”了。

（2）硬着头皮来操作

起初进展还算顺利，第一口井如期修完，但当修另外一口井时，却发现通井机无法对准井口，反复尝试多次都无济于事。无奈之下工人们只得拔出地锚重新移位和安装，幸好平台上还有空间，能够重新布置地锚，否则这台通井机可能修完一口井就得“下岗”了。由于每次更换井口都需要拔出地锚，重新安装，工作量巨大，工人们常常连饭都顾不上吃。更让大家着急的是，这台红旗100型通井机操作性太差，传动系统及配套泥浆泵都是老式“档位式”变速机构，而且变速箱齿轮工作时还经常“啮合”不上，很难操控，据说，当时整个平台上能“硬着头皮”操作的只有两个人。

（3）通井机进入“死胡同”

埕北油田位于渤海湾西部，是由我国自主勘探发现，并与日本合作开发的第一个海上油田，也是我国第一个按照国际规范设计和建造的现代化海上油田。相比渤海原有的老式海上平台，由日方主导设计的埕北A、B两座平台功能更强大、结构更紧凑，井口区按丛式井布置，油气生产能力明显提升。

为这两座平台制定修井机配置方案时，工程技术人员曾设想仿照渤海428西油田8号采油平台的模式，在埕北平台上安装造价低廉的陆上通井机完成修井作业，但是，通过分析发现陆上通井机方案不可行。因为平台上丛式井口数量多，呈多排分布，且平台结构紧凑，面积有限。若要想移动通井机到达所有井口开展修井作业，地锚根本无处固定，如果不外扩平台甲板，很多地锚需要打到海里去才能固定绷绳；若外扩平台甲板来安装地锚，必将加大平台载荷，将大幅增加造价。除此之外，陆上油田通井机不设上下底座，所以在修井作业时无处安装海上防喷器。

如果通过改造通井机来满足安装海上防喷器的要求，则费用将大幅增加，通井机费用低廉的优势将荡然无存。

1997年11月，歧口18-1油田进入开发阶段，心存期待的设计人员仍然想把陆上通井机搬上平台。他们认为陆上通井机技术成熟，且在老8号平台上曾有过“施展拳脚”的表现，可能存在改进空间。所以，在最初制定歧口18-1平台修井机技术方案的过程中，项目组也曾将有绷绳的通井机作为比选方案。

但是，经过仔细地计算分析和对比发现，不论如何改进，通井机绷绳固定、井口平台承载和井口防喷器安装等关键技术问题始终无法得到圆满解决。

就这样，技术进步带来的平台结构和丛式井口布置模式的改变，把“以陆推海”的通井机修井模式彻底逼进了“死胡同”。

6.1.2 高价引进洋修井机

改革开放后，一直关门苦苦摸索的海洋石油人，把目光转向了西方发达国家，猛然间才发现我们在技术和管理等各方面都落后太远。看清差距，认识不足，才能更好地追赶。于是，与外方合作开发海上油气田便成为中国海油奋起直追的契机和切入点。通过合作开发，我国技术人员了解到了国际上海洋油气资源开发的新理念、新模式和先进技术，并开始按照国际规范设计、建造大型装备，开发油气田。国外海洋修井机就是在这样的大背景下被引进中国的。

（1）渤海引进海洋修井机

1）埕北油田引进国外修井机

当陆上通井机被逼进入“死胡同”时，海油人开始将目光投向海外，另寻出路。蓦然发现，国外早已出现了适合现代化海上平台的修井机。美国德莱赛公司甚至早在1969年就将600马力的海洋修井机安装到了海上生产平台，不仅修井深度高达3900米，而且可以通过上下底座纵横移动，实现对平台上数十口井的全覆盖修井作业。对比国内，无论是产品质量、技术水平，还是品种规格和先进性等，国外海洋修井机均处于绝对领先地位。

由于当时国内不具备生产海洋修井机的能力，陆上通井机又无法满足修井要求，为了保证渤海海域的埕北油田修井作业和正常生产，作业者只好花重金从国外购买了两座修井机，分别是加拿大DRECO公司的K400修井机和美国LTV公司的全套WILSON30修井机。这两座进口修井机，为埕北油田持续数十年的高产、稳产做出了重要贡献。

2）绥中36-1油田引进修井机

1986年6月，渤海自营勘探发现了绥中36-1大型稠油油田，该油田探明含油面积24平方千米，石油地质储量12 098万吨，是名副其实的“金娃娃”。为了高水平地开发好这个海上大油田，1993年8月，绥中36-1油田开辟了生产试验区。为了确保该试验区正常生产，又相继从国外进口了三台海洋修井机。其中，绥中36-1A平台修井机为美国LTV公司生产的WILSON38-80T修井机，绥中36-1B平台修井机为加拿大DRECO公司生产的K80-60T修井机，绥中36-1J平台修井机为美国IRI公司生产的60吨修井机。这三座进口修井机不仅为36-1油田试验区的顺利投产奠定了重要基础，也为油田高产稳产起到了“保驾护航”作用。

（2）南海引进修井机

与渤海情况类似，在我国南海油气田开发的早期，也是通过引进海洋修井机开展修井作业。1993年9月建成的涠洲11-4油田，是我国在南海第一个自营开发并列入国家重大开发工程项目的油田。当时，涠洲11-4油田A和B平台急需两座海洋修井机，鉴于当时国内无力设计和制造修井机，无奈之下还是从加拿大KREMCO公司，引进了两座型号为K-600、钩载能力达90吨的海洋修井机。这两座修井机已经在平台上平稳工作二十余年，现在仍在海上服役，为涠洲11-4油田的高产稳产和成为涠西南油田群一个主力油田做出了重要贡献。

（3）昂贵的价格

从国外引进的修井机，对海上平台修井作业来说可谓“雪中送炭”。这些修井机性能良好、操作方便，不仅满足了生产急需，而且还让海油人大开眼界。进口修井机展现了强大的技术优势和魅力：钩载和功率储备系数大，提高了修井机解卡能力和下管柱能力；传动系统合理紧凑，在一定转速范围内可实现无级变速，绞车重量也降了下来；修井机绞车采用密封框架绞车架、强制润滑链条传动，绞车底座侧面设置刹带磨损指示器，可随时测出刹带磨损情况，以便及时调整和更换；除此之外，修井机井架系统普遍采用液压装置，大大提高了井口操作的自动化程度和修井效率。另外，进口修井机故障率低、平均无故障工作时间长、零部件互换性好，便于维修、操作方便、安全可靠。

相对于陆地传统通井机而言，引进的海洋修井机设计更精巧、工作效率更高且便于操作，拥有很多技术优势，当然其价格也是十分高昂的，每座高达300万美元。当时国内正处于海上油气田投产开发的高峰，每天都有相当数量的油气井需要维修，一旦停产将带来巨大损失。在国内装备无法满足要求的情况下，为了保障正常生产，再贵的修井机也只能从国外引进，然而，总是被迫花重金进口海洋修井机只能是权宜之计。

6.2 凝心聚力——实现海洋修井机中国造

6.2.1 明确攻关方向

（1）尝试自建积累技术

从1985年埕北油田开始，中国海油相继从国外进口了多座海洋修井机，这些修井机对中国早期海上油田稳产起到了重要保障作用。但进入20世纪90年代后，国际油气工业处于低谷，油价甚至一度徘徊在十几美元一桶。“天价”进口修井机在满足作业要求的同时，也大大增加了海上油田的开发成本，成为制约海上油田开发的瓶颈之一。若能打破国外技术封锁，实现国产化，早日自主设计、建造出高水平的海洋修井机，就能大幅度降低海上油气田开发成本。为了探索海洋修井机国产化的技术可行性，相关科研生产人员开展了一系列的尝试工作。

1）按图施工承建修井机

1990年，ACT与中国海油合作开发惠州油田群，计划设置四座海洋修井机（后期升级成为模块钻机）。在确定修井机选型方案时，外方代表认为，国外修井机技术成熟、质量好、可靠性高，直接采用进口修井机可以确保油田成功投产，尽快获得油田收益。而联管会中方代表张武辇却认为此时国内钻井装备厂家已有了不小进步，有可能承担建造任务。另外，放在国内建造能够缩短供货周期，有利于按时投产，而且国内建造费用低，还可进一步降低油田开发成本。他经过深思熟虑后提出了一个大胆的建议——由国内单位承建这四座修井机。

听了张武辇的建议，外方代表们满面怀疑、议论纷纷。张武辇早料到会有此局面，于是把事先准备好的调研报告摆在了外方代表的面前。报告中详细对比了国内外修井机的建造成本、供货周期、系统配置等数据。在翔实的数据面前，外方代表看到了中方对于确保油田投产的信心，更为中方实事求是、认真负责的工作态度所感动。最终，外方代表表示，可以将国内建造修井机作为选型论证方案之一。

为了进一步说服外方，中方作出让步，提出为确保修井机建造质量，具体设计工作仍由国外公司负责。但是，外方对中国的建造技术还是存有担心，怕因建造质量不过关，影响海上油田投产。

外方这种担心可以理解。毕竟，当时国内厂家建造水平与国外知名公司相比，确实有一定差距。但是，这种差距并没有外方想象中的那么大，因为经过近十年改革开放的洗礼，国内钻修机专业厂家的石油钻采装备制造能力已经有了长足进步。而外国作业者的担心，更多的是缘于对我国厂家不了解而产生的质疑。因此，为了让外方代表“眼见为实”，张武辇不辞劳苦，亲自带着外方技术人员到兰州，走访调研了兰石厂。亲眼见到兰石厂的生产规模和建造能力后，外方代表算是吃了一颗“定心丸”，最终同意将四座修井机放在国内建造，并指定由兰石厂承担建造任务。

于是，兰石厂承担起了这项“第一次吃螃蟹”的任务，负责总包建造工作。由于国内厂家初次承建海洋修井机，所遇到的困难和挑战可想而知。拿到外方提供的设计图纸后，兰石厂工人们顿时傻眼了，因为图纸全是英文的，许多技术细节和要求根本看不懂，工人们虽有满腔热情却使不上劲。了解到这种情况后，张武辇带队吃在厂里、住在厂里，亲自与兰石厂工人面对面交流和沟通，最终帮助他们一张一张地“吃透”了所有图纸。与此同时，兰石厂的工程技术人员也在积极地针对国外设计标准，抓紧改进生产工艺和流程。

功夫不负有心人，在全体员工的共同努力下，兰石厂不负众望，相继圆满完成了南海惠州油田群的4座修井机建造总包任务，产品质量受到中外双方一致肯定。按期交货的四座修井机确保了惠州油田群的顺利投产。兰石厂首次总包承建海洋修井机的成功，不仅极大地提高了国内海洋修井机的建造技术水平，更重要的是提高了自信心、检验了中国专业制造厂家的建造水平。

2）参照陆地修井机尝试设计

美丽的渤海资源丰富，不仅有着得天独厚的海盐和渔业资源，石油和天然气储量也十分丰厚，是我国第二大原油生产基地。这些石油和天然气不仅聚集在渤海湾海底，也蕴藏在渤海湾周边海陆过渡区的浅海滩涂地带。

1961年4月，山东省东营市东营村附近“华八井”喷出工业油流，标志着胜利油田的发现。随后，胜利油田石油大会战正式开始。但自会战之始到1978年，胜利油田主要在沿海的陆地上开展勘探开发工作，并未涉足浅海海域。1978年，胜利油田利用自主建造的钻井船“胜利1号”在极浅海区打了第一口试验井“埕中1井”，标志着胜利油田勘探者们开始涉足浅海滩涂地带。1988年，发现了第一个200万吨级的极浅海大油田埕岛油田。

为了有效地保障埕岛油田正常的开发生产，1993年开始将从国外购置的一座二手自升式钻井平台改造成海上修井平台“胜利作业一号”。

“胜利作业一号”设计、建造之初，出于成本考虑，决定尝试配备国产化修井机。然而，当时国内海洋修井机的设计经历尚为空白，要实现目标，意味着一切都要从零开始。

胜利油田经过研究后决定和二机厂进行合作，共同开展技术攻关。当时，技术人员面临的首要问题就是如何对陆上修井机进行改造设计。为此，工程技术人员多次实地调研、反复研究尝试。几经周折，终于成功地将陆上常规修井机改造成了能进行分块吊装的橇装形式。但随后又遇到了海洋修井机最关键的井架问题，陆上修井机常用的倾斜式井架占地面积大，无法适用于海洋修井平台，只能选择直立型井架。但当时国内并没有设计建造过直立无绷绳井架，而且时间紧、任务重，只能硬着头皮迎难而上，对可分段组装的塔式结构井架进行了改装设计，达到了减少井架占用平台面积的目的。其后，为了减少修井机井架和其他外露部件的盐雾腐蚀，技术人员又通过广泛的调研和多次试验，将船用富锌底漆、甲板油漆用于井架，成功对其表面进行了防护。

一路攻坚、一路前进，克服重重困难，终于研制出了第一座海洋修井机HX-J80A，并配备在“胜利作业一号”修井平台上。虽然这座海洋修井机还有陆地修井机的影子，但是这毕竟是海洋修井机国产化的重要尝试。

3）半套修井机的有益尝试

1994年，“渤海自立号”被改造用于渤海西部海域的曹妃甸1-6油田做生产平台。然而该油田投产后的生产状况却非常不乐观，油井产量一开始很高，甚至还有一口千方井。但好景不长，油田投产仅仅8天就突然见水了，而且产量递减很快，现场生产人员一时心急如焚。为了尽快恢复油井生产，当务之急是找到油田的出水层，实施修井堵水作业。油田生产分秒必争，时间就是成本、就是产量。但是平台上没有现成的修井机，即便马上进口购置也已来不及，怎么办？时任渤海石油公司生产部领导的周守为、金晓剑等当即决策，立即对“渤海自立号”实施改造，配套相关设备，使之具备修井作业能力。

由于“渤海自立号”原本是从美国购进的二手钻井平台，带有钻机井架，只需要配套相关设施以满足起升油管串和堵水修井作业即可。但参与配套的四机厂没有一人上过海上平台，也没见过海洋修井机，再加上国外技术的封锁，使这次完成配套海洋修井机的任务非常棘手。然而四机厂人员没有退缩，而是勇敢地接受了这项挑战，与中国海油一起成立了联合攻关项目组。为了加快工程进度，项目组工程技术人员兵分三路：一路奔波于国内修井机配套设备的各个厂家；另一路不辞辛劳多次往返于海上平台，摸清海上平台作业特点和配套设施现状，确定改造方案；第三路则负责坐镇厂里，挑灯夜战，全力开展设计工作。经过不懈努力，最终将陆地绞车、天车游动系统、防爆电控系统等成功安装到平台上，完成了这次“渤海自立号”钻井平台配套修井机的“攻坚战”。随后，作业人员迅速利用修井装备对出水井进行了“堵水”作业。本次修井作业很成功，油田很快恢复了生产。遗憾的是，由于油田地质构造裂缝相互交织，曹妃甸1-6油田反复多次出水，最终整个油田被迫关闭。

以现代修井机的标准来看，这“半套”修井机的技术水平确实不算高，比如电控系统和控制柜，当时只实现了初级防爆，尚未达到海上平台的防爆要求，但这次采用了国产的柴油机、控制系统和传动系统等设备的配套改造却是一次很好的实践和尝试。

（2）果断决策成立项目组

自主设计建造修井机尝试，不仅为工程技术人员提供了可参考和借鉴的设计、建造经验，同时也提升了我国工程技术人员对海洋修井机国产化的信心。更重要的是，通过这些配套实践，工程技术人员更深刻地理解了海洋修井机的技术要点。

经过全面分析国际大环境、国内技术水平以及国家和行业需求后，中国海油领导层果断决策：“一定要实现海洋修井机国产化！”

海洋修井机国产化的号角吹响了，各路科研、生产人员精神抖擞、斗志昂扬，热火朝天地投入到这场国产化攻坚战中。

1996年，渤海石油公司（现中海石油（中国）有限公司天津分公司）为此专门成立了海洋修井机项目组，主攻海洋修井机国产化，由欧阳隆旭出任项目经理。

大家一个个摩拳擦掌、跃跃欲试，但还是清醒地意识到在国产化前进征程中需要面对的挑战和困难。经过认真总结经验教训，认为陆上通井机在海洋平台受限的最关键原因是需要绷绳固定井架，而国外海洋修井机使用的恰恰是无绷绳直立井架，所以，海洋修井机国产化关键要突破无绷绳直立井架设计建造技术。这是海洋修井机国产化的主攻方向，大家下定决心一定要排除万难，啃下这块硬骨头。

恰在此时，渤西歧口18-1油田计划在1997年底投产，按照开发方案，需要在平台上安装一座修井机以保障海上油田高产稳产。项目组热情高涨，决定以此为契机，抓住机会大力推进海洋修井机国产化工作。

6.2.2 专业厂家到现场“补习”

（1）广泛调研摸情况

海洋修井机是一套设备系统，由不同部件和设备构成，如井架、泥浆泵、液压系统、游动系统、井控系统等。所以，建造一座修井机往往牵涉十几个厂家。项目组决定将国内修井机技术现状摸底，作为国产化工作的第一步。他们逐一走访了国内各修井机专业厂家，充分调研并了解了这些厂家在修井机设计和建造等方面的能力。其后，为了进一步了解陆地修井机的现场使用情况，又走访了胜利油田、大港油田等单位。

各专业厂家对此项工作都给予了高度重视和大力支持，认为这是提升我国海洋修井机设计建造能力、打造民族品牌的良机。经过广泛的走访调研，项目组对陆地修井机使用情况及技术现状等均有了比较清晰的认识和了解。

通过调研也发现，尽管许多专业厂家热情高涨，但对海上油田生产情况及海洋修井机使用特点和要求，却几乎一无所知，虽然有些厂家曾经建造过一些早期的海洋修井机，但并不具备整套修井机设计能力。比如，兰石厂虽总包承建了南海惠州油田群的四座修井机,但基本上是“照图施工”。四机厂也只是在原“自立号”钻井平台基础上改造配套了绞车、游动系统、电控系统等设备，并未涉及海洋修井机最核心组件之一的无绷绳直立井架设计。客观地讲，此时的国内厂家实际上是处在学习、模仿阶段，对海洋修井机内部结构、工作原理、动力传输以及总体布置等细节和技术要点等方面知之甚少，对海洋修井机的设计、建造，更不知从何下手。

（2）海油专家在现场开“补习班”

为了帮助专业厂家更好地掌握海洋修井机使用特点，早日实现国产化，中国海油项目组把课堂搬到海上平台生产现场，为厂家“补习”这些知识。他们把负责修井机主体建造的二机厂、负责泥浆泵的四机厂等主要厂家的技术人员一一请到海上采油平台参观进口修井机，并在现场为他们当起解说员，逐一介绍相关使用情况。海上平台井口区整齐地排布着数十口油气井，进口修井机如同一只勤劳的“蜜蜂”，在井丛间前后左右地通畅移动，能够便捷地到达所有井口进行修井。此情此景让厂家的技术人员大开眼界，对海上特殊环境以及对修井机装备要求也有了更直观的认识。

对进口海洋修井机了如指掌的喻贵民，主动请缨担任“现场补习老师”，将自己的认识、技术以及多年积累的实战经验全盘托出。喻贵民1992年大学毕业后来到中国海油，因表现优异，实习期未满即被派往加拿大验收绥中36-1油田B平台修井机。他不顾飞越太平洋的旅途劳顿，无暇欣赏美丽的北美风景，甚至顾不上倒时差就一头扎进了堆积如山的修井机外文资料中，如饥似渴地研读学习起来，为了彻底掌握修井机的工作原理、设计参数、使用说明及操作规程，他甚至常常自学到深夜。最终,他不仅圆满地完成了验收任务,而且成为了一个“海洋修井机通”。对于这次现场补课，他做了充分的准备，不厌其烦地向厂家技术人员反复讲解海洋修井机技术的技术要点，直到他们完全弄清楚为止。他还将自己第一次赴加拿大验收进口修井机时，精心保存下来的一整套进口修井机设计图纸和资料交给厂家研究，让厂家技术人员如获至宝。

6.2.3 艰难迈出第一步

（1）无绷绳直立井架设计方案跃然纸上

海洋修井机国产化的第一步是要突破无绷绳直立井架设计，这也是国产化过程中最关键、最具挑战性的一步。

但当时国内从来没有人设计过这种井架，对设计参数的选取、强度的校核等问题更是心中无数。设计人员没有退却，而是迎难而上，他们重新拿起“以陆推海”的武器，借鉴传统的陆上井架设计公式和参数来设计歧口18-1无绷绳直立井架。设计依据有了，但设计工具仍旧欠缺。井架设计工作需要大量的计算和分析，但当时中国海油和厂家并没有现在常用于井架设计的功能强大、计算效率很高的大型计算软件，如何计算和优化？设计人员发扬艰苦奋斗连续作战的精神和人多力量大的优势，把井架划分为若干部分，每个部分配备一个计算小组，通过手算的方式，一个部件一个部件地计算、分析、优化，直到找到最佳的参数。经过大量的反复设计、计算、修改后，中国第一座海洋修井机无绷绳直立井架设计方案草图终于“跃然纸上”。

在攻克了海洋修井机无绷绳直立井架设计后，项目组又快马加鞭投入到传动系统的攻坚之中。

国外海洋修井机的传动系统采用的是齿轮传动，并且集成为一个传动箱，体积较小，特别适合海洋平台使用，但价格不菲。通过中国海油和专业厂家的联合攻关，终于自主研制成功液力变矩器等关键部件，实现了传动箱国产化设计。

海上平台空间狭小还对修井机防爆提出了更苛刻的要求。在解决歧口18-1修井机电路、照明等系统的防爆设计中，设计人员借鉴海上井口防爆技术，按规范划分了防爆等级，采用了防爆接线盒、防爆灯等，这对当时海洋修井机来说是一个很大的进步。

液控系统是修井机的另一核心技术之一，是控制海上庞大的直立井架伸缩、放倒以及上下底座横纵向移动的关键，也是这次歧口18-1修井机国产化设计的重点之一。通过消化进口修井机的液控系统，项目组与厂家一起攻坚克难、深入研究，最终也为这座修井机装上了国产化的液控系统。

经过中国海油项目组、国内设备厂家、各高校和科研院所等单位一年多的共同努力，1997年，我国第一座钩载为80吨的海洋修井机HXJ80B终于诞生了，实现了包括无绷绳直立井架、传动系统、液控系统、防爆、滚筒绳槽等一系列技术的突破。尽管在设计过程中学习和模仿了进口修井机，但这毕竟是中国人第一次独立自主地设计和建造的修井机，具有里程碑式的重要意义。

（2）不完美的首台全国产海洋修井机

1997年9月底，风平浪静、天高云淡，庞大的“南天龙”号海上起重船载着我国海上首座国产海洋修井机奔赴歧口18-1平台。到达目的地后，仅用了不到半天的时间就吊装完毕。10月下旬调试完毕，正式投入到紧张的修井作业之中。歧口18-1平台修井机的及时交付使用，有力地保障了该油田的投产、稳产。

完成了歧口18-1油田的修井任务后，为进一步提高装备利用率，降低油田开发成本，歧口18-1平台修井机于1998年2月底被搬迁至歧口17-3平台。

“天有不测风云”。搬迁使用了不到半年，1998年8月的一天，海上突然刮起一阵狂风，风力足有八九级，工人们脚站不稳、眼睁不开，只能停止修井作业。不久风停了，大家赶紧跑出来准备继续作业时，眼前的景象让他们大吃一惊，原本好端端的井架出现了严重变形，如同麻花一样扭曲，完全没有修复的可能，只得更换井架。

此次事故让大家陷入沉思。国产设计的修井机井架，为什么一阵风就给吹坏了呢？经过技术分析，大家才意识到虽然渤海短时阵风持续的时间不长，无奈当时风速大，瞬间接近了修井机井架的设计极限，这是导致井架变形的重要原因。

海上平台四周开阔、没有任何遮挡，当任何一个方向来风时，平台之上高高矗立的井架都首当其冲，因此，风载荷对修井机井架稳定性影响巨大，但在最初设计这座修井机的井架时，设计人员没有别的资料可以参考，只能沿用陆地修井机的计算方法，将风载荷处理成静载荷，并采用了陆地修井机计算方法和经验公式对井架进行力学分析，这种处理方式对海上风载荷的影响估计不足，再加上厂家对修井机井架的设计安全系数取值偏小，所以，这台海洋修井机的抗风性不高，无法抵抗这阵狂风。

这次事故让工程技术人员进一步意识到：海洋修井机与陆地修井机的最大区别在于作业环境不同，若不能很好地理解和适应海洋环境，建造出来的装备就难以在海上平台正常工作。通过这次意外事故，大家对海洋修井机设计、建造技术都有了更深刻的认识和理解。透过这座不完美的国产海洋修井机，进一步聚焦了技术攻关方向，让大家更“有的放矢”地投入到钻研和完善海洋修井机设计、建造技术的“攻坚战”中。

（3）采用有限元技术，新井架傲立平台

在哪里跌倒就从哪里爬起来。为了更全面地分析事故原因，找到可靠的解决办法。工程技术人员重新翻出歧口18-1平台修井机当年的设计图纸，一点一点地梳理设计脉络，甄别选取的参数和计算公式。仔细研究之后，工程技术人员认识到，除了对海上恶劣环境所产生的风载荷估计不足外，对井架各构件的应力计算不准确也是很重要的因素。受当时的技术水平限制，并没有完全搞清楚在外力作用下，井架每个构件承受的载荷有多大、如何变化、相互之间的传递路径及其影响如何、薄弱点在什么地方、极限承受能力达到什么程度等很多细节。

从发现的问题中，设计人员意识到：若能建立一个数学模型，模拟不同工况下井架的受力情况及结构应力，就可以设计、优选出适应海上工况的井架。通过广泛的调研，工程技术人员了解到，有限元软件可以解决修井机建模及模拟计算难题。

有限元分析技术是利用数学近似的方法对真实物理系统进行模拟的一种现代计算方法，以此为基础编制的有限元软件广泛应用于土建、桥梁、机械、造船、飞机、导弹等几乎所有的科学研究和工程技术领域。项目组决定引入这种分析技术，重新设计歧口18-1平台修井机井架。

当时厂家没有人使用过这种软件，更没有用它来进行设计。为了确保设计的井架能够在海上平台更好地工作，厂家挑选出专门的设计人员，并聘请具有有限元技术使用经验的人员给他们进行集中培训和演练。

掌握了有限元分析技术的设计人员立即对修井机井架计算所需的各种参数、取值和边界条件等进行梳理，开始建立无绷绳直立井架的设计模型。

由节点到单元，由单元到整体，很快计算机上便显现出了可以全方位、全角度移动观察的井架模型。当设计人员将风载荷输入时，应力集中情况、薄弱环节

等都可用不同的颜色展示出来，一目了然。有了便捷的工具，通过多种条件下的对比，设计人员可以很快地优选出最佳设计参数，并在尽可能减小建造成本的情况下，设计出适合海上作业环境的修井机，大大提高了工作效率和设计可靠性。

运用这种有限元分析软件重新设计、建造的歧口17-3平台修井机新式井架安装到平台以后，很好地适应了渤海海况，从此这座修井机再次焕发勃勃生机，继续承担修井作业任务，确保了海上油田的正常生产。

至此，我国在海上平台修井机国产化的征程中迈出了关键的第一步，尽管其中遇到坎坷和挫折，但是经过大家齐心协力的攻坚克难，破解了国产化道路上一个个技术难题，终于让国产修井机傲然挺立在茫茫大海上。国产修井机国产化的初战告捷，进一步鼓舞了大家的士气，群情激昂的设计建造人员将向着更高的目标迈进。

6.2.4 捷报频传

（1）绥中36-1油田Ⅱ期又传捷报

渤海油田是全国第二大原油生产基地，而位于辽东湾南部海域的绥中36-1油田则是其中的主力军。为了规避开发风险，早期采取了滚动式开发模式。1993年8月，油田Ⅰ期试验区投产时，由于国内自主设计、建造修井机的能力有限，不得已从国外高价购买了三座海洋修井机。而经过十余年的攻坚和发展，特别是经历歧口18-1海洋修井机国产化攻关，国内已经具备了自主设计、建造能力，也积累了一定的设计、建造经验。1999年，为了降低油田开发成本，也为了进一步推动海洋修井机国产化进程，中国海油决定乘胜追击，一鼓作气，选用国内厂家设计、建造绥中36-1油田Ⅱ期的6座钩载60吨修井机。

得到这个消息，曾在1994年为“渤海自立号”配建过半套修井机的四机厂通过精心部署、全力组织，抓住了这个梦寐以求的发展良机。

为了打个漂亮仗，初次承建海上平台成套修井机的四机厂可谓“兴师动众”。他们组建了集技术、生产、质量等部门于一体的项目组，统一协调、统筹安排、细致分工，并召开生产动员大会、制定详细攻关措施、开展专项立功竞赛，全力推进这6座海洋修井机的研发建造工作。

为了弥补经验、认识和技术能力上的不足，他们多次邀请中国海油专家和院校学者来厂举办专题讲座，使技术人员更深刻地了解和掌握海洋环境、海洋钻井与修井工艺要求、有限元分析、最优化设计，以及可靠性设计等方面的先进设计理念、技术路径和建造经验。为了满足整机装配与型式试验要求，还专为这6座海洋修井机生产修建了试验场地。为了顺利提供修井机售后技术服务，他们邀请中国海油安全培训团队，带上专用培训设备对售后技术人员进行封闭式集中培训，使负责安装调试的二十多名员工均按中国海油HSE要求取得了有效期五年的出海五小证，确保他们可以根据需要随时登上平台进行安装调试及后期服务工作。

有了歧口18-1平台修井机井架的前车之鉴，中国海油按照API规范，要求绥中36-1油田6座修井机井架系统在满负荷满立根工况下能承受海上93节强风作用。这个要求对刚刚涉足海洋修井机的四机厂来说，是个相当大的挑战。

尽管困难重重，挑战很大，四机厂却信心百倍。自从1994年配建半套修井机以来，四机厂在海上装备设计、建造方面，下大力气进行技术攻关，突破了一系列的关键难题，获得了伸缩油缸、井架锁销机构、转盘防反转等多项国家专利技术。为了更好地设计井架，四机厂专门为厂里的设计室配置了CAD工作站，采用美国PRO/E MECHANICA软件，对井架系统、上下移动底座系统等进行了详细的建模设计。

除了精心设计的井架外，四机厂充分运用模块化设计思想，使修井机结构更加紧凑，大大提高了海上安装效率。研发了先进的防腐工艺，大幅降低了修井机构件在海上盐雾作业条件下的腐蚀速度。在建造中大量采用防爆照明部件，提高了修井机的安全可靠性。应用大量电液气集中控制设备，提高了修井机自动化程度，降低了操作人员的作业强度。最终建成的海洋修井机井架抗风能力达到107节，相当于16级（51~56米/秒）的超级大风，并通过第三方验证。

通过承建这批修井机，四机厂的设计、建造能力得到大幅提升，锻炼出了一支敢打仗、能打仗、打硬仗的设计、建造队伍，逐步打造出自己的品牌和口碑。

（2）秦皇岛32-6油田再报佳音

1995年6月在渤海海域发现的秦皇岛32-6油田是一个亿吨级大油田。在编制总体开发方案时正值亚洲爆发金融危机，国际市场原油价格大幅下跌。2000年，为了降低开发成本，中国海油决定选择曾为渤海油田自主设计、建造过海洋修井机的四机厂和二机厂各承担3座（共计6座）秦皇岛32-6油田平台修井机的设计、建造任务。

按照总体开发方案，秦皇岛32-6油田将从2001年陆续投产，留给两个厂家只有一年多的时间。时间紧、任务重，两个厂家调集精兵强将，快马加鞭启动这6座海洋修井机的设计、建造工作。

四机厂由于刚刚完成绥中36-1油田6座修井机的建造，此时的他们已是轻车熟路，尽管如此，他们也不敢有丝毫懈怠，而是精益求精钻研技术细节、完善工艺流程，力求更上一层楼。

在这次设计建造中，四机厂采用了日益成熟的井架伸缩油缸、转盘防反转、井架锁销机构等专利技术。在井架设计中，采用了双节起升伸缩式防风井架，抗风能力为107节。除了采用先进技术确保修井机质量外，四机厂还在管理和服务方面狠下工夫，在这批修井机交货时，出具了非常完整和准确的技术文件资料，完全符合国家和行业的有关标准和法规，这为修井机的后续使用提供了重要的一手资料。这3座HXJ90型海洋修井机在秦皇岛32-6油田投入使用头一年，就完成了36口井的修井任务，使用状况良好，受到现场好评。

承担了秦皇岛32-6油田另外3座修井机设计建造任务的二机厂，也充分发挥自身优势，采用了多项创新技术来提高修井机质量。

他们所设计的井架为两节伸缩式K型井架，采用两个伸缩油缸来完成井架伸缩，增强了井架伸缩时的稳定性，保证了在满立根93节风速、无立根107节风速时或满立根最大钩载49节风速时井架的稳定性。另外，二机厂还研究出了利用液压千斤顶在每组连接板之间调整垫片的方法，保证了修井机在移动到任意一口井时大钩与井口顺利对中。

特别要说明的是，二机厂设计人员对歧口17-2海洋修井机特点进行全面分析，汲取了使用过程中的反馈建议，为秦皇岛32-6油田开发设计出新型修井机底座。这3套海洋修井机的下底座，由两个独立焊接式基座通过连接拼装而成，每个独立式基座由型材焊接，呈龙门结构，在平台做纵向移动时不与平台上其他设施相干涉，大大节约了上层甲板空间。同时，这种底座具有很好的自稳性，而且因为增加了辅助横导轨承载，改变了钻台主梁的受力结构，钻台的负载工况得以明显改善。

由四机厂和二机厂承建的6座修井机，为秦皇岛32-6油田群持续高产稳产提供了坚实的装备保障。

6.3 孜孜以求——设计建造技术日臻完善

6.3.1 钩载突破180吨，实现大位移修井

2000年6月，渤海海域再次传来喜讯，歧口17-2油田即将投产。歧口17-2油田位于塘沽东南约45公里处，于1993年6月自营勘探发现，年设计原油生产能力30万吨。该油田与歧口17-3油田、歧口18-2油田和歧口18-1油田组成渤西油田群。

歧口17-2油田属于渤西油田群的二期工程，也是中国第一个海上中小油田联合开发工程，该油田的顺利投产不仅增加了渤海原油产量，更是这种联合开发模式的成功例证。但是，这个油田有4口大位移井，对平台修井机提出了更高要求，最大钩载需要增加到180吨，否则，难以完成4口大位移井的修井工作。

建造180吨钩载的海洋修井机，对厂家来说亦喜亦忧。喜的是，此次建造良机将带来中国海洋修井机设计、建造技术的跨越式发展；忧的是，如何破解难题。要知道，此前国内厂家自主设计、建造的海洋修井机钩载平均只有80吨左右。而现在要建造的是180吨钩载的修井机，这不仅仅是量的变化，更多的是质的飞跃，一些在小吨位修井机中运用成熟的技术很难直接应用到大吨位修井机的设计中，其间遇到的挑战和需要克服的难题可想而知。

承担设计、建造工作的二机厂没有退缩，发扬“明知山有虎，偏向虎山行”的精神，把挑战看做机遇，把难题看做突破口，迎难而上，又一次踏上了攻坚之路。

二机厂从承建歧口18-1平台修井机的设计、建造队伍中挑选精兵强将，组成实力更为强大的歧口17-2平台大吨位修井机项目组。他们大胆创新，攻克了这台180吨钩载修井机设计、建造中的诸多难题，形成并运用了多项创新技术。他们研制出一种新型无绷绳直立井架，具有双层桁架结构，负荷大、跨距大，大大提高了井架的抗风能力；研制出一种箱式底座结构，增大了底座承载能力，提升了修井机稳定性；研制开发了可承受180吨钩载的游车大钩和水龙头。除此之外，还学习海洋工程的通行做法，引入了第三方检验，委托DNV作为第三方，对新建修井机的设计、建造进行检验把关，为确保修井机建造质量和水平又上了一道保险。从此以后，对修井机的设计、建造工作开展第三方检验作为项目管理硬性要求，成为中国海油一直贯彻执行的一项重要规定。

历经这次设计、建造工作的锤炼，国内厂家的技术水平再次得到大幅提升，创新的技术也被应用于后续建造的一些修井机，进一步推动了我国海洋修井机技术的进步。

6.3.2 创新防腐技术，延长井架寿命

南海烟波浩渺，时而天高云淡、时而风狂雨骤。但在这变幻无常的海面下，却蕴藏着丰富的“黑金”,这片海域曾被誉为“另一个波斯湾”。经过数十年的勘探，一大批油气田被发现，并陆续投产。新千年伊始，油气田投产更是掀起了一个新高潮，数个油田相继得以开发，文昌13-1/13-2油田就是其中的佼佼者。

文昌13-1/13-2油田位于海南省文昌县以东136公里处，平均水深117米，

2002年投产之初，最高日产油量达6500立方米，是文昌油田群中最早开发的主力油田之一，也是南海西部海上油气产量贡献最大的主力油田之一。

2000年，文昌13-1/13-2平台建设工作正式开始，按照总体开发方案，需为两个海上平台配备修井机以保证正常生产。这两座修井机，是南海西部海洋修井机国产化的首次尝试。此前多次为中国海油建造过海洋修井机的二机厂负责承建。

海洋修井机的井架要长期承受海上潮湿、酸雾、高低温等作用，很容易发生腐蚀损毁。国外海洋修井机井架一般采用表面处理的方式进行防腐，表面处理方法可分为机械法和化学法，在国外均有应用，而且都取得不错的效果。早期国产化建造的修井机，一般采用表面处理加涂装的方法对井架进行表面防腐处理，但实际效果与国外相比相差甚远，渤海歧口18-1平台和歧口17-2平台修井机井架，在使用过程中就出现了非常严重的锈蚀。

为了确保文昌13-1/13-2两座修井机井架的防腐效果，二机厂展开了系列攻关和研究。经过反复实验，终于自主研发出表面热喷铝工艺并成功应用于这两座修井机，大幅延长了井架使用寿命，使海洋修井设备的防腐能力提高到一个新的水平。

除此之外，二机厂还在这两座修井机绞车上使用了气动推盘式辅助刹车，大大降低了操作人员的劳动强度，提高了产品可靠性和操作安全性；在修井机上配置了大绳稳绳器，有效衰减快绳摆动，利于滚筒排绳。

承建修井机过程中，二机厂在不断强化产品内在质量的同时，还对修井机外观质量下大力气进行了改进，使修井机外观更加优美，方便了操作，有效降低了操作人员劳动强度。这种“内外兼修”的设计、建造理念的实施，赢得了一线生产人员的口碑。

6.3.3 首创拖链技术，现场操作更简便

文昌13-1/13-2平台修井机，圆满实现了设计、建造目标，在此过程中逐渐形成的“内外兼修”的理念，对后续修井机设计、建造工作大有裨益。但美中不足的是，在两座修井机建造中，还有一个现场操作问题没有得到很好地解决。

海洋修井机一般分为两大部分，即固定部分和可移动部分，固定部分主要是修井机的支持系统，移动部分主要包括修井机的主机及其底座和井架等。在修井作业时，移动部分要根据修井需要在滑轨上来回移动，以对准作业井口，这样移动部分和固定部分之间就产生相对位移，两者之间连接的众多管线、电缆等就不可避免地被来回拖动。如何保证这些管线、电缆在修井作业中不被损毁，又能方便自如地移动是一个技术难题。

早期海上平台、钻台上的所有管线、电缆都杂乱无章地堆放在一起，当修井机移动时，管线和电缆随之被来回拖动，不仅占地大，而且容易损坏，给现场使用带来了很大的不便。在文昌13-1/13-2平台修井机设计、建造过程中，虽然采用了伸缩臂的方法，在移动部分和固定部分之间安装一个可伸缩结构臂（简称“伸缩臂”），来固定这些管线、电缆。但是实际操作中发现，伸缩臂还是存在需要高空安装、占用空间大等缺陷，而且对制造尺寸精度要求很高。另外，由于伸缩臂上承载很多电缆、管线，长时间的使用后，伸缩臂易发生变形，给现场操作带来很大困难。

时任中海油湛江分公司生产部修井主管的苏一凡，是一位爱动脑筋又有着丰富现场经验的工程技术人员，负责完成了多座修井机的设计建造工作。文昌13-1/13-2平台修井机的这个“美中不足”成了他心中的一个“疙瘩”，一有空他就琢磨如何能让这些管线、电缆布置更加合理，解决现存操作不便的这个顽疾。

涠洲12-1油田于1989年12月发现，1999年6月自营建成，设计年产能100万吨，与涠洲10-3油田、涠洲10-3北油田、涠洲11-4油田和涠洲11-4东油田等连片生产，形成了南海北部湾涠西南油田群区域开发格局，其中涠洲12-1油田是涠西南油田群的最大油田，该油田的投产使得涠西南油田群的产量倍增。

根据开发方案，该油田开发工程包括综合平台涠洲12-1A平台和井口平台涠洲12-1B平台。涠洲12-1B平台是一座具有24个井槽的井口平台，平台上需配置一套钩载能力为180吨的修井机以满足后期修井、钻调整井及完井等作业需要。该修井机的设计、建造工作虽然由四机厂负责，但苏一凡仍然放不下心来，着了魔似地想着修井机的管线、电缆连接方案，他满脑子里都是修井机来来回回移动的影像，但是，一直没有找到满意的答案。

一天上午，他到加工车间检查修井机部件的加工情况。车间里灯火通明、机器轰鸣，工人们正在一台台的车床、铣床前面有序地忙碌着。走着走着，他在一台车床前驻足，并旋即限于沉思，久久未动。忽然，他高兴地说了一声：“有了！”然后便快步走出车间，让随行的同志着实有点摸不着头脑。到下午的时候，苏一凡拿着一张图纸给大家揭开了这个谜底。

原来，上午在车间里看到车床上来回移动的车床电缆拖链，引发了苏一凡的灵感。工人师傅在加工零件时，摇动手柄，车刀就可以前后左右移动，相连的电缆也随之来回移动。由于这些电缆被整齐地固定在拖链中，完全不会影响车削工作的进行，也不会受到外部的干扰。这种情形与修井机工作的情形是何其相似啊。既然拖链能保护车床上的电缆，那么，若将车床的电缆拖链放大，安装在修井机上，岂不既可以很好地连接修井机的固定和移动部分，又能充分保护修井机上的电缆、管线？豁然开朗的苏一凡十分兴奋，为了抓住这个稍纵即逝的灵感，他顾不上随行的同志就快步赶回自己的办公室，拿出纸笔仔仔细细地画出一张草图。听了苏一凡的介绍，大家都很赞赏这个奇妙的构想。

在四机厂的帮助下，苏一凡又对修井机拖链细节进行了完善和修改，最终形成了拖链设计方案。按照这个设计方案，四机厂建造完成了中国乃至世界上第一条造型简洁、重量轻的修井机拖链。

新加工的拖链被顺利安装在涠洲12-1B平台修井机上，使原本杂乱无章的修井机电缆、管线走向清晰，布置整齐，不再影响安全通道，大大方便了现场操作。有了拖链的保护，修井机的电缆、管线可以无障碍地随着修井机运动，有效避免受到振动、拖拉、磕碰等损害，使用寿命大大延长。拖链在涠洲12-1B平台上的成功试用受到现场工作人员的热烈欢迎。后续建造的其他修井机，包括国外的修井机也纷纷模仿采用了涠洲12-1B平台修井机的拖链方案。略有遗憾的是，当时知识产权意识不够强，没有及时申请相关专利。

经过海上多年使用，建造拖链的材料也从最初使用的钢材演变为不锈钢、铝合金，目前已经全部采用塑料材料，使拖链整体结构更为轻便和灵活。目前海洋修井机基本全部采用拖链方式来连接固定部分和移动部分，大大方便了现场操作。海洋模块钻机更是直接借鉴了修井机的拖链，将钻井支持模块（DSM）和钻井设备模块（DES）之间的连接方式改成了拖链连接。

6.3.4 合理切块，优化修井机重量

渤海海域是中国近海油气主产区，承担着中国海油60%的海上油气产量任务。在这片富饶的海域，平台星罗棋布，油田比邻而生。而这其中，蓬莱19-3油田是一颗最耀眼的明星。

蓬莱19-3油田位于山东半岛北面海域，距山东省龙口市仅48海里，1999年7月由中国海油与康菲公司合作勘探发现，探明储量约为10亿吨，可采储量约为6亿吨，是国内建成的最大海上油田。

作为作业方的康菲公司，对平台上的设备设计、建造工作提出了很高的要求，并于2003年面向全球招标，建造蓬莱19-3A平台修井机。鉴于油田储量丰富，开发后期调整作业量需求巨大，康菲公司要求招标的修井机具有侧钻功能，以适应后期的井网调整需要。总包合同为一揽子合同，包括修井机的制造、安装、调试以及为期三年的修井作业任务等内容。

经历了多年快速发展，我国海洋平台国产修井机设计、建造技术都有了显著

提升，逐步形成了国产化能力。因此，中国海油决定由中海油服牵头，竞标蓬莱19-3A平台的修井机总包合同。中海油服联合二机厂等国内厂家，发挥“强强联合优势”，迅速提出了蓬莱19-3A平台修井机投标技术方案。美国著名的LANDMARK公司也积极投标并提出了自己的设计方案。

LANDMARK公司的方案思路是“切小块”。他们将修井机“划切”成20个左右小模块，以避免平台载荷集中。而中方的思路恰是“分大块”，将修井机划分为两大部分，每个部分分别采取模块化处理。

面对中外双方设计的不同方案，康菲公司一时也有些难以抉择，因为两种方案设计思路截然相反，但似乎又都有道理。为了确保修井机的功能和质量，康菲公司决定邀请投标双方面对面就各自的方案进行澄清，以最终评判“花落谁家”。

在技术澄清讨论时，双方进行了激烈的争论。外方认为中方的思路太超前，现有技术难以实现将庞大的修井机系统集成到两个模块里。中方认为外方思路“治标不治本”。“小切块”分开布置固然可以避免载荷集中，但“切小块”需要结构框架且相互间需要一系列管线、电缆等连接设施，这势必将增加修井机重量，按照这种方案造出来的修井机总重量很难控制。而且，模块划分越多，相互之间的工作界面越多，连接管线越复杂，这将给后期的详细设计以及建造工作带来很大的压力，更会大幅增加操作难度和复杂性、降低修井机使用的安全性。而中方的大模块思路，由于减少了繁杂的连接并实现了功能的集成，可以有效降低修井机总重量、减少平台总载荷，有利于提升修井机的钩载和作业能力。另外，大模块的修井机按照上中下三层模块化处理和布置，结构更加紧凑、体积更小、占据空间更小，可有效节约平台空间。

经过专家认真评选，中方的方案最终赢得了康菲公司的认可，中海油服赢得了这份意义重大的合同。

2004年4月，由中海油服牵头承建的蓬莱19-3A平台修井机交付使用，圆满实现了既定的钻修井任务，为蓬莱19-3油田连年高产和稳产提供了强有力的支撑。更值得一提的是，在该修井机设计、建造过程中所形成的模块化设计思路，对我国海洋模块钻机设计、建造技术的发展起到了积极的推动作用。

从20世纪80年代初开始，我国海洋修井机设计、建造技术要么借用陆上油田技术，要么模仿和追赶国外先进技术，但直到赢得国际竞标的合同才赫然发现，经过近20年的摸索、模仿、追赶、自主研发和精益求精，中国的海洋修井机设计、建造技术水平及设计理念，已经开始赶超国外同行，达到了世界先进水平，正引领着海洋修井机发展的新方向。

6.3.5 轨距可变，适用多个平台

2004年，中国海油提出了渤海油田要在2010年上产3000万吨的目标。此后，渤海海域多个生产平台开始大量实施钻调整井作业，仅通过改造修井机钻调整井难以满足要求。因为，虽然升级改造修井机钻调整井取得了良好经济效益，但早期海上一些平台配置的修井机最大钩载较小，无法升级改造钻调整井，需要从其他平台搬迁大吨位修井机才能实现调整井的钻井作业。但不同平台修井机导轨跨距不尽相同，修井机搬迁时必须对下底座进行改造。待完成调整井作业，将修井机复原回原平台时，还需将下底座改回原样。这样重复改造费用高、工期长、经济性差。另外，由于大吨位修井机各个模块重量远超过井口平台吊机的能力，搬迁时还必须动复员日费昂贵的浮吊，增加了开发成本。

在初期仅有小吨位修井机的平台，或未配置修井机的平台上钻调整井，怎样才能降低钻井作业费用？技术人员经过分析研究，提出一个解决方案：建造最大钩载为180吨的可搬迁式修井机，使其能在一定范围内覆盖海上各平台进行修井作业。但是，整个渤海海域有那么多平台，每个平台上导轨的跨距不尽相同，如何保证一座修井机能适应所有的跨距？不同平台修井机布置方式不同，如何能够实现修井机在所有平台上的安装布置？又如何能够大幅降低修井机的搬迁费用呢？

需求推动创新，办法总比困难多。在中海油天津分公司、油田建设工程公司、四机厂等的共同努力下，经过攻关解决了修井机多工况适应性的难题，HXJ180MB修井机应运而生。

HXJ180MB修井机的整体结构被设计成模块化组合装配形式，模块之间采用耳板与销轴配合连接，这种模块化的设计大大提高了设备的整体可搬迁性，可以高效地在不同平台之间搬迁使用，而且修井机单橇吊装重量控制在50吨以内，方便采用小型浮吊或者平台吊机进行拆卸和安装。

修井机的下移动座被设计成具有跨距可调功能，通过改变下移动底座左右支座与主梁之间螺栓孔位置而调节轨距，实现了7~14米等6种不同平台导轨中心跨距安装要求，覆盖了渤海的歧口17-2、埕北、秦皇岛32-6、绥中36-1等多个不同导轨跨距的海上采油平台。

除此之外，该修井机的整机还可实现垂直式布置和平行式布置两种装配形式，能够根据每座平台的具体要求和空间限制，确定其布置形式，从而满足不同平台任一口井的修井作业。

2009年，首台可搬迁、用于不同平台的修井机HXJ180MB建造完成并投入使用。该修井机先在岐口17-2 平台成功实施钻调整井作业，紧接着搬迁到埕北油田B平台上进行钻调整井作业，很好地解决了不同平台之间共用的难题。实现了海洋修井机设计的“一机多用”目标，节约了油田生产成本，有力推动了渤海油田“上产三千万吨”。

6.3.6 创新设计，降低成本简便操作

2001年，中国自主设计、建造的文昌13-1/13-2平台修井机踏上南海。自这一刻起，海洋修井机就开始在这片美丽而富饶的南海海域，伴随着一个个油气田的投产浪潮生根发芽、吐绿绽红，而涠洲6-9/6-10平台修井机就是其中芳香四溢的一朵。

按照制定的总体开发方案，涠洲6-9/6-10平台将于2012年投产，所以，早在2011年，中国海油就开始着手启动修井机的设计建造准备工作。经过招投标筛选，最终确定由海洋修井机领域的“后起之秀”川油广汉宏华有限责任公司（简称“宏华集团”）承担涠洲6-9/6-10平台修井机建造工作。

宏华集团于1997年改制成立，凭借锐意进取、大胆革新的精神而快速成长，于2003年首次进入海洋石油装备领域不久就为渤海南堡35-2平台及旅大4-2平台成功建造了HXJ135海洋修井机。之后宏华集团“一发不可收”，接连承担海上油田装备大单，技术水平也随之快速攀升。

在涠洲6-9/6-10平台修井机的结构设计中，项目组运用了等强度设计理念，保持所有构件受力均衡，使部件的强度相等。这种设计方法最大优势是可以实现“好钢用到刀刃上”，最高效地利用材料，剪裁冗余，减少了修井机的整体重量和用钢量，在保证修井机性能符合要求的前提下，大幅降低成本。

为了方便操作，提高工作效率，项目组在井架的设计中，选择了正开门设计，增大了修井机门前空间，避免长钻具上下钻台时与井架发生干涉，现场工人们可以顺畅而高效地开展作业。

除此之外，设计人员大胆设想，巧妙地将泥浆罐布置在移动底座下面，使泥浆罐不再占据主甲板。设计人员还把交流变频（VFD）控制系统和工频MCC系统自动化集成在控制间，统一配置相关接口，这样不仅有利于运输、现场吊装，同时更大大方便了日常维护，而引入的有源滤波装置，可以有效避免大负荷作业情况下交流变频设备对油田生产系统的谐波污染，确保安全高效生产。

自1985年引进第一座海洋修井机以来，中国海洋修井机国产化沿着引进、消化、

吸收、再创新的发展之路快速前进。自主设计、建造水平大幅提升，一套套成本低廉、操作简便、功能强大的修井机开始如繁花般“绽放”在300万平方公里海疆之上。据统计，1998年至今，在渤海、南海、东海等海域共建造了70余座修井机，这些国产海洋修井机，为一口口伸向地层深处的油气井保驾护航，有力保障了海上油田安全生产。

6.4 巧思妙想——修井机增加新本领

6.4.1 改造修井机，可钻调整井

随着油气田开发不断深入，海上油气井的含水越来越高，导致油气田产量越来越低。要想保持稳产和高产，就需要侧钻或新钻调整井。但是，早期大多数海上生产平台上没有配置钻井装备，钻调整井需要动复员移动式钻井平台来完成，作业费用高昂，油气田虽然得以稳产增产但是项目却没有经济效益。涠洲11-4油田调整项目当时就遇到了这样的两难困境。

涠洲11-4油田位于南海西北部的北部湾海域，是南海第一个由中方自营开发建设的海上油田，该油田由中方于1979年1月通过钻“湾5井”发现。1983年和1985年法国道达尔和意大利阿吉普公司分别进行开发评价，均认为开发风险高而放弃投资合作。中方在进行认真评估研究后决定自营开发。1991年10月涠洲11-4油田开始钻开发井，1993年9月第一批生产井投产。

1997年，涠洲11-4油田在成功投产四年后进入中高含水期，此时油田储量动用程度还较低，需钻分支水平井进行开发，可大幅提高油田产量。但当时涠洲11-4平台上只有修井机，无法完成钻井作业。新建模块钻机也不现实，时间来不及。而采用自升式钻井平台钻调整井，高昂的日费使项目明显没有经济效益。想到油田即将因高含水而停产、关闭，大家非常着急，纷纷出谋划策寻找降低钻井费用的方法。经过仔细研究，技术人员提出一个大胆设想：既然修井机和钻机一样具有井架、提升系统、旋转系统，何不因地制宜对平台现有的修井机进行改造升级，使其满足钻调整井的要求，从而大幅降低开发生产成本?

这个设想提出后，大家都眼前一亮，认为该设想具有可行性，是解决目前两难困境的好方法。为了落实这一设想，1997年2月早春的一天，时任南海西部石油公司副总经理的刘正仁，召集了相关单位和部门开会讨论涠洲11-4油田钻分支井的问题。会议上大家踊跃发言、各抒己见，经过认真分析、论证和讨论，认为

采用修井机升级改造钻调整井方案可行。会议同时就改造涠洲11-4油田老式进口K600型修井机钻水平井和分枝井的技术方案，进行了精心部署，还抽调精兵强将专门组建修井机改造项目组。

由于海洋修井机钻台面积较小，无法配置油气分离器和自动灌浆装置，而且当时平台上的老式修井机底座较低，还不到7米，难以布置钻井防喷器。项目组的技术人员在充分考虑这些局限性的基础上，因地制宜采取针对性措施，增加配置了泥浆泵、固控设备、固井装置、钻井仪表等设备，加大了泥浆池容积，并根据规范要求制定了相应的钻井和井控作业程序。由于修井机改造导致了平台承受的载荷增加，因此还对平台进行了检测、强度校核和评估，并根据评估结果对平台局部结构进行加强，使平台强度满足了钻调整井作业需求。全部改造工程由南海西部石油公司采油公司完成。

经过改造以后，平台上老式修井机可以用转盘和方钻杆进行钻井作业，具备了钻分支井的能力。1998年，涠洲11-4油田在两口低产能的老井中，利用平台上改造升级后的老式修井机成功实施了开窗侧钻分支井作业，使这两口井重新获得了高产，焕发了新生。

借鉴涠洲11-4A平台修井机升级改造钻调整井的成功经验，对涠洲12-1A平台修井机也进行了改造工作，配置了一台F770泵和固控系统，顺利完成了钻调整井作业，大大降低了钻井作业费用。

涠洲油田两个老平台修井机的成功改造，充分证明当初升级改造修井机的设想是可行的。它不仅能够钻分支井、扩大采油区域、增加泄油面积、有效挖掘油田产能，更重要的是，这种改造升级做法克服了移动式钻井平台钻调整井就位难、费用高的缺点，使海上油田钻调整井作业有了更多选择，解决了现场问题。

涠洲油田两座修井机改造升级一炮打响，得到一致认可。很多海上油田都开始借鉴这种“低成本、高效益”的做法，对老平台上的修井机进行改造升级。比如文昌油田群的调整井，基本都是由改造升级后的修井机完成的。这些调整井投产后，使油田产量取得阶段性提升，全年新增产量竟相当于新开发一个小型油田，而投入的费用远低于新建模块钻机或租用移动式钻井平台。

2003年之后，渤海的埕北、绥中36-1、锦州9-3、秦皇岛32-6、旅大10-2等油气田也开始借鉴南海的成功经验，改造升级修井机用于钻调整井。通过更换转盘、改造井架指梁、新增泥浆泵、配置钻井防喷器组和阻流管汇、增加泥浆罐等措施，使渤海多个平台原有修井机具备了钻井功能。

6.4.2 巧用支持船，助力修井机

用海洋修井机钻调整井节约了大量钻井作业费用，为海上油田带来了很好的经济效益。然而，用修井机钻井也存在局限性。修井机的最大钩载有限，提升系统、循环系统、旋转系统的能力远不如钻机，而且钻井效率较低，难以完成深井、大位移井、长距离水平井等的钻井任务。如何进一步提升修井机的钻井能力和作业效率，就成了摆在技术人员面前的一个新问题。

2002年1月，中国海油收购了西班牙瑞普索（Repsol-YPE）公司在印度尼西亚五大油田的部分权益。同年8月，中海油服在众多著名钻井服务公司中脱颖而出，获得这些油田的海上钻井作业合同，派出“渤海四号”提供钻井服务，而后又与二机厂合作为其建造了四座国产修井机并开展修井作业。施工过程中，中海油服作业人员发现印尼油田经常利用“支持船+修井机”的方式进行钻井作业。由于一部分钻井支持系统及其设备被安放在支持船上，因此可明显缩小平台甲板面积，降低平台载荷力，从而降低平台建造费用，特别适合海上边际油田开发。当时中国海油正在大力开展边际油田开发的技术攻关，听说印尼海上油田有这种钻井作业方式，便决定赴现场开展调研。2005年8月，在中国海洋石油有限公司的统一组织下，中海石油研究中心等相关单位的技术人员到印尼海上油田作业现场进行了实地调研，回来后很快根据我国渤海湾海上风浪流环境条件以及采油平台现状，形成了以“支持船+钻机井架式修井机”作为钻井机具的作业方案。2009年起，这种作业模式在渤海湾得到规模应用。

该方案的核心在于，只为海上固定平台配置钻机井架、提升系统以及常规修井机的支持模块，而钻井的循环系统、动力系统、固井系统和钻井作业需要的管材、泥浆、散料耗材以及生活楼等均放置在支持船上。如果需要进行钻井，可用支持船配合平台上的修井机完成钻井作业，在其他时间平台修井机及其装备可独自完成修井作业。

这种作业模式可使海洋修井机的钻井作业能力得到大幅度提高，同时有效减少了平台面积和载荷，降低了平台造价，减少了海上油田初期投资。另外，布置在支持船上的钻机设备还可随支持船搬迁到其他平台开展钻井作业，而不至于在一个平台上闲置，大大提升了这些设备的使用率。尽管采用这种作业模式实施钻井作业时对海况要求比较高，导致钻井作业气候窗口比较小，但仍不失为开发边际油田的有效方法之一。

为了更好地发挥这种作业模式的优势，2009年6月，中国海油建成了多功能支

持平台“海洋石油281”。这座多功能支持平台先后在锦州25-1南、秦皇岛32-6、曹妃甸18-1等油气田用做生活支持平台。在歧口17-2、秦皇岛33-1、渤中34-2等油气田开展修井作业，参与曹妃甸1-6、锦州20-2SW平台的生产井弃置作业等；并且从2012年7月至2014年4月长期在金县1-1B平台进行钻完井支持作业，提供人员住宿、外输高压泥浆、返回泥浆处理、配置泥浆、输送水泥等散料、外输电力等。2010年1月，另一座多功能支持平台“海洋石油282”成功建成，并对渤中25-1、渤中26-3等多个油气田进行支持服务，为渤海油气田开发做出了突出贡献。

三十年前，我们还在花费巨资引进“洋医生”治理、维修我们的油气井，而今，我们不但培育出了能够妙手回春的“本土医生”，还使之成为“一专多能”的医生，不仅能够维护、维修“生病”的油气井，还能通过侧钻等方式激发油气井的“青春活力”。三十年中，经过不断的技术突破，如今的国产海洋修井机设计、建造技术已达到国际先进水平，在模块化、轻型化、自动化、智能化、多功能化以及走向深水等方面，也将继续大有作为。随着国产海洋修井机技术的精益求精，相信在不久的将来，国产化海洋修井机在数量、品质及品牌影响力方面，均将走在世界的前列，为中国乃至世界海洋石油行业发展做出新的贡献！

第七章

如虎添翼——打造中国海上钻井重器

进入21世纪，中国海油面对能源公司国际化和市场化的新趋势，紧锣密鼓地开始实施公司的改造重组，并于2002年提出了新的战略目标，要用5年左右的时间，以较强的盈利能力、较好的发展质量进入世界500强，逐步成为国际一流能源公司。

在新战略目标的指导下，中国海油海上钻井作业量持续增加，海洋钻井装备需求旺盛，我国海洋钻井装备发展明显加快了发展步伐。中国海油通过租用、购买国外二手钻井平台等措施，使海上移动式钻井装备的数量和质量有了巨大飞跃。此外还联合国内科研院所、船厂、钻机制造厂家共同开展攻关，设计建造了多座海洋移动式钻井平台，特别是自主建造了“海洋石油941”、“海洋石油981”等一批达到国际领先水平的移动式钻井装备。

与此同时，中国石油和中国石化也新建了多座海上自升式钻井平台和坐底式钻井平台。进入21世纪以来，中国新增的海洋钻井装备超过了以往的总和。拥有坐底式钻井平台、自升式钻井平台、半潜式钻井平台、自升式修井平台、自升式多功能支持平台等不同类型的海上移动式钻井装备，形成了系列化、多样化、高水平的海洋移动式钻井作业船队，作业范围覆盖了3000米水深以内海域，数量和技术水平均可以与国外发达国家的水平相媲美。我国海上移动式钻井装备进入一个全新的发展阶段，使得中国海洋石油工业发展如虎添翼，进入了一个崭新的时期。

7.1 赶超国际——自主建造“海上骑士”

2001年，为了适应我国海洋石油高速发展的需求，中国海油对专业服务公司开始了新一轮重组、整合及上市工作。2001年10月，经过两轮重组后，中海油服正式成立。

重组后的中海油服为了提升海上钻井作业能力，迅速制定了快速发展移动式钻井装备的战略，开始积极扩充自升式钻井平台船队。

当时，中海油服已有9座作业水深60~90米的自升式钻井平台，但是近20年来没有新增钻井平台。为了进一步开拓高端钻井市场，中海油服计划建造作业水深120米的自升式钻井平台，自此国内海洋钻井装备迈开了赶超国际先进水平的步伐。

7.1.1 审慎决策

2002年，国际上作业水深120米的悬臂梁自升式钻井平台刚刚兴起，全世界的建造数量还不多。中海油服清醒地意识到，要与国际先进钻井水平接轨，就必须拥有自己的高端钻井装备。为此，中海油服决定向中国海洋石油总公司申请建造作业水深120米的悬臂梁自升式钻井平台。

决策过程并非一帆风顺。2002年3月，中海油服第一次向中国海洋石油总公司提交申请就遭遇了挫折。在听取了中海油服的汇报后，专家认为作业水深90~120米的钻井作业市场不明确，拟建平台功能定位尚不清晰，申请不予批准。

中海油服没有气馁。2002年4月，中海油服专门成立了由时任物资装备部总经理刘宝元、钻井事业部总工程师姜渭渔等多人组成的调研小组，连续奔赴新加坡、韩国等地考察了国外著名钻井平台设计公司、国外主流钻井平台建造厂家，对90~120米水深的国际钻井作业市场进行了详细调研和分析。通过调研明确了新建平台的钻井作业市场和功能定位，也更坚定了建造作业水深120米自升式钻井平台的信心。

同时，中海油服还针对钻井平台建造地点是放在国内还是国外这个问题开展了多方比较分析，最终达成了在国内建造的共识。因为，在国外建造不仅造价高、工期长，而且不符合国家关于扶持和提高国内建造大型海工装备能力的政策。而当时国内船厂已经形成了较强的建造能力，且有较大船坞，国内焊接技术、造船工艺也已接近国外水平。不仅如此，中海油服在经历了“渤海四号”、“渤海八号”、“南海一号”、“南海四号”等平台的升级改造后，提升了项目组织管理能力，熟悉自升式钻井平台及其设备特点，有信心和国内船厂一起完成钻井平台的建造。更重要的是，从企业长远发展利益看，只有扶持国内海工产品制造企业，才能通过“中国制造”来降低成本、走向世界。

当时国际上作业水深120米的自升式钻井平台母型船不多，经过科学评估和慎重考虑，中海油服决定选择美国Friede Goldman United（简称 F&G公司）的JU2000型作为平台的母船型。鉴于当时国内在自升式钻井平台上配置的钻机、升降装置、电力系统、控制系统等方面的设计建造水平和国外先进水平还有一定差距，甚至还没有建造业绩，因此决定从国外进口这些设备。

2003年初，中海油服在对半年多调研的资料进行了详细论证，确定了建造地点、母船型选择、主要设备购置方案等关键问题后，再次向中国海洋石油总公司提交了立项申请报告。

2003年4月，恰是SARS病毒肆虐中国大地的特殊时期，一时草木皆兵，人人自危，北京尤甚。然而中海油服立项汇报小组人员却按捺不住一颗“蓄势待发”的心，毅然“冒险”进京。当汇报人员带好口罩，并把口罩分发给与会的领导准备汇报时，中国海油领导把手一挥说道：“戴着口罩怎么汇报、怎么讨论？都把口罩摘掉，今天好好讨论，充分发表意见！”

看到领导如此重视此次汇报，汇报小组原本有些忐忑的心情平静了许多，他们立刻按照事先准备的材料开始汇报，整个汇报讨论会持续了4个多小时。由于事先做了大量工作，调研材料充分、分析条理清晰，汇报内容得到了与会领导和专家的一致认可，同意中海油服建造自升式钻井平台的申请，且一次性批复了“1+1”建造方案，即中海油服可自行掌握，随时启动建造第二座钻井平台。

经中国海洋石油总公司批准建造的作业水深120米的自升式钻井平台被命名为“海洋石油941”。中海油服于2003年5月正式成立“海洋石油941”建造项目组（以下简称海油项目组）。

由于选择了F&G公司的JU2000型作为平台母船型，因此平台基本设计由F&G公司承担。大连造船厂凭借卓越的船舶设计建造能力以及建造“渤海一号”、“渤海三号”、“渤海五号”等自升式钻井平台的不凡业绩顺利中标，负责“海洋石油941”的详细设计和总包建造。

7.1.2 JU2000E船型面世与“中国速度”

2004年1月，经过紧锣密鼓的筹备工作之后，“海洋石油941”建造项目正式启动，中国迈出了奋起直追、向海洋高端钻井市场进军的第一步。

正当“海洋石油941”进行总体方案设计时，恰逢国外刚建成的一座JU2000型钻井平台投入使用，在插桩过程却出现了穿刺，造成桩腿发生严重变形。这个事故立刻引起了中方的高度重视，JU2000型钻井平台是否还能用？在我国海域作业是否存在类似风险？如何能够避免这类风险发生？

带着这些疑问，海油项目组打算请教有着丰富海洋工程经验的我国首座自升式钻井平台总体设计负责人曾恒一院士。得知这一情况后，正在修养的曾院士不辞劳苦立即从国内赶到远在大洋彼岸的美国，与工程设计人员一起攻关和研究。紧张工作了近一个月，在曾院士的指导下最终提出了将平台设计波高从原来的15.24米提高到20.73米的技术改进方案，使所建的平台在不降低其他性能参数的前提下，可适应更恶劣的海况条件。同时增加桩腿部分撑杆的直径和壁厚,优化了桩腿结构，从而大大增加了桩腿强度。

F&G公司根据中方提出的改进方案，修改了JU2000型平台的基本设计，并将修改后的船型命名为JU2000E型。此后，原JU2000船型退出了历史舞台，F&G公司设计的作业水深120米自升式钻井平台均采用JU2000E型作为母船型，到目前为止已建造十余座同类型平台，均未再出现类似的桩腿变形事故。

F&G公司根据中方建议完成“海洋石油941”的基本设计后，大连船厂着手开展平台的详细设计。虽然在20世纪70年代大连船厂有过土法建造、自力更生维修和改装自升式钻井平台的经历，但真正意义上的设计建造现代化大型自升式钻井平台还是第一次。又一个考验大连船厂的时刻到了。大连船厂对此项目高度重视，发出号召，要举全公司之力，确保“海洋石油941”顺利建成。船厂以海工部为主体,又从生产管理等部门抽调“精兵强将”组成了“海洋石油941”设计建造项目组。为了尽快完成平台详细设计，还从船研所抽调了七八十人成立了专门的设计室进行专项攻关。为了拿下详细设计，工程技术人员向书本学习、向前辈请教，积极认真消化基本设计图纸。

但接踵而至的困难还是让技术人员举步维艰。“海洋石油941”空船重量只有30万吨超大型油轮的三分之一，但电缆的用量却是其两倍，由于舱内设备繁多且空间狭小，要完成长度300多公里的电缆布置工作，需要进行大量细致的研究和优化设计。平台管系、电缆和通风管线的布置简直是“寸土必争”，任何一处小修改都“牵一发而动全身”。协调界面繁多，要同时满足美国船级社和中国船级社的要求，每次优化改动，仅送审的图纸就需19份，工作量巨大。另外，由于种种原因，国外厂家提供钻井设备资料较晚，也直接影响到了详细设计的进展。

面对重重困难，大连船厂积极采取措施，严格按照计划考核质量和进度，加强协调沟通，组织人员仔细研究平台设计建造规范，避免设计漏项、设计错误，认真研读进口设备说明书、规格书等，确保设计界面正确。在“海洋石油941”的设计过程中，海油项目组积极主动参与到平台详细设计优化工作中，结合海上现场作业特点对详细设计方案提出了许多优化建议，而且积极帮助船厂熟悉海上钻井工艺，提高了船厂的设计水平。

2004年9月，“海洋石油941”的详细设计顺利完成。平台从合同签订到完成详细设计，只用了短短5个月，远低于韩国、新加坡船厂同类型平台的设计时间，创造了自升式钻井平台详细设计的“中国速度”。

7.1.3 连闯难关建造平台

（1）战胜高强度钢焊接“拦路虎”

完成了详细设计后项目组又面临难度更高、更为关键的建造环节，其中高强度钢的焊接工艺是自升式钻井平台建造的第一道“拦路虎”。

由于“海洋石油941”大量采用高强度钢，尤其是桩腿材料采用了进口超高强度钢，按国内通常施工标准，这种材料焊接难度极高。然而对于“海洋石油941”，不但要焊接高强度钢材，而且要焊接厚度达178毫米的超高强度钢板，难度可想而知。在国外技术封锁的情况下，船厂依靠自己的技术力量顽强攻关，从2004年初开始，船厂焊接室技术人员就开始探索超厚超高强度钢板的焊接工艺。在第一批500多个试样冲击试验失败后，他们吸取教训，对116项焊接工艺评定项目的每一个试样反复进行了抗拉、抗疲劳等各种性能试验。耗时一年多，进行了上千次的试验分析，终于成功解决这类钢板的焊接、探伤等一系列的工艺和建造技术。

2005年3月27日，第一根长19.6米、宽838毫米、厚度178毫米的齿条开始对接。船台施工棚内，挤满了来自中海油服、美国船级社、中国船级社、大连船厂等单位的70多名专家和技术人员。只见焊花飞溅，弧光闪烁，经过连续预热、施焊、保温、冷却后，第一根齿条对接终于完成。经过三天焦急的等待，3月31日下午，原班人马又齐刷刷来到现场，3位获得美国船级社专业检验证的检验人员使用不同种类探头对齿条和桩腿弦管间的焊缝进行仔细探伤检查，最终报告检验结果探伤合格率100%，在场人员无不长舒一口气。就这样，大连船厂依靠自主创新，圆满完成了钻井平台超高强度钢焊接的艰巨任务。

（2）攻克桩腿合拢对接难题

紧接着面临的又一道“拦路虎”是平台桩腿合拢对接。

自升式钻井平台要在海上经得住台风等恶劣海况的考验，全靠三条巨型桩腿的支撑，因此钻井平台桩腿建造要求非常高。

2005年11月30日，“海洋石油941”按计划出坞。受龙门吊高度限制，全长167米的巨型桩腿仅有99米可以在坞内完成焊接合拢，其余三段必须到坞外进行合拢对接，然而当时船厂不具备坞外合拢对接的经验。经过认真分析后技术人员提出了大胆设想，通过升船完成167米的桩腿坞外接长施工。但这个方案难度很大且存在一定风险，在距地面100米以上的高空接桩腿，谈何容易？由于甲板空间有限，桩腿吊到平台后，重心全部在主船体外侧，如何保证工装的强度？如何将重达200吨的桩腿分段运上去？如何保证对接安装精度？如何保证高空舷外作业的安全？一系列难题等待破解。

为了确保实施方案准确无误，技术人员设计了好几套方案，经过多次论证、修改、计算，历时4个月，最终形成了包括50多页设计图纸在内的完整评估报告，确定了切实可行的施工方案。

2006年2月12日，“海洋石油941”第一次升船，所有人的心都提到了嗓子眼。由于船厂人员没有升降船经验，便找到海油项目组请求协助，海油项目组二话不说立刻答应下来。他们全力以赴，先后承担了三次接桩升降船操作。船厂施工人员把三段桩腿分别固定后，利用齿轮机构将分段升空，只见90人分成三组，站在主船体外侧一人宽的工装通道上，摆开了拔河的阵势。现场指挥人员挥臂喊号子，三组人员分组开拔，看谁“拔”得又快又稳，连续“拔”了8个多小时才把三段桩腿拉上平台预留的焊接位置。

为了保证焊接质量，开焊就不能停下，尽管当时正值寒冬，但焊接工作仍需24小时持续进行。船厂施工人员小心翼翼地爬上距地面100多米高空的脚手架上，在用篷布搭就的1平方米见方的小棚子里一待就是20多个小时。焊接温度按要求需保持近200摄氏度，焊工的脸膛被烤得大汗淋漓，可后背却要经受刺骨寒风的侵袭。

工人加班加点连续工作，但是没有一个人叫苦叫累。有的焊工连续工作了20个小时，干完累得连腰都直不起来，后背冻得麻木了。许多焊工眼睛被弧光刺得红肿，手被烫伤、烧伤，衣服变得“千疮百孔”。配合高空焊接施工的其他各工种作业人员也克服大风和低温天气的影响，连续数天在现场不间断作业。经过近十天的连续奋战，首段坞外对接桩腿提前5天对接成功，大家无不欢欣鼓舞。兴奋之余，施工人员站在高耸的桩腿向下俯瞰，才发现高空的景色简直美不胜收，平台隐没在白云中，身边白云如絮、触手可及。

接下来两段桩腿越接越快，钻井平台离地面也越来越高，远远望去就像“海市蜃楼”。那时大连市民都在“传说”发现市内空中有一不明“高大建筑物”，殊不知原来是“海洋石油941”钻井平台“惹的祸”。在之后的几个月里，“海洋石油941”成为大连市的一个著名“景观”。特别是到了夜晚，灯火通明的“海洋石油941”矗立在大海边，雄伟壮观，引来很多游客驻足观望。

2006年3月26日，三条巨型桩腿全部在高空对接成功，工期比计划提前了60%，经检验焊接质量探伤合格率100%。良好的焊接质量，高超的建造技术，赢得了中外专家的一片赞扬声。

（3）共同努力完成平台建造

闯过一道道难关的建造者更加信心百倍，各项工作渐入佳境，在设备、系统调试中，海油项目组人员提前进行调试准备工作。他们集思广益，提前找出在调试中可能会遇到困难的设备系统，与船厂建造者一起提前研究解决方案，保证了升船接桩腿与设备、系统调试同步进行，节约了三个月的调试工期。在顺利完成悬臂梁钻台滑移试验、悬臂梁称重试验和负荷试验后，紧接着要进行倾斜试验，工程技术人员没有采用“打压载水”的传统方法进行平台倾斜试验，而是大胆创新通过前后移动悬臂梁顺利完成了平台倾斜试验。

在“海洋石油941”的建造过程中，海油项目组对大连船厂海工建造技术水平的提升发挥了重要作用。例如在进行桩腿桁架焊接时，需要先将管子的相贯线预加工出来，然后再开始焊接。船厂以前都是采用老办法，用气焊切割相贯线，然后进行焊接。由于气焊切割出来的相贯线精度低，而且切割表面粗糙，很难保证后续的焊接质量。海油项目组建议采用相贯线切割机来加工相贯线以保证加工精度，当时船厂对相贯线切割机一无所知，海油项目组积极帮助大连船厂联系国外设备厂家了解相关信息。

但是进口相贯线切割机价格高，船厂不舍得花钱购买，为了帮助船厂降低建造成本，海油项目组就设法在国内寻找能够研制相贯线切割机设备的研究院所。最终请哈尔滨工程大学设计制造了相贯线切割机，费用远低于国外进口设备，而切割效果却不亚于国外进口产品。由于采用了相贯线切割机，切割出来的桩腿桁架焊接节点的相贯线精度高、表面光滑，使焊接质量得到了很好的保证。

海油项目组不仅积极协助船厂解决困难，而且还在关键问题上对船厂提出严格要求。例如海油项目组根据多年海上作业经验，要求大连船厂在平台出坞插桩之前要进行地质调查，并在地质调查资料的基础上完成插桩适应性分析。船厂最初对此并未足够重视，打算在船厂附近海域就近找一个插桩地点开展相关工作。在海油项目组一再坚持和反复沟通后，船厂才同意委托大连理工大学进行插桩点地质调查。大连理工大学对船厂找的第一个插桩点进行调查分析，结果发现该插桩地点底下有暗礁，无法正常插桩，因此避免了一次插桩事故的发生。

2006年5月，在中国海油和大连船厂的共同努力下，“海洋石油941”顺利建成。建造过程中相继攻克了高强度钢焊接、升降机构建造、悬臂梁建造、接桩腿等一系列工艺和技术难关，多项关键技术填补了国内空白，创造了多项中国自升式钻井平台的“第一”：国内第一座作业水深达120米、钻井深度超过9000米的自升式钻井平台，国内第一座全变频驱动、具备高温高压井钻探能力的自升式钻井平台。

“海洋石油941”整个钻井操作完全实现了自动化、智能化，钻井作业效率和安全系数大幅提高，平台悬臂梁覆盖的作业范围当时是国内最大的，其钻井可变载荷能力远高于国内其他钻井平台，所采用的自动化钻机控制技术以及其他技术性能指标达到了世界先进水平。

美国船级社中国地区总经理何荣基先生对“海洋石油941”的建造给予了高度评价：中国虽然是首次建造如此高技术含量的钻井平台，但整个建造施工及设备安装调试均达到当今世界一流水平。

7.1.4 “海上骑士”亮剑

2006年6月26日，“海洋石油941”缓缓驶离大连，跨越渤海、黄海、东海、台湾海峡，最终到达北部湾涠洲11-1油田作业区。2006年9月11日是一个秋高气爽的好日子，“海洋石油941”正式开钻。“海洋石油941”首钻非常顺利，并且随后在涠洲11-1油田作业百日内连续打出10余口高产油气井。“海洋石油941”在中国南海的优异表现，有力推动了涠洲11-1油田的开发。

此后，“海洋石油941”转战我国南海北部湾、琼州海峡等海域，先后在涠洲11-1、涠洲12-1、文昌8-3、番禺7-2、惠州33-1、涠洲11-4、涠洲6-9/6-10、陆丰7-4、乐东22-1、番禺10-2、惠州22-1等区块进行钻井作业，在探井、开发井和调整井的钻井作业中均有突出表现。例如，2012年6月，“海洋石油941”顺利完成涠洲11-4调整井的单筒双井下套管作业，为该技术在南海的推广应用做出积极贡献；2014年4月，“海洋石油941”在番禺10-2油田开发作业中，提前12天完钻，时效提高10%，节约钻井成本近千万元；2014年 5月，“海洋石油941”承钻的“惠州21-1-18井”开钻，井位的作业水深为115米，创造了当时国内自升式平台钻井作业水深新的纪录，成为中国近海油气田开发的“明星”装备。

这一连串的优异成绩，是对“海洋石油941”设计建造水平的肯定，更是在向世界宣示中国的自升式钻井平台正在赶超国际先进水平。

“海洋石油941”自2006年投入使用以来就成为我国海洋油气田勘探开发主力装备中骁勇的“骑士”，为我国油气田勘探开发做出了突出贡献。

7.2 挺进深水——3000 米水深的跨越

2000年以来，在全世界新增的油气发现中，大约70%来自海上，其中深水区块的油气发现占全世界新增发现资源的50%左右，深水已经成为全球油气储量接替的重要区域，是油气资源勘探热点区域。随着国际石油勘探开发由浅海转向深海以及国内南海深水油气资源的不断发现，中国海油向深水进军的步伐明显加快，深水钻井装备的需求日益紧迫。

7.2.1 深海的期盼

中国海洋油气资源丰富，特别是南海油气资源量占中国油气总资源量的三分之一，其中70%蕴藏于深海区域。依据《联合国海洋法公约》，应划归我国管辖的海域面积约为300万平方公里，其中南海为260万平方公里，约占我国全部海洋国土的87%。但是周边越南、菲律宾、马来西亚、印度尼西亚和文莱等国家公然对我国南海主权进行挑衅。这些国家与西方石油公司合作，从20世纪70年代起就在南海勘探，至今已发现了上百个油气田，每年从我国南海海域开采的油气当量高达5000万吨，相当于每年掠走一个大庆油田的产量。

深水开发，装备先行。深水钻井装备匮乏已成为我国南海深水油气开发的制约瓶颈。

为了掌握南海深水油气田开发的主动权，使我国拥有深水油气田的开发能力，2003年中国海洋石油总公司开始酝酿“走向深海”的战略。2004年，中国海油从我国深水发展战略出发，决定打造一支由深水钻井平台、深水铺管起重船、深水物探船、深水工程勘察船、深水三用工作船组成的深水工程装备船队，从而实现跨越式发展，一举迈入世界先进行列。这支船队的“旗舰”就是深水半潜式钻井平台。与此同时，中国海油专门成立了深水工程重点实验室，致力于深水工程和钻完井方面的科研工作。

从2005年开始，世界上开始大量建造作业水深3000米的钻井装备，仅2005年就有超过10座作业水深3000米的半潜式钻井平台签订了建造合同。中国海油以此为契机，开始广泛调研和交流，充分了解和分析国际深水钻井装备发展状况，结合我国南海的海洋环境条件，选择适合中国南海作业的钻井装备类型。

中海石油研究中心等单位的技术人员在曾恒一院士的带领和指导下展开了深水半潜式钻井平台的前期研究与概念设计。经过充分调研论证，决定新建平台的母型船从国外GVA7500型、ExD型、Aker H-6型和DSS50等现有成熟船型中进行优选。同时，为了扶持国内海洋工程装备制造业，提高国内深水海洋工程装备的设计、建造技术水平，实现海洋工程装备的跨越式发展，中国海油下定决心依靠国内力量自主设计建造半潜式钻井平台，立志要一步跨入世界领先行列，这个决策得到了国家有关部委和中央高层的支持。2006年5月，中国海油正式批准投资建造半潜式钻井平台“海洋石油981”，而且中国海油党组也决策认为，新建半潜式钻井平台既是重大工程建设项目，也是重大科研项目，可以实现装备和科技的双丰收。

7.2.2 自主创新的设计

2006年7月，中国海油正式成立了深水钻井船工程项目组，由林瑶生担任项目总经理、粟京担任常务副总经理，负责设计建造深水半潜式钻井平台“海洋石油981”。

平台采用美国F&G公司的ExD船型作为母型船，根据中国南海的海洋环境条件和未来钻井作业需求，确定了平台的设计基础和主参数：作业水深3000米，名义钻井深度为10 000米，采用一个半井架钻机，钻机最大钩载908吨，平台设计使用寿命为30年，稳性和强度按照南海恶劣海况设计，采用动力定位和锚泊定位两种定位方式。

中外双方成立了联合设计项目组开展“海洋石油981”的基本设计。基本设计过程中，曾恒一院士不仅提出了许多具有建设性的建议，还带领设计团队细化了平台设计参数。联合设计项目组在此基础上对ExD母型船进行了适应性改造设计，通过优化大幅提高了平台性能。在开展基本设计的过程中，中国海油联合了708所、上海交通大学、大连理工大学、中国科学院力学研究所（简称“中科院力学所”）等国内实力最强的高校和科研院所共同参与研究。在各方通力合作、共同努力下，“海洋石油981”的基本设计取得圆满成功。

“海洋石油981”的详细设计主要由中国海油、708所、上海外高桥造船有限公司（简称“外高桥船厂”）共同完成，中国船级社、西南石油大学、上海交通大学、中科院力学所等多家单位也参与其中。

详细设计不仅仅是对基本设计的细化，更是与采购、建造、设备安装、调试等过程息息相关，界面繁多、工作量巨大，而且这是国内首次开展深水半潜式钻井平台的详细设计，面临的挑战和困难程度是前所未有的。中国海油、708所、外高桥船厂以及其他参与详细设计的单位精诚合作，发挥团队协作精神一起攻坚克难，最终战胜了这些困难和挑战。

中国南海是世界上台风和内波最严重的海域，如何评估台风和内波对平台的影响，如何合理确定设计环境条件，是平台设计的关键。为此，中国海油与中科院南海海洋研究所、上海交通大学、中国海洋大学、中科院力学所等单位一起针对中国南海的作业环境条件进行分析研究，通过分析总结大量的历史调研数据，最终确定了“海洋石油981”的作业工况、生存工况下的波高、流速、风速等环境条件参数。

“海洋石油981”为第六代半潜式钻井平台，配置了挪威Aker MH公司制造的钻机，整套钻机包的设备多达千余件。而且钻机设备与平台公用系统、中控系统、水下设备以及第三方设备之间存在复杂繁琐的接口和界面，要考虑的因素很多。仅Aker MH公司最终提交的钻井包完工图纸和文件就达3000多份，加上提交的过程文件，Aker MH公司提交的图纸文件达1万多份。如此海量的图纸，每一份都需要详细设计人员审查认可，其难度和工作量可想而知。为了加快进度、保证质量，深水钻井船工程项目组、外高桥船厂和708所的工程技术人员组成了联合设计审图组，定期共同审图。三方技术人员在一起审图时，经常为了一个问题争论得面红耳赤，当问题得到解决后大家又会心一笑、握手言和。联合设计审图组加班加点、夜以继日，最终圆满地完成了钻井系统图纸审查任务。

为了提高平台作业的安全性，“海洋石油981”的动力定位系统提升为DP3等级，对平台相关设备布置要求很高，舱室分隔、防火墙设置、电缆管线走向等都必须满足相关的标准要求。特别是平台下甲板双层底高度仅1.7米，却需要布置立柱、浮箱内所有设备的连接管线和电缆，且需要达到DP3动力定位系统要求的双冗余备份，布置难度非常大。项目组专门就双层底内管线、电缆的布置请教国外有设计经验的专家，国外专家对此也感觉十分棘手，不知该从何入手。技术人员对多个设计方案进行比选和优化，反复调整设备、管线、电缆的布置，最终满足了DP3等级动力定位系统的布置要求，获得船级社的认可。

此外，平台总体性能设计和稳性校核、平台结构设计以及强度校核、锚泊系统和动力定位系统设计、第三方设备布置、泥浆舱室布置等，都是项目组面临的严峻挑战。然而工程技术人员不怕困难、直面挑战，他们查阅大量国外资料，对比分析了各种标准规范，向国外设计公司和船级社专家请教，建立了大量计算模型，反复优化方案、修改图纸，在经历了一次次失败、经过了一个个不眠之夜后，终于攻克了这些难题和挑战。

在“海洋石油981”的设计建造过程中，科研发挥了重要作用。中国海油依托“海洋石油981”的设计建造，联合中国船舶工业集团公司第708研究所、上海交通大学、中科院力学所、大连理工大学、外高桥船厂、大连船舶重工集团有限公司（简称“大船重工”）和江苏亚星锚链股份有限公司（简称“亚星锚链厂”）等单位成功申请立项国家“863计划”课题“3000米水深半潜式钻井平台关键技术研究”和国家科技重大专项课题“深水半潜式钻井平台及配套技术”。

两项课题采取“产学研用”相结合、工程项目与科研项目紧密结合的科技创新模式，即工程建设负责人和科研项目负责人交叉任职，工程建设项目总经理林瑶生担任“863计划”课题的副课题长，“863计划”课题的课题长谢彬担任工程建设项目副总经理，充分发挥了国家科研课题对平台设计建造项目的技术支撑作用，工程建设项目也确保了国家科研项目“有的放矢”。

“863计划”课题组针对深水半潜式钻井平台的总体方案设计技术、系统集成技术、平台定位技术、总体性能和结构强度及疲劳分析技术、平台建造技术等开展研究，经过四年的攻关形成了深水半潜式钻井平台设计技术、模型试验技术、数值分析技术和建造技术四项技术体系和五项重大创新技术成果，并成功应用于“海洋石油981”的设计与建造，部分关键技术指标达到国际领先水平，为我国首座深水半潜式钻井平台的设计建造提供了强有力的技术支撑。

重大专项课题组主要开展了深水半潜式钻井平台的详细设计、深水半潜式钻井平台的建造、超高强度锚链国产化、防腐设计及优化等四方面的研究，形成了深水半潜式钻井平台总体规划及设计技术、深水半潜式钻井平台锚泊系统与平台运动的耦合分析技术、R5系泊锚链钢材制造及锚链制造技术、大规模海洋工程防腐系统数值模拟仿真计算技术等20余项关键技术，有力保障了“海洋石油981”的设计建造。

这两个课题的研究成果不仅为“海洋石油981”的设计和建造提供了有力的技术支撑，而且为我国其他类型深水浮式平台设计建造奠定了坚实的技术基础。课题形成的关键技术已经在一系列科研和生产项目中得到推广和应用，取得了显著的经济效益和社会效益。

7.2.3 精益求精的建造

“海洋石油981”于2008年4月28日正式在外高桥船厂开工建造。这是国内第一次自主设计建造深水半潜式钻井平台，整个建造过程历时四年时间。这是一个建造周期长、技术含量高和质量要求严的庞大工程，堪称“世纪工程”。建造过程中的每个重要节点都经过精心规划，每个阶段的标志成果都让建造者们记忆犹新：

2008年4月28日，正式开工；

2008年12月25日，第一个分段完工；

2009年4月20日，铺底下坞，进入总装合拢阶段；

2009年11月26日，主船体实现整体贯通；

2009年12月30日，钻机安装工作基本完成；

2010年2月26日，平台出坞，进入码头舾装、调试阶段；

2011年5月23日，举行平台命名剪彩仪式；

2011年7月6日，8个推进器安装完成，具备自航能力；

2012年2月14日，通过船舶安全联合检查，平台可以进入作业阶段；

2012年5月9日，“海洋石油981”在南海荔湾6-1区块首钻成功，我国深水油气田开发进入了一个新阶段……

回首“海洋石油981”建造全过程，中国海油、外高桥船厂以及其他参与建造的单位大胆创新、努力攻关，形成了多项有自主知识产权的半潜式钻井平台建造技术。例如，平台在干坞内建造，平台分成多个分段采用搭积木的方式一层层向上焊接，这种建造方式在国内属于首次；创新性地运用了精确有限元数值计算进行防腐系统分析，大幅提高了半潜式钻井平台的结构防腐水平。此外，还攻克了半潜式钻井平台分段建造总组焊接技术、特殊节点机器人自动焊接技术、精确动态重量控制技术、铝合金直升机坪建造技术、推进器水下安装工艺、大型井架安装工艺等关键技术，为"海洋石油981"的建造提供了强有力的技术支撑和保障。

同时，"海洋石油981"的一些关键设备实现了国产化，其中超高强度R5级锚链和液压铰链水密门的国产化，凸显了我国海洋高端配套设备自主研发制造能力的巨大突破。

国内自主研制的R5级锚链是"海洋石油981"的标志性成果之一，也是当时世界上强度最高的锚链，比R4级锚链强度高16%，在世界上尚属首创。面对如此高要求的R5级锚链研发制造难题，亚星锚链厂凭借此前与中海油服多年合作中积累的大量经验勇敢接下了这一任务。亚星锚链厂联合了宝钢、上海大学等国内七家单位，开展了超高强度高韧性材料研制、特殊热处理工艺研究、氢脆拉伸试验等一系列技术攻关后完成了R5级锚链的研制，并取得了多项创新成果。当时世界上各船级社均没有R5级锚链技术规范可供参照，因此亚星锚链厂在研发过程中不仅制定了R5级锚链的企业标准，还引领了船级社规范的制定。

亚星锚链厂在中标开始建造"海洋石油981"的锚链后，俄罗斯的一家公司很快便下了2000多吨的订单，大大提升了亚星锚链厂的国际知名度。有了这两个大订单，该公司成为了中国锚链上市的"第一股"。

2011年5~12月，"海洋石油981"在舟山锚地调试期间，曾于6月份和8月份两次遭遇15级强台风袭击，采用锚泊定位的平台成功抗击了超强台风，该国产锚链功不可没。

当然，"海洋石油981"的建造过程并非一帆风顺。在平台建造调试期间遇到了大量的困难。例如136米超高井架的吊装方案就几经周折，先制定了井架分节自举安装方案及履带吊坞内吊装方案，技术人员对这两个方案反复进行论证，发现都存在风险，最终才改为更为稳妥的浮吊安装方案。由于推进器安装需要在超过20米水深的海域进行，因此作业地点从上海改到舟山，而在舟山海域又遭受了超强台风"梅花"的袭击，隔水管张力器液缸和软管发生了不同程度的损坏，项目组启动紧急采办才没有耽搁工期。由于国外厂家原因防喷器组延迟交货，防喷器整体吊装方案调整为分块吊装方案，导致工作量和调试风险大幅增加等。尽管遇到了重重困难，但大家齐心协力，攻坚克难，为中国深水钻井装备建设交出了一份圆满的答卷。

“海洋石油981”开工建造以来得到了党和国家领导人的高度关注，多位国家领导人来到外高桥船厂现场听取汇报、指导工作。2007年10月18日，时任中央政治局常委、上海市委书记习近平亲自参加了平台建造合同签字仪式。2008年11月22日，时任国务院总理温家宝在上海考察大型企业期间，专程到船厂了解“海洋石油981”建造情况。2009年4月22日，时任总书记胡锦涛听取了时任中国海油总经理傅成玉关于“海洋石油981”设计建造情况的汇报，还十分关心并仔细询问了平台钻探性能及其技术指标等。此外，“海洋石油981”的研究和建造工作还得到科技部、发改委等相关部委的大力支持。正是在党和国家领导人的大力关怀下，国内各相关单位的通力合作努力下，才高质量完成了“海洋石油981”的建造，向世界宣布中国已迈出海洋石油深水战略的实质性步伐。

当“海洋石油981”建成交付使用之时，时任外高桥船厂总经理王琦非常自豪地说：“这是中国造船人的骄傲，四年建设，外高桥船厂不仅造出了一座世界最先进的深水半潜式钻井平台，更锻炼了一支海洋工程队伍，培养了一大批人才。”

据统计，国内近二十家高校和科研院所参与了“海洋石油981”设计和科研课题研究，上百家单位参与了平台的建造、配套设备制造及安装调试，参加平台设计、建造、设备研制、安装、调试和运营的总人数超过5000人。

在“海洋石油981”的设计建造过程中，通过“产、学、研、用”结合的合作模式，培养了一大批深水半潜式钻井平台工程专业技术人员，形成了多支理论扎实的科研团队、创新能力强的专业设计队伍、精益求精的工程建造队伍、高水平的配套设备制造队伍以及高素质的项目管理队伍。通过该平台的建造，国内自主掌握了深水半潜式钻井平台设计建造的核心技术，为今后深水油气田开发打下了坚实的装备基础。

7.2.4 领先世界的水平

世界深水油气开发的实际表明，深水开发竞争，其核心就是装备和技术的竞争。中国海油首座深水半潜式钻井平台，也是国内首次自主设计、建造的深水半潜式钻井平台“海洋石油981”建造完成后，吸引了全球的目光。

“海洋石油981”属于第六代深水半潜式钻井平台，其综合技术指标进入世界前列，代表了当今世界海洋石油钻井平台技术的最高水平，是中国海洋石油工业和船舶工业的标志性“世纪工程”。平台长114米，宽89米，主甲板面积比一个标准足球场还要大；平台总高137米，相当于45层楼的高度，排水量超过5万吨，电站总功率为4.4万千瓦；最大作业水深3000米，钻井深度可达10 000米。

“海洋石油981”的先进性主要体现在以下几个方面：

（1）首次建立了考虑南海内波流等特殊灾害环境条件的超深水半潜式钻井平台理论研究方法和设计技术体系，创新研发出针对中国南海环境条件的钻井平台新船型。平台工作水深3000米，钻井深度10 000米，可变载荷9000吨，综合性能指标世界领先。

（2）首次建立了基于海洋环境与钻井工况耦合作用下的隔水管理论分析方法与实验技术，通过实验首次发现了隔水管的“三分之一效应”与“上下边界效应”，为隔水管安全控制提供了理论依据；创新设计并应用了本质安全型防喷器控制系统，可有效防范类似墨西哥湾BP井喷事故的发生。

（3）首次突破了基于有限元数值分析的精度控制等核心关键技术，建立了超深水半潜式钻井平台总装建造和配套技术体系，达到国际先进水平。

（4）首次实现DP3动力定位与锚泊定位的双定位系统优化设计。双定位系统可节约燃油20吨/天，二氧化碳减排量63吨/天，节能减排和保护生态环境作用显著。

“海洋石油981”的设计建造中取得了大量技术创新成果，大大提高了我国在深水半潜式钻井平台的设计、建造、标准规范方面的水平。围绕着“海洋石油981”的设计建造，共取得国家授权发明专利19项、实用新型专利45项，获得软件著作权12套，出版学术专著4部，发表论文180篇，制定行业标准2部、企业标准1部。

“海洋石油981”不仅填补了我国在深水钻井大型装备上的空白，实现了我国海工高端装备制造业的突破，还极大提升了我国海洋工程行业的整体研发和制造能力，带动了海洋工程、船舶、机电制造业等行业的技术进步和产业升级，建立了我国深海高端装备海洋工程及配套企业研发基地，使我国成为继美国、挪威之后第三个具备超深水半潜式钻井平台设计、建造、调试、使用一体化综合能力的国家。

国内外对“海洋石油981”的设计建造技术给予了高度评价。2014 年1月8日，由郑哲敏院士、罗平亚院士等9名院士专家组成的专家鉴定委员会对“海洋石油981”研发与应用进行成果鉴定时指出：自主研发的“海洋石油981”主要性能指标居世界前列，使我国海洋平台装备和钻井能力实现了从300米到3000米的跨越；整体达到国际先进水平，其中针对中国南海极端海况的超深水半潜式钻井平台部分设计技术、深水隔水管安全控制技术和本质安全型海底防喷器技术达到世界领先水平；取得了重大的经济效益和社会效益，对维护国家海洋权益、建设海洋强国具有重大的战略意义。

挪威船级社对“海洋石油981”给出如下评价：我们对“海洋石油981”的成功建造及使用表示热烈祝贺，该项目技术水平达到国际先进、中国顶级，它的成功实施使中国海油成为中国高新技术的引领者。

美国船级社也高度评价：“海洋石油981”设计新颖，研发了世界上最优秀的3000 米钻井隔水管与海底防喷器安全控制系统，确保了深水钻井作业的安全，是深水钻井安全技术的重要里程碑。

这些评价充分说明了我国在深水钻井装备领域取得了巨大突破，已经具备了自主研发能力和国际竞争能力。

在2015年1月9日举行的国家科技奖励大会上，由中国海油联合国内近百家单位（直接贡献单位18家）历时近10年完成的“超深水半潜式钻井平台研发与应用”项目获得2014年度国家科学技术进步奖特等奖，曾恒一、陈伟、金晓剑、林瑶生接受了党和国家领导人颁奖。这是2014年唯一一个通用项目获得国家特等奖，也是中国海洋石油工业诞生半个多世纪以来获得的最高科技奖励。

“海洋石油981”在开拓我国海洋石油工业发展空间、保障我国能源安全、推进海洋强国战略和维护我国领海主权完整等方面都起到了至关重要的作用，为我国由海洋大国走向海洋强国提供了巨大支持。

“海洋石油981”成功问鼎最高科技奖是海油人承前启后、执著探索、奋起直追、挺进深水的最好写照，是中国海油“爱岗、敬业、求实、创新”企业精神的真实反映。

7.2.5 宝剑出鞘

大型深水钻采装备被称为“流动的国土”，是国家综合实力的象征，也是世界海洋强国开展海洋资源博弈的利器。深水钻采装备是否先进，直接决定着海洋油气资源开发水平的高低。在“海洋石油981”建成之前，中国海洋勘探开发能力局限于近海。“海洋石油981”建成投入使用，大大提升了我国海上油气勘探开发能力，使我国深水油气资源勘探开发能力一举跨入世界先进行列。

2012年5月9日，时任中国海油董事长王宜林宣布“海洋石油981”的首钻井“荔湾6-1-1”井正式开钻，标志着一个深水新时代的到来，国务院总理李克强专门发来贺电。国内新闻媒体给予了高度关注，中央电视台、中国能源报、新华日报等主流媒体以及各大新闻网站都进行了报道。

2012年5月~2014年4月，“海洋石油981”先后在南海东部荔湾、流花、白云区块以及南海西部陵水区块等中国海油自营区块钻井十余口，最大作业水深达

2454米，平均钻井作业时效与世界同类平台相比提高了10%，确保了我国第一个深水气田“荔湾3-1”的顺利投产，并且发现了“荔湾3-2”、“荔湾21-1”、“流花29-2”深水气田，为我国“南海深水大庆”的建设做出巨大贡献。

不仅如此，“海洋石油981”还肩负着更重要的任务，那就是要在南海昭示和维护我国海洋主权，积极发挥“屯海戍边”的作用。

众所周知，南海自古便是中国领土不可分割的一部分。早在15世纪的明朝永乐年间，郑和七下西洋开发南海并确立了行政管辖。第二次世界大战期间南海诸岛被日本强占，第二次世界大战胜利后，中国政府根据《开罗宣言》和《波茨坦公告》于1946年12月9日正式从日本手中收复西沙群岛和南沙群岛。1947年当时中华民国政府确立“十一段线”作为主权界线公布于世界。中华人民共和国成立后，也沿用这条线来划定南海断续国界线，在1953年放弃了北部湾的两段，改成目前的“九段线”，相关国家均予以默认。在20世纪70年代以前，南海各国均未对“九段线”提出任何质疑。

20世纪70年代，因南海被发现蕴藏有丰富的石油天然气资源，周边一些国家才纷纷提出领土要求。我国基于睦邻友好和南海安全大局考虑，提出“主权属我，搁置争议，共同开发”。但是越南、菲律宾、马来西亚、印度尼西亚和文莱等国家大肆侵犯我国领海，先后在南海建造了200多个海上平台，从我国南海获取巨大的石油经济利益。其中最为猖獗的是越南，不仅疯狂盗采属于我国的油气资源，还多次无理干预我国南海石油勘探计划，他们在1994年制造了“万安滩事件”，用炮舰和武装渔船将我国在“万安北-21”区块作业的物探船包围起来，无理阻挠中国在南沙海域的勘探作业。面对南海诸国的无理挑衅，海油人暗下决心：一定要用自己的实际行动捍卫我国南海主权。

2014年5月，“海洋石油981”前往西沙海域进行钻井作业。中国海事局于5月3日就发布航行通告称，“海洋石油981”从2014年5月2日至8月15日在北纬15度29分58秒、东经111度12分06秒海域实施勘探钻井作业。该海域处于我国西沙群岛中建岛以南16海里处。“海洋石油981”刚到达作业海域，越南方面即出动包括武装船只在内的大批船只，非法强力干扰中方作业，冲撞在现场执行护航安全保卫任务的中国政府公务船，还向该海域派出“蛙人”等水下特工，大量布放渔网、漂浮物等障碍物，试图阻碍中方的正常钻井作业。越方行为严重违反了包括《联合国宪章》《联合国海洋法公约》《制止危及海上航行安全非法行为公约》和《制止危及大陆架固定平台安全非法行为议定书》等在内的相关国际法，威胁到中方人员和“海洋石油981”钻井平台的安全。

面对越南的无理武力挑衅，海洋石油人没有丝毫犹豫和退缩。在20世纪70年代，老一代海洋石油人就曾在西沙永兴岛帮助解放军部队击退了越南侵略者，勇敢地捍卫了国家主权。今天，新一代海洋石油人更是不辱使命，义无反顾地接受了在西沙海域钻井的艰巨任务，他们深知自己肩负的历史使命，立誓要通过自己的实际行动捍卫我国南海权益。

中国绝不会允许“万安滩事件”再度重演。中国政府对越方无理干扰中国企业海上钻探作业表示坚决反对和积极的斗争，并为确保“海洋石油981”海上钻探作业安全采取了有力措施。

“海洋石油981”上的作业人员面对越南的非法挑衅始终镇定自若。钻井作业有条不紊地进行着，各项工作丝毫未受干扰。他们深知有国家公务船、执法船、渔船的保护，身后更有全国亿万人民的支持和期待作为坚强后盾。他们心里只有一个信念，就是高质量完成勘探钻井作业，早日在西沙海域找到大油田，维护我国海洋权益！

5月27日，“海洋石油981”顺利完成中建岛附近海域钻探作业的第一阶段工作，按照预定目标获取了相关地质数据，开始转场展开第二阶段工作。7月15日，“海洋石油981”顺利完成该海域计划的全部勘探钻井作业，胜利返航。

宝剑出鞘，锋芒毕露。在南海局势紧张之际，“海洋石油981”这座“流动的国土”高调挺近西沙海域钻井，极大地鼓舞了全国人民的士气，维护了国家海洋权益，取得了重大社会和经济效益。

完成西沙中建岛附近的既定勘探作业后，“海洋石油981”转战我国南海北部深水区，开始对“陵水17-2-1井”实施钻完井和测试作业。2014年8月18日，“陵水17-2-1井”测试获得高产油气流，测试日产天然气达160万立方米，创造了中国海油自营气井测试日产量最高纪录，该井测试的成功标志着陵水17-2深水高产气田的发现。

除取得重大油气勘探发现外，“海洋石油981”完成的钻井和测井作业多项指标均创区域最佳：钻井作业效率较本区域合作井提升22%，深水井建井周期较本区域合作井降低37%，钻井费用仅为本区域合作井的44%，重大责任事故、人员伤亡事故、海洋污染事故均为零。

“海洋石油981”在“陵水17-2-1井”的钻完井和测试作业中还创下三项“第一”：中国南海深水自营勘探获得了第一个高产大气田；第一次自主深水勘探测试获得圆满成功；第一次成功运用我国自主研发的深水模块化测试装置。

飞剑诀浮云，重器探四海。“海洋石油981”在我国南海陵水17-2油田打响了自营深水油气勘探的重要一枪，足以载入史册。我们有理由相信，未来“海洋石油981”将为我国深水油气勘探开发做出更大贡献。

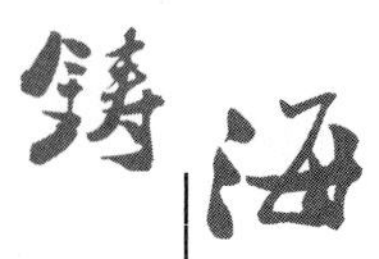

7.3 多措并举——扩大海洋钻井平台数量规模

进入21世纪，国内几家大型油田服务公司在新建移动式钻井平台的同时，还积极采取租用、购置、旧平台改造等多项措施建设和提高国内海洋钻井装备的能力，全方位打造海上钻井利器。另外还借助在海外并购公司来获得钻井平台，并通过在海外成立合营公司进入国际市场。

目前国内中国海油、中国石化、中国石油三大石油公司均拥有海上移动式钻井装备，其中实力最强、最为典型的是中国海油的海上钻井船队。中国海油多措并举大大提高了移动式钻井装备能力和水平，为中国近海油气田勘探开发提供了坚实的技术支撑。

7.3.1 打造海上利器的主要方式——自主建造

中国海油从2004年开始至今，投资建造了一座超深水半潜式钻井平台“海洋石油981”和八座自升式钻井平台，目前还有一座半潜式钻井平台“海洋石油982”和两座自升式钻井平台“海洋石油943”和“海洋石油944”正在建设中。

这些平台各具特点。其中“海洋石油941”、“海洋石油942”和“海洋石油943”均为JU2000E型的自升式钻井平台。“海洋石油942”于2008年在大连船厂建造完成，其钻井系统配置与“海洋石油941”完全一致。目前正在大连船厂建造的“海洋石油943”的钻井深度将进一步提升达到10 600米。

“海洋石油944”船型为CJ50-X120-F型，是中国海油首座大桩靴自升式钻井平台，主要用于软地层区域作业，平台设计最大作业水深120米，最大钻井深度9000米，目前由招商重工有限公司在烟台建造。

自升式钻井平台“海洋石油936”和“海洋石油937”的船型为CJ46-X100-D型，2009年分别由招商重工（深圳）有限公司和大连船厂建造完成。平台设计最大作业水深90米，最大钻井深度9000米。这两座平台投入使用也改善了中海油服钻井船队的船龄结构，使船队的平均船龄由26年降至22年。“海洋石油936”和“海洋石油937”还有一个显著特点是悬臂梁为X/Y悬臂梁。该类悬臂梁本身可以两个方向移动，从而加大了悬臂梁覆盖面积，且钻机最大钩载不受覆盖范围的影响。

“海洋石油982”为半潜式钻井平台，作业水深1500米，最大钻井深度9144米，采用动力辅助锚泊定位，平台作业可变载荷5000吨。目前该平台正在大连船厂建造。

此外，中海油服还干租了国内建造的三座自升式钻井平台“海洋石油932”、“湾钻一号”和“凯旋一号”。

“海洋石油932”由中集来福士船厂于2014年在烟台建造完成。该平台作业水深90米，钻机名义钻深9000米，船型为SuperM2型。“海洋石油932”采取了一种新的运营模式，平台由中海油国际融资租赁公司提供融资租赁，中海油服仅负责运营。该平台是中海油国际融资租赁公司成立后的第一个融资租赁项目，是中国海油创新大型装备投资模式的又一次成功运作，将为海洋钻井装备的长远发展提供新的途径。

“湾钻一号”由中集来福士船厂于2014年在烟台建造完成，平台作业水深90米，名义钻深9000米，船型为SuperM2型。“凯旋一号”由中远船务于2014年在南通建造完成，平台作业水深为120米，钻机名义钻深10 000米，船型为LeTourneau Workhorse 240C型。这两座自升式钻井平台的业主均为工银金融租赁有限公司，中海油服干租这两座平台。

从建造“海洋石油941”开始，国内逐步加大了钻井平台设备国产化的力度。2006年建成的“海洋石油941”仅有锚机等少量设备实现了国产化，而2009年建成的“海洋石油936”、“海洋石油937”等平台国产化率进一步提高。2010年，为了实现渤海油田上产3000万吨的目标，中国海油投资建造了四座作业水深60米的自升式钻井平台“海洋石油921”、“海洋石油922”、“海洋石油923”、“海洋石油924”，专门用于渤海油田的钻完井作业。这四座平台均大量采用了国产设备，仅升降装置、顶驱等少量设备为进口，钻机、防喷器、柴油机、吊机等设备均为国产，设备国产化率超过95%，基本实现了移动式钻井装备的全面国产化，大大降低了建造费用，缩短了工期，方便后期的操作和维修。国产化设备的大量使用，不仅有力地支持了渤海油田上产3000万吨，同时也带动了国内厂家的技术进步。

7.3.2 物尽其用——购置租用改造二手平台

除了在国内新建平台以外，中海油服还采用从国外购置和租用的方法来获得移动式钻井装置。

购置和租赁二手平台可带来明显的经济效益和使用效率。有数据显示，二手平台的购置、坞修总费用仅相当于新建一座同类型平台的三分之一，从验船到开钻时间不到新建平台工期的六分之一。但是，租用和购置二手平台也经常面临二手平台配置落后、设备状况复杂、控制系统软件损坏、随船资料缺乏等问题。但中海油服的技术人员面对困难，积极开动脑筋，充分发挥主观能动性，他们凭借着长期运营管理平台中积累的大量维修、改造平台的经验，并且得益于国内船厂维修能力的不断提高，通过自主维护维修设备、升级改造平台、重新编制操作手册等措施，使这些二手钻井平台焕然一新，大大提高了平台钻井作业能力，真正做到了物尽其用。其中最典型的就是自升式钻井平台“海洋石油931”。

“海洋石油931”原名Kuril，作业水深100米，1994年建造，1996年改造为悬臂梁式平台。2004年从俄罗斯购置回来之前一直在波斯湾冷停，平台资料不全，设备老化也比较严重。2007年，中海油服对其钻井设备和悬臂梁等进行了升级改造，2008年又改造更新了泥浆泵系统，从而大大提升该平台的钻井能力，成为中海油服独具特色的一个平台。2013年，“海洋石油931”被评为中海油服B档标杆钻井平台，该平台在涠洲6-12、涠洲12-8W油田钻井过程中刷新4个井段5项最短钻井周期纪录，在大位移井和浅层两个方向也屡破纪录，为我国海洋石油勘探开发做出了突出贡献。

目前中海油服租用国外的平台有自升式钻井平台“海洋石油935”以及半潜式钻井平台“南海七号”。

“海洋石油935”也称“油盛号”，是租用朝鲜的一座闲置钻井平台。该平台与“渤海四号”为同一船型，作业水深90米。2003年，中海油服以较低价格干租了该平台，在大连船厂经过维修改造后，一直用于国内海洋油田勘探开发，2013年该平台的租期满了以后又进行了续租。

“南海七号”半潜式钻井平台的作业水深为300米，最大钻井深度为7600米，与“南海二号”属于同一种船型。平台原名“ENSCO5003”，中海油服将其租赁回来后，在蛇口友联船厂进行了维修改造并命名为“南海七号”，目前正在南海进行钻井作业。

2012年至2013年，中海油服先后从美国Transocean公司手中购置了两座二手半潜式钻井平台“Jim Cunningham”和“Richardson”。

“Jim Cunningham”最大作业水深1400米，最大钻井深度7600米，采用锚泊定位。该平台20世纪80年代曾受雇于中美合营的中国南海里丁贝斯钻井公司在我国南海钻井，为南海油气田勘探做出过贡献。“Jim Cunningham”被中海油服收购之前，已在马来西亚停运两年，因设备陈旧，平台连起航都很困难。为尽快让这座平台早日投入运营，中海油服员工们起早摸黑、加班加点检修设备，最终在2012年的国庆之前完成了起航前的检修工作，实现了既定目标。平台运到国内后在蛇口友联船厂又进行了大修。为了使平台尽快投入使用，中海油服接船组人员和船厂人员起早贪黑、废寝忘食地工作，在短短2个月期间内，更换钢板重量超过1000吨，更换管线400多吨，修理机电150多套，涂装总面积11.6万平方米。2012年12月5日，平台完成升级改造，被命名为“南海八号”，随后正式投入使用，成为中国海油第8座半潜式钻井平台。"南海八号"目前运行状况良好，截至2014年5月已钻井10余口，成为中国海油深水钻井平台的主力之一。

"Richardson"最大作业水深1600米，最大钻井深度7600米，采用锚泊定位。该平台被购置回来之前长期处于停机闲置状态，设备的故障很多，平台上400多个阀门有近一半失灵，控制系统几乎无法工作。原船东Transocean公司曾经计划出资1亿美元、花费1年时间大修该平台，以恢复平台钻井能力，但后来经过仔细评估，认为维修平台费用高、风险大，最终选择将平台出售。

中海油服将平台购置回来后在蛇口友联船厂对其进行了大修改造。该平台结构复杂、设备多，维修工作量巨大，需要更换的钢板达500余吨、需涂装的面积超过15万平方米，天车补偿器、阻流压井管汇、防喷器行吊操作系统、直流可控硅控制系统以及锚机等设备均需要修理或更换。为了尽快使平台投入使用，工程技术人员充分发挥主观能动性，和船厂人员一起克服了重重困难，最终仅花费1.8亿元人民币、短短53天内就完成了近百项维修任务，优质高效地恢复了平台钻井作业能力，完成了外国人认为绝对不可能完成的任务，向公司交了一份满意的答卷。

在该平台维修改造过程中还创造了多个国内首次：国内首次成功完成钻机天车补偿器的改造工作，国内首次完成半潜式平台上六操作模式自动控制锚机的维修。此外，直流可控硅控制系统、阻流压井管汇等设备也均采用了国内产品，使半潜式钻井平台上此类设备首次实现国产化。

平台修复后被命名为"南海九号",成为中国海油的第9座半潜式钻井平台。"南海九号"投入钻井作业后一直运行良好，是国内1500米水深以内钻井作业的首选平台。

7.3.3 能力的飞跃——海外并购

海外并购也是中国海油发展海洋钻井装备的重要方式之一，通过海外并购专业公司，不仅可以直接获得装备，还可以实现走出海外，直接与国际接轨。中国海油收购Awilco Offshore ASA（简称AWO）公司，就是中国海油实现国际化的重要环节。

回顾中国海油的发展历史，"走出国门"一直是海油人的梦想。从中国海油成立之初,"请进来,走出去"就是中国海洋石油工业的发展思路。但在对外开放初期，一无资金、二无技术、三无人才的中国海油只能先实施"请进来"的战略,而把"走出去"的梦想埋在心底。

通过十多年对外合作，中国海油学习到了西方先进技术和管理理念，逐渐"兵强马壮”，竞争力大大增强。1993年，中国最大的海上自营油田绥中36-1油田建成投产，标志着中国海洋石油工业竞争力全面提升。与此同时，海油人“走出去”的梦想开始被提上议程。1993年，中国海油正式成立了海外发展部，在认真评价分析了数十个海外油气田收购项目的基础上，于1994年5月果断在印度尼西亚购买了阿科公司马六甲油田的32.58%股权，成为该合同区最大的股东，成功迈出了海外发展的第一步，自此中国海油拥有了第一个海外油田。

2004年,中国海油的决策者们首次把“走向海外”定为公司四大发展战略之一，并随后加快了行动步伐。

2005年，中国海油决定斥资185亿美元收购美国尤尼科公司，这个大手笔让世界对以中国海油为代表的中国企业刮目相看。虽然这桩原本双赢的跨国竞购最终因为美国政府因素而功败垂成，但以中国海油为代表的中国企业从此在世界市场上声名鹊起。

中海油服同步在大力推进向海外发展。2008年7月7日，中海油服宣布与挪威海上钻井承包商AWO公司达成协议，收购该公司的100%股权。9月22日完成对挪威AWO公司的整体并购，这是当时中国能源企业海外100%股权收购中价值最高也最具技术含量和战略意义的非油气资产收购。

AWO公司是一家在挪威上市的国际海上钻井承包商，主要从事海洋石油钻井业务，拥有现代化高规格的钻井平台和先进的海上钻井技术，业务范围已覆盖澳大利亚、挪威、越南、沙特阿拉伯和地中海五个国家和地区。当时AWO公司已有和在建的平台共13座，包括已经投入运营的5座自升式钻井平台及2座生活平台，并有3座自升式钻井平台和3座半潜式钻井平台正在建造中。收购AWO是符合中海油服国际化发展战略的理想选择。

收购AWO公司后，中海油服拥有的钻井平台总数达到36座（包括中海油服和AWO在建的钻井平台），使中海油服的海上钻井船队成为当时世界第八大钻井船队。

中海油服收购AWO公司意义非凡，不仅获得了先进的海洋钻井装备，而且对进军海外高端钻井市场、提升国际化管理水平都有重要推动作用。中海油服收购AWO获得的钻井平台均为高端平台，并且部分平台已在北海油田签订了服务合同，这些平台被收购后仍继续在北海油田进行钻井服务，从而使中海油服成功打入了欧洲的高端钻井市场。此外，收购AWO公司后，中海油服通过人力资源整合，还继承了AWO公司原有国际业务管理团队的丰富经验，在此基础上提升管理理念和管理方法，使国际业务管理能力和装备管理水平都有了长足的进步。

在多年的努力下，通过多措并举，目前中海油服已经拥有最大作业水深300~3000米的半潜式钻井平台作业船队，以及最大作业水深45~120米的自升式钻井平台作业船队，海洋钻井装备数量在国际市场上已排名第六。

从20世纪60年代土法上马的“驳船上的钻机”、“浮筒上的钻机”，到目前拥有了系列化、现代化的高水平海上移动钻井船队，特别是深水半潜式钻井平台“海洋石油981”的建成，使我国海洋石油钻井装备如虎添翼，深水油气资源勘探开发能力和大型海洋装备建造水平因此一举跨入世界先进行列。这是海油人执著探索，奋起直追，通过实干加巧干，用智慧和汗水树立起的一座不甘落后、挺进海洋的精神丰碑。

第八章
逐鹿海外——国际钻井市场的“CNOOC”

20世纪80年代，伴着改革开放的春风，中国海洋石油工业打开了对外开放的大门，这是一次急速的、来势凶猛的、猝不及防的撞击。管理、技术、装备、理念、素质，中国海洋石油工业面临一场全方位的挑战。从惶惑、茫然、不知所措，到警醒、奋起、激流勇进，对外开放激励着海油人，顶着汹涌的波涛，迎着难测的暗礁，艰苦而勇敢地向着更加广阔的海洋进军，向着中国海洋钻井装备国际化的方向快速前进。

80年代把国内闲置装备无奈干租装备到南洋，90年代受邀赴东洋边干边学，21世纪初按照国际惯例主动出击进入印度尼西亚，2006年"南海二号"在缅甸一炮打响，2007年创造模块钻机建造史上的奇迹让五星红旗在墨西哥湾上空飘扬，2008年收购AWO公司跻身国际高端钻井装备市场，2009年成立海外分公司在海外落地生根，中国海洋钻井装备舰队云旗高悬、号角阵阵、昂然前行，一步一个脚印地进入了强手如林的国际海洋钻井装备大舞台。

8.1 试水亚太——进入国际舞台

8.1.1 干租赴马初入国际市场

1985年，南海北部锚地，巍峨的"南海三号"自升式钻井平台静静地矗立在海面。这个曾经叱咤北部湾，先后为法国道达尔和日本出光石油公司提供过钻井服务的平台上没有了往日的机器轰鸣声和工人们热火朝天打井的身影。

此时，正是中国国内近海油气勘探开发的低谷，国际油价低迷使得一些外国石油公司纷纷退出中国，国内自营勘探也因地质条件复杂而徘徊不前。海上钻探作业量一落千丈，国内很多钻井平台都像"南海三号"一样静静地在港口锚地闲置。眼前的困境，让海油人不得不开始探索走出国门找生计的道路。

与南海西部钻井公司有过合作的法国富拉索尔（FORASOL）公司在这个关头带来了福音。他们提出要租用"南海三号"到马来西亚，为壳牌石油公司提供钻井服务。

"南海三号"作业人员闻讯欢呼雀跃，摩拳擦掌要大干一番，但随后传来的消息却让他们如同泄了气的皮球：法国人要求只干租"南海三号"，中方人员一个都不用，哪怕是最低一级的工作人员。仅仅将国内资产拿到国外运作，这在国内是史无前例的。而在改革开放之初，这无疑是一场中西方观念的巨大冲突和思想的强力碰撞。

中方人员与FORASOL公司进行了数月的艰苦谈判，希望我方人员能与"南海三号”同赴海外，但外方因不信任中方人员的技术水平而坚持不肯让步。最终中方只能与FORASOL公司签订了空船租约合同。“南海三号”在马来西亚的钻井作业一开始还比较顺利，但当钻第二口井时，钻遇浅层气发生了井喷。由于井喷失控，平台上燃起了熊熊大火，这个钢筋铁骨的大家伙彻底报废了。中方人员伤心不已，毕竟当时的中国还没有几座这样的平台。

不幸中的万幸，中方事先在合同中约定由承租方为平台购买全额保险，这也是改革开放后中国首例按照国际惯例运作并购买保险的钻井平台承租合同。因此，尽管平台被烧毁了，但是中方获得了保险公司2000多万美元的赔偿。1987年，中国海油抓住时机利用这笔宝贵的赔偿金，及时购置了“南海五号”。新购进的“南海五号”为后来中国南海新一轮海上勘探钻井作业做出了重要贡献。

总体上说，20世纪80年代仅有“南海三号”平台走出了国门，这是中国海洋钻井装备第一次进入国际市场。尽管平台上没有我们的作业人员，但毕竟我们迈出了“走出去”战略最艰难的第一步。正是这一步，为中国海油人打开了一扇了解世界的窗口，转变了我们的观念和思想，让我们的视线从中国近海延伸到了世界大洋。自此，中国海油人以更加坚定的信心沿着国际化的大道阔步前行。

8.1.2 湿租东洋干中学

20世纪90年代初，中国国内海上勘探作业的低谷还在延续，钻井工作量依旧不足，渤海湾同样也闲置了不少钻井平台。

正当大家为钻井平台四处奔走寻找市场时，日本的海上钻井市场传来消息，他们在日本海石狩湾发现了重大油气显示，急需钻井。但是，当时日本的钻井作业船大多在中东，动复员回国需要的时间长、费用高，而此时中国渤海湾有闲置的钻井平台。因此，1993年1月，JDC通过中日合资钻井公司，与渤海石油钻井公司签订了“渤海四号”赴日本石狩湾钻井作业的合同。

1994年5月，“渤海四号”从青岛拖往日本石狩湾，7月正式投入钻井作业。

相比“南海三号”，本次合同有一个明显的不同就是采用湿租合同，即平台上开始有中方人员了。这是一个历史性的突破，海油人终于开始随装备走出国门。但是，按照合同要求，钻井平台的电气师、轮机长、司钻等关键技术岗位仍由日方人员担任，中方人员仅承担一些低技术岗位工作。可以看出，外方对中方人员的技术能力还是不太信任。这也无可厚非，毕竟这是我们第一次出国服务，外方对我们了解甚少，而当时我们的钻井技术水平，特别是作业组织管理水平与世界水平相比，确实存在不小的差距。

差距，正是成长前进的动力。这些常规岗位的中方人员把这次远赴东洋作业看做是一次学习的良机。他们努力做到不仅要把工作干好，让外方了解我们的能力，更重要的是通过学习切实提高我们的技术和管理水平。

要做个好工人和好学生，也不是件容易的事情。与日方管理理念和程序上的差异、作业习惯不同及语言障碍，再加上部分日方人员带有歧视的态度等都给中方作业和服务带来诸多不便。于是，时任中方钻井代表严震雷和平台经理冯会友及时召开中方工作人员会议，提出要积极从四个方面入手，完成和日方的磨合：一是明确甲乙方关系，摆正自己的位置，无条件执行甲方的指令；二是严格遵守作息时间和作业制度；三是虚心学习日方人员的工作态度、工作方式；四是抓住一切机会，充分发挥聪明才智，要以精湛的技艺和顽强拼搏的精神取得日方的信任。

所有中方人员都认真学习并领会了这些要求，意识到身上所肩负的责任与使命。大家发自内心用行动严格遵守这四个要求，认真做好乙方，踏实做好学生，用百倍的精神投入到工作中。

很快，中方人员凭借出色的能力和实实在在的努力取得了日方的信任，日方开始逐渐将司钻等关键岗位派给中方人员担任。经过90天的海上艰苦奋战，"渤海四号"比原计划提前30天完成了钻井作业任务，中方作业人员获得了甲方和各合作方的一致好评。于是1995年5月，当日方需要在秋田海域钻一口5000米深的取心资料井时，再次选择了中国海油，JDC与中方签订了"渤海十二号"作业合同。

"渤海十二号"在日本海域作业期间，中方人员严格执行作业合同要求，紧密配合甲方工作，经过6个多月的奋战，最终安全、优质完成了作业，并创下了当时北方钻井公司下套管（244毫米）最深的纪录。"渤海十二号"的优异表现受到了日方以及合作伙伴的高度评价，荣获了JDC颁发的"十万人小时安全无事故"奖牌，而且JAPEX的报社记者还针对"渤海十二号"的安全管理进行了专题采访报道，这也是中国海上钻井队第一次获得国外石油公司如此高的赞誉。

这次出国，海油人切身体会了日方人员严谨的工作态度、一丝不苟的工作方式，以及国际化的规范管理模式，而这些正是我们所欠缺的。这次东征日本海，也让海油人不但收获了国际信任和赞誉，更重要的是提高了技术和管理水平、进一步开阔了眼界、学习了国际市场的惯例和规则。同时，海油人也清醒地认识到，走向国际市场不仅仅是技术水平、管理水平的国际化，更重要的是观念的国际化。

8.1.3 主动出击拓印度尼西亚

进入21世纪，中国海洋石油事业驶入快车道，钻井作业量与日俱增、钻井装备数量和质量不断提升。为了更好地服务我国近海油气勘探开发，并在国际钻井市场竞争中占有一席之地，中国海油对海上钻井服务力量进行了整合。2001年，中国海油实施“五合一”战略，对原有测井、钻井、技术服务、船舶等五家公司进行优势整合，成立了中海油服，组建拓展了多个业务板块，自此中国海油有了更多的资本和更强的能力“走出去”。但当时的国内钻井市场需求不饱满，一些钻井平台资源处于闲置状态，如自升式钻井平台的平均利用率只有75%左右，“渤海九号”和“渤海四号”等钻井平台只能在锚地驻泊。

怎么办？中海油服没有坐等订单，而是主动出击，积极到国际市场寻求钻井合同。2001年10月，中海油服与尼日利亚艾姆尼（AMNI）石油公司签订海上石油钻探合同。“渤海九号”作为中海油服国际化战略的“急先锋”，以3.7万美元的日租金第一个被派往尼日利亚几内亚湾海域进行作业。这是中海油服成立后取得并实施的第一个海外钻井服务项目，也是中海油服成立后首次以独立承包商的身份进军国际钻井市场。按照作业合同，中方提供了从人员到装备再到拖航的“一条龙”服务，整个平台全部钻井作业均由中方负责。在海外一年多的作业时间里，喜忧参半，有收获也有教训，经历了有作业合同的喜悦，也饱尝了合同中断四处求人的艰辛，使中海油服懂得了客户资信的重要性，同时积累了大量的海外作业经验，培养了一批优秀的国际化人才。

“渤海九号”赴尼日利亚作业后，“渤海四号”也将目光投向了国际市场，多次参与国际投标，但效果却一直不尽如人意。

转机出现于2002年。中国海洋石油有限公司收购了西班牙雷普索尔（YPF）公司在印尼的五大油田的部分权益，为中国的钻井装备提供了出国钻井作业服务的良机，也为后来国产海洋修井机进入印尼市场提供了契机。时任东南亚公司总经理的杨华对前来雅加达的中海油服执行副总裁金晓剑说：“印尼是个好地方，但现在海油只有两个人，对中海油服钻井平台进入印尼，一是坚决支持，二靠真本事。什么是真本事？要看得清机遇。金融危机把印尼的经济、政治折腾到了极限，‘雅加达骚乱’、‘巴厘岛大爆炸’把社会秩序推到了边缘，印尼亟待恢复经济秩序和稳定。这对于第一次作为印尼最大海上石油生产商的中海油服而言无疑是一次千载难逢的机会。按国际标准办事，按国际商业规则办事，有竞争力的价格和积累的国际运作经验便是中国海油的‘真本事’。要靠自身的‘硬’来进入国际市场。”为此，中海油服抢抓机遇，针对印尼油田需要的钻井作业服务工作进行投标。

为了在严酷竞争中脱颖而出，中海油服全体总动员，以钱立强为首的市场团队和以曹树杰为首的技术团队，提前做了大量的准备工作，对东南亚金融危机做了全面的分析，深入了解当地的法律和宗教环境、管理模式、人员特点、油田状况等具体情况，确保投标符合要求。在拿到正式服务合同之前，中海油服东南亚公司运用特殊用船规则，争取到了三个月临时服务的机会，中海油服在临时作业过程中，给印尼方留下了良好的作业记录和优质服务的印象。最终，中海油服一举击败美国的Transocean、Diamond Offshore等著名钻井服务公司，顺利获得了印尼油田的海上钻井作业合同。中海油服在傅成玉、袁光宇的领导下，立即成立了分别以金晓剑、吴孟飞、陈卫东为组长的国际法律工作小组、国际财物工作小组和国际管理工作小组，完全按照国际跨国服务公司的运作模式全面推进法律、资金体系的运行。

2002年8月，“渤海四号”以“湿拖”的方式驶离大连，驶向位于爪哇岛东部泗水海峡的井位，成为中海油服第二个出国征战的钻井平台。10月8日，“渤海四号”顺利开钻。

“渤海四号”平台在印尼作业期间，平台上低级岗位雇用的是印尼本地人员，高级岗位人员为中方人员，合同与付款模式也完全按照国际惯例执行。这是中海油服第一次完全按照国际惯例投标、中标和签订、履行合同。

在随后的几年中，“渤海四号”克服了远离本土作战、作业人员本地化、当地人文地理差异以及常年高温炎热等因素带来的困难，出色完成了海外钻井作业任务，其作业效率之高在印尼海上油田前所未有，得到了作业者多次嘉奖，在当地的钻井市场建立了很好的信誉，迅速提高了中海油服在国际上的知名度。值得一提的是，在印尼海上油田作业中，通常作业装备每年的维修费用占到了总支出成本的三分之一，作业成本非常高。为了节约综合作业成本，以“渤海四号”中标钻井合同为契机，2003年春节，中海油服技术团队建议将模块化修井机、固井、下套管等9个服务合同打包成综合服务合同标，可以大大降低了海上钻井综合作业费用，这得到了作业者和印尼政府的肯定，一举夺得此标，也为中海油服取得向印尼出口包括4台国产修井机在内的综合合同项目奠定了基础。“渤海四号”综合服务合同的成功实施，标志着中国海油钻井服务业务具备了承担国际油田服务的能力，中国海油在国际合作中的话语权和影响力也随之得到迅速提升。

8.1.4 进入澳大利亚高端市场

21世纪初，国内海上钻井作业量不饱满，浅水半潜式钻井平台利用率仅有50%，走出国门为这些平台寻找市场成为当务之急。而同期国际上已建造了大量的深水半潜式钻井平台，这使得国内浅水半潜式钻井平台要寻找机会走出国门难上加难。但这并不能难倒坚韧勇敢的海油人。

通过深入调研及分析，中海油服决定利用世界著名钻井承包商马斯基的品牌来打开国际市场。马斯基在20世纪90年代即进入了中国市场，与中方建立了合作互助的关系，长期在南海进行钻井作业，为中方提供了高质量钻井服务，也为中方培养了几批国际化钻井人才。当国内半潜式钻井平台闲置而马斯基又缺少浅水半潜式钻井平台时，双方在互惠互利的基础上，决定采用联合投标的方式，即中方出船，马斯基公司出管理人员，一起进军国际市场。

打开这个市场的拳头利器就是半潜式钻井平台“南海六号”。

2005年，中海油服联合马斯基公司以“南海六号”竞标澳大利亚伍德赛德能源有限公司的海上钻井作业合同。对于第一次进入国际高端钻井市场的中海油服来说，这是一场史无前例的考验。众所周知，澳大利亚伍德公司的标准被公认为对钻井承包商的全球最高考核标准之一，对于第一次参与投标的中方来讲，可谓挑战重重。尤其让人头疼的是，澳大利亚对石棉的使用要求极为严格，而恰恰“南海六号”平台上的管线使用了大量的防火石棉材料进行保温。中方人员严格按承包合同要求，想方设法解决这个难题，最后采取全封闭处理的方法对石棉保温包裹层给予安全防护，同时给出清晰的安全标志。除此之外，还聘请了由甲方指定的机构撰写相关安全规范。通过采取多重措施，圆满解决了这个难题，达到了澳方的“考核”要求。

最终，“南海六号”获得澳大利亚伍德赛德能源有限公司为期一年的海上钻井作业服务合同，日租金约11万美元，合同价值4000万美元。同时还获得一份附加合同条款，即作业达2年以后将平台作业水深改造成1000米，日租金涨到20多万美元。

2006年，“南海六号”顺利进入澳大利亚作业。这是一次具有重大意义的出国作业合同。因为这是中海油服在南太平洋石油钻井作业市场的突破，通过此次海上钻井作业，大幅提高了中方人员的能力和水平，尤其是在国际高端钻井市场的工作经验和素养，为中国海洋石油人迈进国际市场积累了弥足珍贵的经验。

8.1.5 海上铁军傲南洋

2005年国庆节，金晓剑带队的中海油服技术团队和商务小组经过艰苦谈判终于与韩国大宇公司签订了“南海二号”租赁合同。打开孟加拉湾市场之门的钥匙落到了中海油服的手上，新的市场挑战等待着“南海二号”。

2005年11月24日，南海，橘红如火的“南海二号”缓缓移动，迈出了她国际化的第一步，远征缅甸。

也许一些人对“南海二号”并不熟悉，但她当时的领军人，相信很多人都知道，他就是享誉中国海油的"海上铁人"、全国劳动模范郝振山。

海上铁人，仅凭这四个字就知道这个铮铮男儿与海共舞的惊心动魄，仅凭这四个字就知道这支刚毅的钻井队伍一路走来所经历的千锤百炼，而此次出征缅甸正是这支铁军的新起点，此时郝振山刚刚接任"南海二号"平台经理四个月。

站在新起点迎接他和他的团队的不是鲜花和掌声，而是不信任，甚至不屑。因为外方作业者这次给"南海二号"的是"1+1+1"合同，也就是说，第一口井干得好再给第二口井的任务，第二口井干成功再给第三口井，潜台词就是试试看再说！而与此同时,他们给在同一海域作业的另一条外国钻井平台的合同则是"3+2"，而且租金也比"南海二号"高出很多。

这明摆着是对"南海二号"的实力不信任。尽管心里不服气，但郝振山和他的队伍明白，"南海二号"只能用实际行动证明自己，用业绩赢得平等待遇。

2006年初，历时21天的海上奔波，"南海二号"抵达孟加拉湾，但等待他们的却是一个"太上皇"，甲方特意请来了加拿大人比尔担任作业总监，原因只有一个，那就是对"南海二号"的作业管理能力不信任！

原本有些顶牛的"南海二号"众将士们此时反倒冷静了下来，因为他们知道见证实力的时刻到来了,容不得半点马虎。大家按照合同要求和总监的安排，按部就班、一丝不苟地开始钻井作业。但坚决地执行并不代表他们放弃自己的思考。

一天，比尔把一份作业方案交给郝振山执行。郝振山仔细看后发现作业程序存在问题，如果照此执行，很可能导致钻井作业中断。于是，他找到比尔商量调整修改作业方案。但这位60多岁的加拿大人把头摇得跟拨浪鼓似的，就说了一个字"No"。

没有办法的郝振山只好硬着头皮按照这个作业方案进行钻井。刚钻到一半，果然如他所料，井下作业出了问题。那个意志坚决的比尔这时也慌了神。要知道，海上钻井的成本每小时上万美元，钻井中断不但会造成巨大的经济损失，更可能带来更为严重的安全风险。

就在比尔一筹莫展之时，郝振山把几页纸交到他手上。比尔拿过来快速瞄了起来，烦躁的表情还没来得及褪去，眼神中便充满了惊喜和感激。原来，郝振山早已准备好了应急方案。现场立即按照这份应急作业方案实施，钻井作业很快恢复了正常。比尔心服口服地称赞："中国人，好样的！"从此，郝振山就有了另一个头衔——比尔的"技术顾问"。

2006年2月22日，一束橘红色的火焰从钻井平台高耸的燃烧臂中喷射而出，霎时照亮了孟加拉湾漆黑的夜空和海面。"南海二号"打出了缅甸第一口海上高产气井。他们一鼓作气，紧接着所打的两口井也获得高产油气流。缅甸油气工业的历史由此改写!

当时的缅甸能源部长在视察平台时说 :“我看‘南海二号’的‘2’应该改成‘1’，你们就是孟加拉湾的No.1！”因为在这次海外钻井中的突出贡献，“南海二号”的图片和简介被收藏进缅甸国家历史博物馆。

而在附近作业的那座外国钻井平台，因为管理不善接连打出两口废井，被解除合同，退出了竞争。外方作业者拿着那座外国钻井平台执行不下去的合同找上门来，而且还主动给“南海二号”涨“工资”，日租金从每天7万美元涨到15万美元，后来又涨到了20万美元。

在缅甸一炮打响后，印尼的钻井合同也主动送上门来，于是，“南海二号”再接再厉，转战印尼。这一战从缅甸到印尼，连续作业长达17个月，其中，2006年作业天数达360天，共钻井12口、试油4口，创下了无人员伤亡事故、无人为操作引发的设备事故、无海洋污染投诉、无综合治理问题的“四无”纪录。这支100多人的职工队伍，实现年产值3.6亿元，创造了当时我国海上钻井平台日费率和年收入历史最高等多项纪录。

2008年，“南海二号”凭借首次海外作业的出色表现，被缅甸直接点名再次合作，为公司赢得了第一个海外一体化服务合同。这次，中国海油派出的是一支包括钻井、固井、测井、录井等多工种的整装队伍，敲开了国际油田一体化服务市场的大门。目的地还是缅甸，而此时的“南海二号”已经有了一个别名，那就是“中国的海上钻井铁军”。“南海二号”再次征战孟加拉湾，以其良好的装备能力和优质的作业服务，仅用62天就圆满完成缅甸M10区块3口探井的作业任务，开创了中国海油国际化道路上整体作战的先河，再次提升了中国海洋钻井装备和作业队伍在国际上的声誉和价值。

8.1.6 批售装备到印度尼西亚

21世纪初，印度尼西亚国内石油工业长期依赖国外装备和服务，在金融危机和“巴厘岛大爆炸”后，大量西方公司撤离，造成印尼的技术力量出现真空，油气生产严重依赖外国资本的投入。美国等西方国家进入印尼海上油气开采领域较早，其生产的海上钻采设备占据了印尼大部分市场，但是这些设备多为20世纪80~90年代生产的设备，设施比较陈旧。美国GeoRig公司对印尼市场的调研报告显示，印尼市场93%的海上钻修井设备生产时间均在2005年以前，大多是柴油动力机械驱动的。这些先期进入印尼市场的西方设备，基本都面临较大的改造与设备配套工作。

2001年，印尼政府颁布的《石油天然气第22号法令》结束了国家石油公司Pertamina在油气经营中的垄断地位。紧接着2002年11月，第六次“中国-东盟”领导人会议在柬埔寨首都金边举行，时任中国总理朱镕基和东盟10国领导人签署了《中国与东盟全面经济合作框架协议》，这标志着“中国-东盟”建立自由贸易区的进程正式启动。乘着自贸区的春风，中国海油于2002年顺势收购了西班牙雷普索尔（YPF）公司在印尼的五大油田部分权益。

然而，所收购的苏门答腊老油田仅靠几台老式修井机维持海上生产，这些修井机使用年限已超过25年，十分陈旧，存在较大的安全风险。为保证海上油气生产安全，2005年，业主以“设备+修井服务”的9项服务综合包公开招标，以实现修井机的更新换代。中海油服与二机厂合作，成立了由喻贵民、尹永晶分别担任甲方项目经理和建造方项目经理的项目组，并凭借技术先进、价格合理的产品和服务一举中标该项目。这是一项修井综合合同项目，合同总金额9863万美元，合同期限为5年。合同中明确，由二机厂负责为苏门答腊油田设计建造4座可快速搬迁轻型海洋修井机。中标只是迈出了第一步，造出符合国际规范的装备、被印尼国家认证机构认可才是关键。

一场“攻坚战”迅即展开。根据总体方案要求，要在海上不同油田和平台之间利用拖轮对海洋修井机进行搬迁。由于拖轮上的吊机吨位小，修井机要能够快速拆卸、搬迁和安装，这成为项目组面临的难点和挑战。项目组不畏困难，群策群力，攻坚克难，大胆创新。为了满足小吨位吊装需求，首先对修井装备系统进行合理的模块划分，确保连接简单。其次，他们应用有限元和CAD等软件优化结构设计，最大限度实现修井机设备的轻量化。同时，选用高强度低碳合金钢，完善优化焊接工艺，不仅大大减轻了零部件重量，而且提高了装备的可靠性。项目组还采用了“V”形块加销轴快速拆装技术，确保快速对中，连接方便可靠。最终这套小模块可快速拆装修井机及其搬迁方案，得到了印尼海上油田作业者的一致首肯。时任二机厂董事长的杨汉立在胜利交付产品后感慨地说：“中国海油把我们带到了一个崭新的境界！泪水、汗水、脱掉几层皮都不重要了，因为我们走到了一个新的高度！”

中国制造的4座模块化修井机HXJ135B出口印尼的消息引起了轰动。这是中国国产小模块化海洋修井装备首次在国际市场亮相，实现了国产海洋钻修井装备的批量出口，开启了中国海洋钻修井装备批售的先河。在随后几年中，中国制造钻采设备不断涌入印尼，占据的比例逐年增加，并大有后来者居上之势。

中国海洋石油工业在诞生之日就被深深刻上国际化的烙印，这也注定了她不曾退缩的国际化步伐。从干租装备出国到提供综合服务，从仅从事低岗位工作到占据关键岗位，从一体化服务到钻修机的批量出售，一路艰辛一路干，一路拼搏一路学，逐渐在国际市场崭露头角。正是这种坚定的国际化信念，书写了中国海洋钻井装备进军国际的奇迹。而这种国际化信念，将不断谱写中国海油新的篇章。

8.2 远征拉美——墨西哥湾红旗飘

2007年1月12日，江苏南通，一艘载着巨大模块钻机的驳船缓缓驶出港口，驶向大洋彼岸，它的目的地是世界海上油气工业发源地——号称“海上石油金三角”之一的墨西哥湾。

这是中国自主设计建造、具有完全自主知识产权的海洋7000米模块钻机，这是中国企业第一次走出国门总包国外模块钻机建造项目，也是中国海洋石油人历经二十多年国际化探索的一朝喷发。

8.2.1 精心竞标赢对手

墨西哥的石油工业并没有全面对外开放，对服务公司的要求近乎苛刻。中海油服在几年的合作中与墨西哥石油界建立了良好的关系。

2006年，墨西哥国家石油公司（PEMEX）对外公开招标要总包建造四座海洋模块钻机。这个消息立即吸引了多家国际公司参与竞标，中海油服也不甘示弱，积极加入竞标的行列。因为他们深知，墨西哥湾是世界上海上油气勘探、开发最活跃的地区，一旦中标，就可以打开进军拉美市场的大门，就在世界海上钻井顶级装备市场占有了一席之地，这将大大加快中国海洋石油钻井装备国际化的步伐。

但该项目工期非常紧张，要求在一年内完成四座海洋模块钻机的设计建造工作。而按照常规的工程进度，建造这样四座模块钻机至少需要两年的时间。不过，中海油服有自己的底气和信心。因为他们一年前刚成功完成渤海油田南堡35-2平台模块钻机的总包建造，通过该项目实践，不仅突破了海洋模块钻机的关键设计技术，还打造了一支具有较高水平及丰富经验的模块钻机设计和建造队伍。同时，他们也与国内建造单位有良好合作关系，能够高效利用国内优质资源。

为了成功获得合同，中海油服钻井事业部早早就为墨西哥湾海洋模块钻机一体化服务开始了“战前准备”。他们先后两次深入墨西哥石油公司所在的海域，对PEMEX管理标准、作业习惯、岸基资源等进行全面了解和分析，并详细了解了墨西哥湾海上导管架平台结构、平台组块布置特点，从现场勘查、资源评估、方案设计等方面精心准备，花费近4个月时间完成所有投标文件编制和准备工作。同时，中海油服还为此次竞标增加了竞标砝码，在投标时采取了联合投标的策略，联合了国际上知名公司GOIMA一起投标。该公司不仅在国际上具有很高的知名度，而且在海洋工程建造方面也具有丰富的经验和突出的业绩，这种联合竞标可以特长互补，发挥最大协同优势。

由于策略得当，准备充分，中海油服最终在国际公开竞标中一举击败包括诺布尔钻井（NOBLE）、内伯斯钻井（NABORS）、国民油井华高（NOV）等在内的4家国际强有力的竞争对手，顺利取得了墨西哥PEMEX公司四座钻井能力7000米的海洋模块钻机的建造合同。按照合同规定，中海油服将负责投资建造四座海洋模块钻机，并负责钻机的运输、安装及调试。这四套模块钻机为自给式，每套钻机不仅包含常规的钻井装置，还包含一个64人生活楼及2台45吨的吊机。更难能可贵的是，带着这四座自主设计建造的海洋模块钻机，中海油服还获得了为期3年的墨西哥湾海上油田钻井一体化服务合同，第一次真正实现了从“借船出海”到“造船出海”的跨越。

8.2.2 兵分三路抢时间

在国际招标中击败对手仅仅是踏出成功的第一步，如何很好地履行合同是接下来工作的重中之重。

中标之后，时任项目总经理的车永刚带领工程技术人员立即着手项目前期准备工作。大家清醒地意识到项目的关键点是“项目计划”的实施，在时间紧、任务重的情况下，成功履行合同的重要突破口就是抢时间，为此中海油服迅速展开工作部署，在公司层面上成立了以时任中海油服副总裁李迅科为组长的项目领导小组，而PEMEX模块钻机建造项目组就在刚刚优质圆满完成南堡35-2模块钻机建造项目组的基础上扩充成立。

项目组成立之后，立刻兵分三路开展工作。第一路是设计人员，他们尚未从南堡35-2模块钻机设计建造的征程中脱下战袍就立即开赴墨西哥湾实地调研、搜集相关设计使用的原始资料，分析潜在风险，制定应对措施，并指定专人负责重要风险项目的控制实施，特别是加强对项目的关键资源如驳船、吊机以及当地的检验机构等的落实和把控。第二路是建造人员，他们将工作重点放在综合评估国内建造资源上，以便有效规避由于时间紧迫带来的延期风险。第三路是采办人员，他们对海洋模块钻机结构建造所需的大宗钢材进行备料分析，同时对库存设备利用进行可行性研究，及早防备长线设备供货带来的风险。

通过3个月紧张而有序的前期筹划，2006年5月，模块钻机设计建造工作顺利启动。各路人员分头行动，齐头并进，一场与时间的赛跑拉开大幕。为了抢时间，在项目执行过程中，项目组成员打破常规的“串联型”工作思路，采取“边设计、边采办、边建造”的“并联型”工作模式，把“一段时间内干一件事”改为“一段时间内干多件事”，以空间换时间。同时建立“立体化项目管理”模式，尽量减少界面，实行项目全过程无缝隙管理，而且提前安排作业队伍介入到工程建造中，熟悉装备和流程，参与调试，大大缩短了人机磨合耗时，使后期操作人员能更加轻松自如地融入到所要使用的装备之中。

8.2.3 国产设备显身手

海洋模块钻机的建造，涉及机械、电气、仪表、材料等多个专业，以往很多关键设备和材料都需要进口。但是在这次PEMEX四座海洋模块钻机的建造中，中海油服大力推广使用符合国际标准的国产设备，国产设备的应用率得到大幅度提升。

在设备采办初期，项目组同时对国产设备和进口设备进行了比选，经过认真调研分析后认为，进口设备价格高、供货周期长，存在交货延迟等风险，而国产设备不仅价格较低、交货期短，更重要的是其质量并不低于进口设备，一些功能设计优化、质量控制良好的海洋钻机设备已达到国际先进水平，完全可以用在PEMEX项目中。而且，为了确保PEMEX四座海洋模块钻机设备质量，项目组对各类设备招标工作一如既往从严要求、严格评审。最终，PEMEX四座海洋模块钻机的主要设备包括钻井绞车、泥浆泵、井架、天车、游车、转盘等，均由宝石厂制造，仅有平台吊机和主柴油机是进口的，整套钻机的国产化率达到了92%。

后期使用效果证明，PEMEX海洋模块钻机使用中国制造的设备不但能够很好满足项目的要求，而且某些装备性能甚至优于进口设备。

国内第一次自主设计建造并出口的海洋模块钻机大幅采用国产设备，一方面显示出国产设备生产制造能力已经接近、达到甚至某些性能已经超过国际标准，另一方面也有力带动了相关产业的发展。同时，海洋模块钻机采用国产设备后大大降低了建造成本，在国际市场中投标价格具有较强的优势，同时也保障了建造时间，从而大大提升了国产海洋模块钻机的国际竞争力。

8.2.4 通力协作创佳绩

在设计建造过程中，项目组打破常规、整合资源，利用其对核心技术的掌握及资源的控制优势，优化海洋模块钻机设计建造工作流程。而在结构建造方面，项目组整合国内优势资源，由精心挑选的承包商按照项目技术要求来完成建造，然后由中海油服集成并开展系统调试，实现作业目标。为了加快建造进度，中海油服大胆采取“以人力换时间”的策略，联合了巨涛海洋石油服务有限公司、惠生（南通）重工有限公司、天津三联海洋工程有限公司等共同开展PEMEX海洋模块钻机的建造工作。

在与各承包商合作过程中，项目组放下甲方“架子”，做起乙方的“服务方”，对承包商的工作给予充分关注和理解。更重要的是，在承包商遇到困难时，项目组积极帮助协调沟通，共同解决问题。这使得承包商既能按时保质地完成工作任务，同时受到项目组的感染和激励，也对中国海油企业文化产生了认同感，主动以“我们必须做得更好”为己任，精心做好每件事。

另外，为了发挥“1+1 > 2”的协同优势，项目组从一开始就根据承包商各自擅长的特点，按照专业先后及其占用时间和权重，优化现场工作流程，进一步发挥经验丰富的承包商承担“火车头”牵引作用。“共担风险，共享阳光”的互赢互利合作理念，不仅体现在业主与承包商的关系上，同时也体现在承包商之间的相互协助与支持。这种心往一处想、劲往一处使的工作氛围，大大加速了四座PEMEX海洋模块钻机的设计建造进程。

在建造过程中，为了能够满足墨西哥湾海上钻井作业要求，无论材料、工艺、检验还是标志、安全环保等均按照国际API标准执行。项目组及承包商对所有程序的要求并未因赶工而有丝毫松懈，相反，他们时刻将项目质量要求挂在心上、写在备忘录中，并严格执行在行动中，最终确保了模块钻机建造的高质量。

2006年11月下旬，PEMEX专家组到南通视察建造现场，其钻井部副总裁Ricardo先生由衷感慨：“我对中海油服模块钻机项目组的勤劳、敬业、进取精神和专业、优秀的管理水平表示由衷的钦佩，这是我十年以来见过最壮观、最成功、最传奇的模块钻机建造项目。整个项目管理非常出色，如果打分的话，我将给满分。”

在项目组精心筹划、严格管理以及各承包商的共同努力配合下，PEMEX四座海洋模块钻机中的首座模块钻机“COSL4”号，从详细设计开始到完成建造装船准备运输，历时仅7个月，比常规模块钻机节约了一半时间，而且在此期间另外三台模块钻机的陆上调试工作也同期完成了大半，创造了模块钻机建造史上的一个奇迹。

能够创造这样一个建造奇迹，主要得益于在中海油服统一高效的“立体化”管理下，积极统筹国内优质海洋工程建造资源，多方齐心协力、齐头并进，再加上有针对性地采用了特殊的建造策略，以空间换时间，以人员换时间，从而在很短的时间内就拿下了PEMEX海洋模块钻机的建造攻坚战。

8.2.5 墨西哥湾红旗飘

2007年1月12日，装载着第一座模块钻机“COSL4”的运输驳船从江苏南通起航，开始了它通往墨西哥湾的航程。承载着中国海洋石油人国际化梦想的国产海洋模块钻机第一次走出国门，走向遥远而令人神往的海上石油圣殿。从学习者到跟随者，从并行者再到领先者，中国海油实现了从“借船出海”到“造船出海”的夙愿。

眺望渐渐远去的搭载着“COSL4”的驳船，中国海油的工程技术人员无不自豪地说：“我们不仅要在墨西哥湾插上第一面中国红旗，还要把五星红旗插遍拉美石油国家”。

是的，他们正在向着理想迈进。

2007年5月开始，PEMEX四座海洋模块钻机陆续在墨西哥湾安装调试完毕，正式投入运行。高高矗立在距卡门城海岸90海里的墨西哥湾海面的平台上中国国旗迎风飘扬，中海油服的钻井作业人员借助国内自主设计建造的海洋模块钻机，在异国海上平台上进行钻井作业，从此中国海油正式进入墨西哥湾这个世界上最活跃的海上油气勘探开发区域。

该项目的成功实施受到国内外同行的一致好评，被誉为“创造了优质快速完成此类建造工程的世界奇迹”的项目。中央电视台新闻联播评论认为，这个项目“集中体现了中国海油海洋模块钻机设计建造较高的专业技术水平和项目集成管理能力，更是中国企业首次出现在墨西哥湾，提升了中国海油在海外工程中的影响力。”

2008年，墨西哥国家石油公司成立70周年庆典隆重举行，将安装有中国制造的海洋模块钻机的作业平台作为庆祝热点之一，这无疑是对中国设计建造的海洋模块钻机的极大肯定！

如今中海油服建造的海洋模块钻机已在墨西哥湾海域服役7年，完成了与PEMEX的多份作业合同，服务能力得到了客户的充分认可与肯定，在该地区的评比中也多次名列前茅，树立了良好的口碑和国际品牌，这标志着我国海洋钻机系统集成技术和质量达到国际水平。

以海洋模块钻机为起点，中海油服的钻井服务和固井业务也顺利进入当地市场，并不断尝试通过参与国际招标方式将包括自升式平台在内的其他业务和服务带入该地区。目前中海油服在这一区域共运营四座海洋模块钻机与两座自升式钻井平台。另外还有一套正在该海域进行调试的钻井深度为7620米（25 000英尺）的海洋模块钻机和一座自升式钻井平台即将投放至该市场。墨西哥湾区域成为中海油服重要的海外市场之一。

中海油服凭借过硬的技术和优质的服务一炮打响，成功打入拉美国际市场，实现了我国海洋模块钻机出口海外零的突破，不仅扩大了中国海洋模块钻机行业在国际上的影响，也是一次国产设备能力的大检验，增加了国内各企业在国际上竞争的经验，大幅提升了国内海洋模块钻机行业相关企业的信心，带动整个行业在国际化的大道上昂首阔步，勇往直前。

8.3 "落地生根"——在三大国际运作框架下变身

8.3.1 蓄势待发

自1985年"南海三号"干租到马来西亚，到21世纪初，中国海洋石油钻井装备已经在海外闯荡20余年。20年来，我们的海上大军，赴东洋、拓印尼、跻澳洲、征战拉美、进军中东、立足北海，历经千辛万苦，饱尝冷眼轻视，但志在四海的中国海洋石油人，没有退缩，没有抱怨。他们放平心态，边干边学、边学边干，用百倍的汗水和努力，迎接大海的考验，追赶世界的步伐，终于在国际海洋钻井装备领域崭露锋芒。

回顾我国海洋钻井装备发展的历史，从新中国成立初期的一无所有，到20世纪70年代初的低水平自建，到70年代末至90年代的重金购置，再到21世纪初的自主设计建造，如今已逐步进入国际化轨道，但也应清醒地认识到，截至目前，中国先后出国到海外进行钻井服务的移动式钻井平台总数只有6座，合同类型也零散单一。而美国占据世界钻井平台的半壁江山，仅Transocean公司就拥有世界上约三分之一的钻井平台，且世界各著名钻井公司的作业合同也大多是持续的。因此，我们还有很大的提升空间。如何能够在国际钻井装备领域脱颖而出，如何快速、大幅提升中国海洋钻井装备的实力，成为21世纪初中国海上石油人的理想。

作为中国最大的海上油田服务商，中海油服一直在紧锣密鼓地积极开展海外并购，以便快速提升海洋钻井装备，特别是深水钻井装备的能力，并通过在海外成立合营公司跻身强手如林的国际市场。

为此，中海油服对国际钻井市场及国外服务公司进行了大量调研，对国外公司钻井装备能力等进行了评估分析，为收购工作打下了坚实的基础。

万事俱备的中海油服，在等待着那阵吹开收购大门的“东风”。

8.3.2 “扎根”欧洲

21世纪初，随着国民经济建设对石油需求的不断增加，中国海油一方面努力加大国内海上油气田开发，另一方面在海外战略指导下，通过资产并购和风险勘探并举，加快了“走出去”的步伐。

2007年，中海油服曾试图收购俄罗斯OAO TNK-BP（TNBP.RS）旗下石油服务子公司STU的控股权，因遭遇俄罗斯政府阻挠而失败。但中海油服并没有因为一次挫折就放弃。2008年，中海油服将目光瞄准了挪威的一家海上钻井服务公司AWO。

中海油服通过充分调研和详细分析后认为，通过收购AWO公司不但可以显著改善现有钻井平台平均船龄、优化公司资产结构，而且可以大大提高中海油服的国际化程度和影响力。

2008年7月7日，中海油服以127亿挪威克朗（约24.9亿美元）的价格收购了AWO公司。这是中国公司全额收购欧洲公司交易额最大的收购项目，也是最具技术含量和战略意义的海外并购案。并购完成后，中海油服钻井平台数量在国际海洋钻井市场上的排名从当时的第10位上升至第8位，钻井船队的船龄结构得到了有效改善，最大作业水深也从1500英尺上升到2500英尺，大大提高了深海作业能力。

通过本次收购，中海油服直接获得AWO公司已经建造完成的钻井平台，节约了3~4年的钻井平台建设时间。并且，中海油服承接了AWO公司原有的海上钻井服务合同，加强和巩固了现有的海外市场，顺利进入了挪威、中东、澳大利亚和东南亚等海外高端市场，并使诸如英国BP等国际石油公司成为了公司的客户，在亚太海域完成了战略布局，经济效益十分显著。

除此之外，中海油服通过成功收购AWO公司获得了可直接投入国际钻井服务市场的人力资源、管理资源、市场资源以及国际管理团队的丰富经验。

在收购AWO公司的基础上，中海油服成立了全资子公司中海油服欧洲钻井公司（COSL Drilling Europe，简称CDE）。经过充分的融合和吸收，CDE凭借一流的组织架构、管理系统、高端深水装备以及高素质的船员，很快获得了挪威石油安全管理局（PSA）颁发的Acknowledgement of Compliance（AOC）证书，取得在挪威海域作业的资格。这也是中海油服收购AWO公司后整合工作的重大成果。

截至2014年10月，CDE公司共有两座生活平台及三座半潜式钻井平台在挪威北海海域作业，成为该区域较大的油田服务供应商。CDE公司凭借一流的装备、良好的管理、优秀的员工和出色的服务，在挪威北海钻井市场上树立了良好的口碑，占据了一席之地。

中海油服通过收购AWO公司得以“扎根”欧洲，其作业覆盖能力随之大幅提升，这大大加快了中海油服进军国际海洋钻井市场的步伐，也为中海油服进军深海领域打下了良好基础。

8.3.3 “落地”南洋

2008年，中海油服以收购AWO公司为契机成功组建了CDE公司，扎根北欧，大大鼓舞了中国海洋石油人的士气。但因当时中海油服收购AWO公司时间不长，国际运营管理经验不足，收购后获得的钻井平台仍然由AWO公司在美国成立的PD公司（Premium Drilling，简称PD公司）负责运营。到2009年3月，PD公司的高管却向中海油服提出了工资、待遇等方面更为苛刻的条件和要求。

中海油服经过慎重分析研究后决定拒绝PD提出的这些苛刻要求。因为中海油服清醒地认识到，要走向国际市场不能一味地依赖于国外公司。中海油服决定成立自己的运营管理公司，尽快熟悉并掌握国际市场通用的运营模式，按照国际规则和模式进行运营管理。

2009年4月，中海油服成立泛太平洋钻井有限公司（COSL Drilling Pan-Pcific Ltd，简称CDPL公司），总部设在新加坡，主要负责东南亚和中东钻井市场。同年7月CDPL公司正式接管了PD公司的管理运营工作。

中海油服开始接管PD公司时，保留了PD公司原有部分管理人员，从国内仅派遣了三四名高管到新加坡，并雇用了几乎所有的原平台作业人员，这样既可以保持公司的平稳过渡，又可以学习他们的运营管理方式。后来逐渐派出更多管理人员。目前CDPL公司大约有20多名中方人员在新加坡，平台上的作业人员也逐渐从国内的其他钻井平台选派抽调过去。

CDPL公司刚成立时，工作和生活条件十分艰苦，因为没有办公室，只能在酒店的房间里办公。尽管如此，公司员工仍然积极努力地开拓公司业务。他们组建精干的管理机构、减少管理环节、努力提高运营效率，保证了所有并购资产的安全及有效运营，大幅降低了管理费与操作费，并在国际市场上提升了中海油服的品牌。

收购AWO公司使中海油服新添了8座自升式钻井平台和3座半潜式钻井平台。其中8座自升式钻井平台由CDPL公司负责管理运营，它们分别为BOSS、SEEKER、CONFIDENCE、FORCE、STRIKE、SUPERIOR、CRAFT和POWER。CDPL公司按照国际惯例进行投标、竞标，以湿租的方式在国际市场上开展海上钻井作业。2014年，这8座钻井平台的出租率均达到90%以上，其中BOSS和SEEKER在印尼作业，CONFIDENCE在墨西哥作业，FORCE、STRIKE和CRAFT在中东作业，SUPERIOR在卡塔尔作业，POWER在泰国作业。这8座自升式钻井平台已成功完成了不同国家、不同业主、不同环境、不同要求的一系列钻井作业，深受业主好评，不断扩大中海油服在海外钻井市场的占有份额。

由CDE公司负责管理运营的3座半潜式钻井平台并购后分别更名为“COSL Pioneer”（中海油服先锋号）、“COSL Innovator”（中海油服创新号）和“COSL Promoter”（中海油服进取号），目前均在北海开展钻井作业。

中海油服海外分公司的成立以及良好的运作，标志着中国海油真正“走出去”，并终于在海外扎下了“根”。这条“根”向世界展示着中国海洋钻井装备和作业队伍的能力，我们相信终有一天这条“根”会在世界各地开花结果。

沧海横流，桑田巨变，中国海洋钻井装备在全世界的见证下，一步一个脚印，从无到有、从弱到强、从国产化到国际化、从“借船出海”到“造船出海”、从干租装备出国到在海外成立公司，落地生根，最终在国际钻井装备舞台上占据了重要的位置，焕发出勃勃生机。这不仅仅是一部海洋钻井装备的发展史，更是中国海洋石油工业的发展史，也是海油人不屈不挠为国争光的见证。凭着百折不挠、坚韧不屈的毅力，凭着爱岗敬业、求实创新的海油精神，海油人一定能在世界高端海洋钻井装备市场稳稳的扎根，并花开满枝。

第九章

技高为范——形成设计建造标准与规范

标准规范是来自实践经验的总结和提升，属于科学技术的范畴。标准规范的应用可以保安全、促质量、提效率。而今，标准更发展成世界高新技术产业竞争的制高点，世界上很多发达国家都不遗余力地参与国际标准制定工作，力图将本国标准升级为国际标准，这不仅可以提升国家和企业的形象，更能提升企业在市场中的竞争力和话语权。

在中国海洋石油钻井装备发展的最初阶段，海洋石油人对技术规范和标准知之甚少。那时完全是在“敢想敢干”的精神感召下，凭着“革命加拼命”的意志闯海洋找石油。在那段“闭关锁国”的岁月里，海洋石油人行进得勇敢而艰难。严酷的海洋环境条件着实让海洋石油人为“勇者无畏”付出了沉重的代价，也带来了惨痛的教训和深刻的认识。

改革开放春雷响，西学东渐现曙光。随着改革开放的大潮，我国海洋石油工业步入“引进、消化、吸收、再创新”的发展新模式，开始大量引进国外海洋石油钻井装备及技术。眼界大开的海洋石油人，一边勤学苦练、积累经验，一边自力更生、奋力追赶。在此期间，标准、规范的理念渐入人心，海洋石油人用心学习规范，自觉践行规范，并随着技术水平和创新能力的不断提高开始尝试编写制定具有自主知识产权的专业技术规范和标准。

风雨兼程三十年，海上日月换新天。如今，随着技术水平的不断提升和向世界先进水平的迈进，我国海洋石油钻井装备行业已建立起比较完备的技术标准体系，为中国海上油气田的勘探开发提供了重要技术支撑作用。

9.1 摸索前行——不识规范闯海洋

大海，浩瀚无边，深邃而神秘。对于海洋石油勘探开发来说，标准和规范的意义不啻夜航的“航标”，而在国内海上油田勘探开发技术、标准和规范全无的20世纪50年代末，我们国家的第一批海洋石油工作者们无异于拎着一盏“小马灯”就勇敢地下到茫茫夜海中去了。

那时候，没有别的参考和借鉴，石油人只能“以陆推海”，把陆地上的办法和程序照搬来试一试。没有设计标准，没有建造规范，没有操作规程，甚至没有最基本的安全防护。几台简陋的陆地钻机，就是我国海洋石油勘探开发的最初起点。

一次次挥汗如雨、胆战心惊的“出海”后，海洋石油人也想办法要“约定”一下干活儿的“套路”。1965年河北石油勘探指挥部（代号641厂）成立了海洋勘探室，下设的船机科依据陆地钻机装备管理经验编写了《技术标准》、《管理标准》、《工作标准》等三个标准。这三项标准在某种程度上规范了下海的“套路”，但由于下海之初缺乏海上特殊作业环境的经历和经验，当时所编写的这三个标准不够准确和规范，适用性差，远远满足不了海洋油气勘探开发需求。

翻开历史的画卷，我们不难发现，西方发达国家海洋石油钻井装备的发展也是从“由陆而海”的最初阶段走过来的：建码头打井、修栈桥打井、筑“人工岛”打井……只是，到了20世纪五六十年代，西方国家早已走过初级阶段，发展成较为成熟的海洋钻井平台技术，并逐步开始形成海洋石油钻井装备的技术标准和规范体系。而由于当时技术封锁，我们无法直接借鉴，只能自力更生、从零开始建立自己的标准和规范。

缺标准，少规范，海洋石油人只能在一步步的前进和一次次的摔倒中得到实打实的技术和经验，这是中国海洋石油钻井装备技术发展的基石。

9.2 师夷长技——引进学习国外标准规范

20世纪70年代末80年代初，古老的东方传来厚重而沉稳的开门声，全世界为之瞩目——沉睡已久的国度再次向世界敞开了她的大门。

恰如暗夜里忽来的春风，改革开放迅速催开了海洋石油工业的千树万树梨花。买设备、搞合作、积极参与“反承包”竞争、坚持对接国际标准，海洋石油人如饥似渴地学习、大步流星地追赶，终于实现了装备、技术、规范和标准向世界先进水准的重大迈进。

9.2.1 初识规范

1973年，我国投入43亿美元引进西方的先进技术及装备。随即，我们的海洋石油钻井装备鸟枪换炮了，“渤海二号”、“南海一号”、“渤海四号”、“勘探二号”、“南海二号”这些先进的进口钻井装备相继到达国内。

洋机器来了，把我们“足不出户”的海洋石油人看愣了：庞大的平台上满是见也没见过的设备，分也分不清的仪表，数也数不清的管线，另外还有成套的手册、指南、说明书等资料。

相对于我们自己的“家伙事儿”，国外的设备、技术和理念领先太多了。面对现状，“争强好胜”的海洋石油人的神经被刺得隐隐作痛，但也激发了他们虚心学习、追赶世界的决心。早在设备引进的时候，时任石油部部长康世恩就明确指示：“要让钻井船的同志把操作技术练到像吃饭的动作一样熟练！”是的，当务之急就是要快速学习借鉴国外先进技术，满足海洋钻井作业的需要，并在此基础上发展国内海洋石油钻井装备的设计技术，提高建造水平和能力。

但学习也不是件容易的事。要知道，我们早期的海洋石油工人们大都是从陆地油田来的“旱鸭子”，且大多只有初中以下文化程度，要想让这些文化程度不高的“旱鸭子”迅速熟练操控起这些洋机器，正应了那句老话：“赶着鸭子上架”。所以为了尽快吃透技术，把本领学到家，各钻井队伍可谓出尽奇招、想尽办法、尽显神通。

“南海一号”作业人员在钻井平台还没到之前，就先期开展了专门的文化基础和业务技术训练。等钻井平台到达后，热情高涨的海洋石油人立刻投入到热火朝天的岗位练兵中。请工程人员上课、组织工人互教互学、开展技术岗位竞赛，人人苦练操作基本功。“南海二号”在拖航到达国内后，井队领导班子立即召开职工动员大会，请技术人员讲解半潜式钻井平台的特殊性、适应性、复杂性、科学性、先进性，并带领队伍对全船设备和物品进行一一查点和保养，组织学习相应规范和操作指南，及时摸清了这个钢铁巨人的“脾性”。

除了铁杵磨针、自学成才，另外一条途径就是向外方技术人员虚心求教，通过外方人员的讲解和示范来掌握技术。从日本引进的“渤海四号”拖航结束就位后，需要对柴油机进行重新找正，国内不掌握这个技术，只能请来国外专家。在国外专家操作过程中，平台上的工作人员认真学习标准和规范、虚心求教、反复练习，最终掌握了这项技术。“南海二号”作业人员则在挪威技术人员的指导下反复进行“模拟钻井”训练，在外方的认真示范下，职工们虚心求教、努力学习、积极钻研，还与挪威技术人员共同研究标准和规范，并以此指导排查和解决现场作业问题。硬骨头一路啃下来，职工们的操作技能明显提高，极大地增强了管好钻井平台、用好钻井平台的信心和决心。

随平台而来的各类操船手册、设备操作指南成为职工学习的重要教材。工人们看不懂英文，就请专人翻译成中文，再分发下去学习。手册中关于各类设备的详尽说明不仅成为工人们的“技术指南”，更培养了职工队伍严谨、规范、安全的强烈理念。这些翻译过来的操作手册成为最早的钻井设备操作指南文件，为保障早期钻井作业发挥了重要作用。

每引进一座钻井平台，都会迅速形成这样一种热火朝天的学习局面。通过学习，海洋石油人的视角和理念得到全方位的更新：平台的设计和建造要符合专门的技术标准；建造的作业船舶须经过专门机构的审验合格才能下水；平台上的设备使用和操作要规范，要编成手册，详详尽尽写清楚；“安全第一”的理念要贯穿始终……通过学习，海洋石油人逐渐由一群专业知识匮乏、硬打硬拼的“杂牌军”成长为一支懂技术、讲规范、重安全的海上油气田勘探开发专业队伍。

9.2.2 践行规范

国外引进的一系列钻井装备及其规范的操作和先进的管理着实让海洋石油人开了眼。“学而时习之，不亦说乎”，20世纪80年代初中国海上油气田勘探开发开始实行对外合作，国内几个平台建造项目也相继上马，这些都为海洋石油人实习、实践使用标准规范提供了宝贵机会。

（1）第一次按照国际标准建造项目

埕北油田是中国海上第一个按国际标准、规范进行设计建设的现代化油田。1980年，该油田进行国际招标，日本石油工程株式会社中标并进行油田总体开发方案研究。中日合作开发期间，中国海油积极参与各项工作、努力开展反承包作业，并严格按照国际标准运作，经受了国际标准、国际管理和国际市场竞争规则的考验。

在油田总体开发方案设计期间，中方人员以甲方代表身份参加研究工作，并赴日参与了基本设计工作。在油田建设项目中，中方总承包了A平台钻井组块的设计和建造。在A平台钻井组块的设计和建造过程中，中方设计人员既参照国际通用标准和规范，也认真地总结了我国以往十余座自建平台的经验和教训，反复相互印证，在此基础上精心开展设计、方案优化和组织建造工作。后经中国船舶检验局检查和验收，A平台取得了国际海上固定式平台入级证书、中国安全证书和国际防止油污证书。埕北油田A、B钻井平台组块钻机在1982年4月和1983年12月相继投入使用，至今总共钻56口井，经受住了海上恶劣作业环境的考验。其中，“埕北油田A钻井平台设计和海洋丛式钻井技术”和“埕北A区油田建造工程”分别荣获1985年和1988年的国家科学技术进步奖一等奖。

埕北油田A区生活平台导管架的建造，是中国海洋石油人第一次按照国际标准承包建造的工程项目。刘宗芳作为项目经理带领相关人员赴日本北九州新日铁进行了系统学习和培训，所学课程包括国际通用标准规范，平台导管架和组块设计、建造、检验、海上安装技术及成本管理等课程。建造过程中他们按照国际惯例严格把关，确保了埕北油田海洋平台项目一次性通过ABS检验，完全满足国际标准。

中方在设计、工程建造、海上安装等专业领域全程参与了埕北油田开发建设的全过程，同时按需开展了各类人员培训，使得中方的技术水平和科学管理水平跃上新台阶。可以说，埕北油田的合作开发为中国海洋石油人学习掌握国际标准提供了难得的机遇，埕北油田也因此获得“渤海黄埔军校”的美誉。

（2）主动对标“安检”

1975年，我国开始自主设计、建造国内首座坐底式钻井平台“胜利一号”。平台设计过程中，设计人员详细调研了“渤海二号”平台的应用情况，并参考了API标准的相关要求。1979年，在“胜利一号”建成投入使用后不久，受“渤海二号”翻沉事故的强烈触动，石油部决定对平台做提前报废处理。虽能理解石油部这种出于大局的考虑，但“出师未捷身先死，长使英雄泪满襟”，设计组实在不甘心让这座费尽周折自主设计、建造、尚无证据说明有安全“硬伤”的平台就此报废。为此，时任项目负责人的顾心怿先是跑到北京去说服石油部领导，又跑到天津去主动恳请天津船检局对“胜利一号”进行全面检验。天津船检局严格按照标准规范对平台稳性、总体性能和结构强度等进行了认真检验，提出了整改意见。经过认真整改后，天津船检局慎重开具了检验合格证明，“胜利一号”再次顺利“出征”。

“胜利一号”的设计、建造均由国内自主完成，所用材料和设备也均为国产，是一座地地道道的国产化平台，也因此积累了丰富的符合“本土特色”的设计、建造经验。1984年ZC发布的《海上平台安全规则》，就采用了不少“胜利一号”平台的设计、建造经验。

（3）积极接轨国际标准建造平台

1983年，我国自主设计、建造的“渤海五号”交付使用，期间参考了DNV规范，并将平台的全套设计文件提交DNV审核。这是国内首次引进国外船级社作为第三方审查，大大提升了国内自升式钻井平台的设计水平和建造质量，缩小了和国际先进水平的差距。“渤海五号”不仅是国内首次得到国际船级社认可的自升式钻井平台，还是首次取得DNV和ZC双重船级的钻井平台。

1984年7月正式交付使用的“勘探三号”是我国自行设计和建造的第一座半潜式钻井平台，平台设计严格按照ZC和ABS的规范进行。平台建成之后，通过了ZC和ABS的检验。“勘探三号”的设计与建造技术已经接近当时的世界先进水平，为我国东海油气田勘探开发立下了赫赫战功。

在对外合作开发油气田和独立自主设计、建造海洋钻井平台过程中，我们积极学习、采用已有的国际标准和国外的先进标准。“润物细无声”，正是在对国际标准化组织（ISO）标准、API标准等国际规范的学习中，在DNV、ABS等国外船级社的严格审验中，在对外合作的不断考验磨炼中，海洋石油人逐渐建立起了“标准化”和现代管理意识。有了标准规范以后，我国海洋钻井装备水平大幅上升，有一个鲜明的比较：20世纪80年代初建造的“渤海五号”、“勘探三号”、“胜利二号”

等平台到目前仍在应用，使用寿命超过了30年，而之前标准规范不完善时期建造的“渤海一号”、“渤海三号”、“胜利一号”等平台则早早退出了历史舞台，平均使用寿命不到10年。

因为起步晚、基础差，早期阶段我们只能采取“拿来主义”，直接采用已有的国际标准规范。对于从“一穷二白”起步的我国海洋石油钻井装备事业，“拿来主义”是引进先进技术、推动生产力的重要措施之一，为海洋石油钻井装备的跨越式发展做出了重要贡献。

但国际标准和国外标准并非放之四海而皆准，到了我们国家有时也会“水土不服”。国际标准和国外标准与国内的工业基础、产业现状不尽符合的情况时有发生。因“采标不一”，导致国内海洋石油钻井装备设计、建造市场混乱的现象也时有发生，加之技术标准正日益发展成国际贸易中“技术性贸易壁垒”的一种形式，仅靠“外来标准”不能帮助我们在国际竞争中占得一席之地。因此“拿来主义”绝非“一劳永逸”之举，我国还需要建立符合自己行业特点和国内工业基础实际情况的技术标准体系。

9.3 操刀立范——形成海洋钻井装备标准体系

国际上流行这样的说法：一流的企业编写标准，二流的企业提供技术，三流的企业制造产品。制定标准，是企业形象和企业竞争力的一个直接体现。

此外，率先制订标准，率先推向市场、规范市场，就掌握了开拓市场的利剑，有利于突破技术壁垒的限制，在国际竞争中获得优势。

中国海洋钻井装备沿着“引进、消化、吸收、再创新”的道路整装前进。在追赶世界潮流的同时，国内的工业基础及标准化建设能力不断增强，海洋石油人在海上油气田开发中也积累了大量技术、工程经验、资料和方法。与此同时，“拿来主义”的一些弊端也开始日益显现。新形势下，国内企业因势利导、积极作为，在采纳和吸收国内、国外标准的基础上，根据现实需求和自身的技术水平积极制定技术标准。

9.3.1 模块钻机从企标到国际标准

20世纪90年代，我国近海油气田大量投入开发，海上油田钻井作业需求量剧增，海洋模块钻机作为一种经济有效的海洋钻井装备开始受到极大关注，并由此引发了海洋模块钻机国产化的热潮。经过近十年的大力攻关，我国已形成颇具特色的海洋模块钻机设计技术，完全拥有自主设计和建造能力，所形成的模块钻机产品不但在国内海上油田得到大规模应用，还出口到墨西哥湾等国际市场。

国内技术在日益进步、成熟，市场在逐步扩大，国际上专门针对现代海洋模块钻机的标准却尚为空白，一个“技高为范”的机遇，或者说使命，就这样降临到了身为海洋模块钻机“弄潮儿”的海洋石油人面前。

（1）厚积薄发编企标

海洋模块钻机标准编制的起跑线可以追溯到2006年。

2006年以前，中国海油设计、建造的海洋模块钻机一直采用API标准、石油行业标准、海洋工程结构的标准以及船级社规范。其中API的钻机标准和石油行业的钻机标准主要规范了钻机设备，既没有针对海洋模块钻机的“模块”特点，也没有突出“海上”的特点。而有关海洋工程结构标准和船级社规范虽然突出了“海上”的特点，但是没有体现“模块钻机”的特点。对海洋模块钻机而言，这几个标准的针对性都不强。随着中国海油海上生产规模扩大和海洋模块钻机数量的不断增加，模块钻机设计和建造标准的缺失已经严重制约了海洋模块钻机行业的发展。

与此同时，中国海油在南海、东海、渤海已经有多个平台模块钻机投入使用，不仅有20年的海洋模块钻机使用经验，更有多次参加海洋模块钻机的详细设计与EPC（工程总承包）建造经历，在海洋模块钻机的设计、选型、配置和建造等方面积累了丰富的经验。

一面是拘囿飞翔的羁绊，一面是日渐丰满的羽翼，编写制定海洋模块钻机标准的时机日益成熟。2006年，中国海油专标委适时下达任务，由中海油研究总院牵头负责编制系列企业标准《海上石油平台钻机》。

这是中国海油第一次编写海洋模块钻机企业标准。项目组的技术人员查阅了大量资料，并在此基础上进行优选，确定了海洋模块钻机的基本参数。为了使模块钻机选型既能满足海洋钻机现场作业要求，又不因标准过高而造成浪费，技术人员又广泛调研了中国海上已经投入使用的模块钻机参数、使用情况，同时结合在役海洋模块钻机的特点，制定了海洋模块钻机的选型依据及基本参数的计算方法。

在标准编制过程中，技术人员细致耐心、精益求精，埋在资料堆里，反复调研、计算、验证，一次次地沟通、讨论，一遍遍地修改。终于在2007年3月，发布了中国海油第一部海洋模块钻机企业标准《海上石油平台钻机 第1部分：选型方法》。

这部标准的发布，对中国海洋模块钻机的设计起到了很好的指导作用，一时间好评如潮，该标准也因此获评“2007年度中国海油优秀企业标准”。

受此鼓舞，中国海油一鼓作气起草了该系列标准的其他部分。2009年12月，该系列标准的第11部分发布实施，标志着中国海油海洋模块钻机的第一部企业标准《海上石油平台钻机》全部完成。

为了进一步补充完善，中国海油在2009年又适时开展了企业标准《海洋石油模块钻机》的编写工作并在当年年底发布，该标准与《海上石油平台钻机》系列标准形成互补。应该说，是企业发展的迫切需求、设计水平的提高、建造经验的积累和技术人员的严谨求实等众多因素共同促成了这两部企业标准的诞生。两部标准发布后，海洋模块钻机各个系统的选型、设计、建造、使用、管理更为规范，受到了模块钻机设计方、建造方、使用者的一致欢迎，大大地促进了国内海洋模块钻机技术的发展。

（2）牛刀再试立行标

2010年，我国海洋模块钻机设计和建造能力进一步增强，已经全面实现了海洋模块钻机的国产化，国内自主设计、建造的海洋平台模块钻机不但在国内海上油田得到大规模应用，还出口到墨西哥湾等国际市场。在这样的背景下，有着两部海洋模块钻机企业标准编写经验和雄厚技术力量的中国海洋石油人敢为人先、义不容辞地承担了编写行业标准的重任。

为了高质量地完成标准编制工作，中国海洋石油总公司集中优势力量分工合作，启动了标准的起草工作。为了掌握各类设施、设备的精确位置，项目组人员多次来到海上平台进行实地考察，通过考察和测量获取了不同界面、不同甲板层次设备的准确坐标和相对位置关系，并据此更新了一版又一版的图纸，为标准的编制奠定了扎实的基础。

2010年8月，国内石油行业第一部海洋模块钻机行业标准——《海洋平台钻机设施布置规范》发布。该标准是在海洋模块钻机已实现国产化的大背景下“新鲜出炉”，是对快速崛起的我国海洋模块钻机设计和建造能力的技术凝练和直接体现。

两部系列企业标准和一部行业标准的发布实施，充分表明国内已完全掌握海洋模块钻机设计和建造的关键技术，达到行业领先水平。通过编写标准不仅进一步提高了中国海油的海洋模块钻机设计、建造、操作、管理水平，还为带动和形成国内海洋模块钻机设计建造一体化，推动技术进步，打造产业链起到了关键推动作用。

（3）编制国家标准

如果不是一次偶然，海洋模块钻机国家标准的编写或许会略迟一些。

2008年，海洋模块钻机的国际标准规范尚处于空白状态。这一年，中海油研究总院的何保生在石油石化装备标准化会议上遇到了国际石油与天然气生产者协会（简称OGP，现更名为IOGP）标准化技术委员会的Alf Reidar Johansen先生。言谈中双方提到了海洋模块钻机，何保生表达了通过制定海洋模块钻机国际标准分享中国海油在海洋模块钻机领域的技术和经验的观点，并成功说服了Johansen先生。会后不久，Johansen先生建议中国可以尽快提出立项申请。

心存高远，但路要一步步走、脚要扎扎实实地迈，才能最终走得稳、走得远。鉴于当时国内海洋模块钻机仅有企业标准和行业标准，因此中国海油经过研究决定，编写海洋模块钻机国际标准分两步走，先完成海洋模块钻机国家标准的发布实施，为国际标准的编写做好准备、打牢基础，在此基础上再开始正式编制海洋模块钻机国际标准。就这样，未及卸下两部“企标”和一部“行标”的风尘，中国海油又向更高目标——国家标准发起了冲锋。

2010年6月，中国海油正式开始了国家标准《海上石油固定平台模块钻机》的编制工作。项目得到了全国石油钻采设备和工具标准化技术委员会的大力支持，将编写国家标准项目申请为国家公益性行业科研专项。

从企业标准和行业标准再升级到国家标准，这是一个不小的挑战。因为国家标准覆盖的内容更广泛，必须获得国内同行，特别是专业制造厂家的广泛支持和认可。因此，作为牵头编写单位的中国海油联合了石油工业标准化研究所等几家国内拥有最强技术力量的单位，共同编写海洋模块钻机国家标准。

在国内优势资源的协同作战下，海洋模块钻机国家标准的编写工作进展顺利。从2010年6月开始立项编写，当年11月份完成初稿，后几经审查、数易其稿，终获胜利收官。海洋模块钻机国家标准《海上石油固定平台模块钻机》于2013年6月发布，为冲刺国际标准打响了第一炮。

（4）冲刺国际标准

国际标准，我们来了。

自2010年，中国海油就紧锣密鼓地开始了国际标准《海上固定平台模块钻机规范》的立项筹备工作，之后是四年的铁马冰河，终于搏来今天的柳暗花明。

国际标准编写的路漫漫而修远，一路走来，项目组克服了重重困难。作为企业来牵头编写国际标准，除了技术上的硬骨头要啃，项目组同时还要“蹚路”：国际标准的制定方法、程序、要求具体是怎样的？如何与国际组织接洽？特别是与各成员国打交道，更要讲求方式方法，因为ISO是非政府性组织，各成员国的立场和积极性不一，所以许多程序的开展很大程度上要依靠项目组的自主推动和多方协调。另外，项目运行资金的筹措、与国内行业的广泛联合等也都是项目组面临的挑战。

这是中国海油首次承担国际标准的编写任务，也是国内石油行业在国际标准编写方面的“处女秀”，可谓“前途光明、任务艰巨”。为此，中国海油在编写国家标准时就已经在为编写国际标准做着充分的准备，不仅在技术上稳扎稳打，在程序履行上也一丝不苟。多少次埋身书海资料，多少回海上现场实测，多少版设计图纸更新，多少场专家审查，又有多少次提案介绍和国际汇报。海洋石油人骨子里刻着一种坚韧和执著：既然选择了远方，便只顾风雨兼程。

为广纳国际“声援”、推动“海洋模块钻机”国际标准编写项目顺利立项，中国海油相关技术人员多次在ISO和OGP的国际会议上提出编制ISO标准的提案。仅在2011年12月到2012年12月一年间，中国海油代表团就参加了ISO/TC67年会等四次国际会议，并在会上耐心细致介绍中国编写海洋模块钻机国际标准的提案。

苦心人，天不负。在中国海油代表团的一再努力下，由中国编制海洋模块钻机国际标准的提案在国际会议上获得了与会专家的广泛认可。2013年2月，中国海油代表团终于迎来了一个突破性的时刻：代表团提出的“海上模块钻机”国际标准提案以9个国家同意立项的结果通过ISO/TC67投票程序。这意味着由中国牵头制定海洋模块钻机国际标准一事正式在国际上通过立项了！

2013年3月，国际标准编写项目组正式成立。这是中国石油行业首次编写国际标准，行业内各单位都给予了高度重视。作为牵头单位的中国海油自不必说，业界其他单位均投入了大量的人力、物力。有了国家标准编写的技术和经验累积，国际标准编写工作进展迅速。仅用三个月时间，海洋模块钻机国际标准的中文初稿出炉，并于2013年8月中旬将国际标准草案英文版上传至OGP网站。

至此，项目组历时三年的心血之作披挂上阵，正式开始接受“国际检阅”。这期间，项目组数次参加ISO/TC67年会及工作组会议，汇报标准编写的进展、听取专家意见、进行技术交流。

2015年2月，项目组顺利提交了国际标准草案（DIS稿），目前已进入ISO/TC67 的投票程序。

长路虽远，曙光已现，我们有实力，有力量，也有决心走完全程。相信不久的将来，我国石油行业第一部综合性国际标准即将诞生。

此次编写海洋模块钻机国际标准，为我们打开了认识国际标准编写项目的一扇窗，摸清了国际标准的编写套路，为后续编写其他国际标准积累了经验，奠定了基础。此外，制定国际标准，对树立中国海油一流企业的形象、建设一流综合性国际能源公司、提高中国海油国际竞争力，都起到了积极作用。

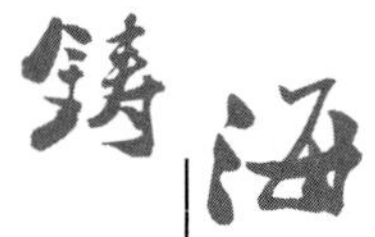

9.3.2 编制海洋修井机标准

海洋修井机标准规范的编制历程与模块钻机相似，也是伴随着海洋修井机国内技术的进步以及国产化进程开展起来的。海洋修井机标准规范与海洋模块钻机标准均为国内钻机装备标准体系的重要组成部分。

20世纪90年代，伴随着海上油田开发生产不断深入，国内海洋修井机开始了国产化征程。

1997年，自主设计、建造的我国第一台固定平台海洋修井机诞生。万事开头难，国产化伊始，技术水平有限，对国外相关技术标准理解不深，加之建造完成后又未按国际惯例请第三方对修井机进行检验把关，导致在从歧口18-1平台搬迁至歧口17-3平台后不到半年,该修井机井架在一次大风中严重变形,只好更换井架。这次经验教训使得在随后的歧口17-2平台修井机设计、建造中，项目组加强了对国外设计标准的研究，合理选择标准，对设计方法进行优化改进。同时，学习海洋工程通行做法，委托DNV作为第三方对新建修井机的设计、建造进行检验把关。从此，开展第三方检验作为一项硬性规定被一直贯彻执行。

2000年，海洋修井机国产化的进程稳步推进，开始建造文昌13-1/13-2平台修井机。这期间也发生了一段因为“标准规范”引起的插曲。在修井机的设计、建造过程中，因事先未对“采标”做统一约定和要求，到后来发现各厂家采用的国外标准五花八门，有API标准、ISO标准、英国规范，甚至还有法国规范。这些标准规范对接口、标准连接件等的定义不同，要求不一，使得修井机的总体设计不一致，接口无法互相连接，配件也难以共享，这将给采办工作以及后期的使用、维护和维修都带来了很大困难。发现问题后，中国海油及时对厂家提出了统一的要求，对涉及泥浆高压管线的走向、阀门方向等均按照API规范进行了统一要求。而且在项目前期设计中，就明确了各专业规范和标准，给出了各接口和界面间的要求。这样一来，不仅有效避免了设计上的错漏空缺，还大大简化了建造和后期管理的界面。该项做法还被推广到海洋模块钻机的设计、建造中，取得良好的效果。

此外，随着我国海洋修井机在海上油田使用越来越多，在实际使用中也曾经暴露过其他一些问题。比如，由于我国最初没有海洋修井机的标准规范，只能照搬陆地修井机的标准《石油修井机型式与基本参数》，当时陆地修井机标准同时定义了公称钩载（也称为额定钩载）和最大钩载，并且以公称钩载作为主参数和型号标志，而进口的海洋修井机则以最大钩载作为主参数和型号标志，没有公称钩载的概念。由于国内外修井机主参数和型号的定义不同，导致在海洋修井机使用过程中往往发生歧义。例如在使用国产修井机作业时，操作人员往往将公称钩载作为修井机的极限提升能力，即使遇到需要拔井下套管等特殊作业情况也不敢突破公称钩载，造成了修井机能力的浪费，致使海洋修井机设计时被迫采用更大的型号。

海洋修井机主参数定义不统一给修井机的设计、建造带来无法挽回的损失，也会给后期作业带来潜在风险。为了进一步规范、明确技术要求，中国海油在2000年启动了《海上石油平台修井机》企业标准的编制工作，经过两年多时间完成了相关标准的编写并相继发布。

随后几年间，随着海洋修井机国产化技术的日益进步，并结合最新需求，相关制造厂家与中国海油又共同努力完成了行业标准《海洋修井机》，该标准在2010年8月由国家能源局发布。

斗转星移，目前国产海洋修井机设计、建造技术已跻身国际先进水平。这些饱含了国内工程技术人员多年经验和技术精华的标准规范业已成为海洋修井机设计建造的纲领性文件，并将为国产海洋修井机技术水平的进一步提高以及增强海外市场竞争力提供重要支撑。

9.3.3 建立移动式钻井平台标准

除了走向国际的海洋模块钻机标准和引领行业的海洋修井机标准外，在海洋移动式钻井平台的标准化建设方面，国内也取得了长足进步，编制了配套标准规范，这其中包括中国船级社（CCS）编制的系列规范指南，中国海油、中国船舶工业总公司等企业编制的企业标准和行业标准等。

在这段历程中，我们不得不提及一段关于中国船级社的历史。纵观当今世界著名的船级社，如DNV（挪威船级社）、LR（英国劳氏船级社）、BV（法国船级社）、RINA（意大利船级社）、ABS（美国船级社）等均成立于19世纪。经过百余年的积淀，如今这些“老店”已发展成船舶技术、信息、规则和规范、标准的集大成者。而在我国，直至1956年，中华人民共和国船舶登记局才成立，并于1958年更名为船舶检验局（CCS的前身）。成立伊始，我国的船舶检验得不到国际行业的认可，当时新中国远洋船舶进出其他国家海关，使用的都是苏联船舶登记局颁发的证书。此后数年，随着国内行业发展的大势，几经沧桑，才逐渐形成我国独立自主、具有国际地位的船检业。1986年，经国务院批准成立中国船级社，与船检局实行“一个机构，两块牌子”。1988年5月，中国加入“国际船级社协会”（IACS），成为其正式会员。1992年，按照IACS质量认证体系要求，建立起中国船级社质量管理体系并获IACS颁发的质量体系符合证书，这些是中国船级社技术水平和国际影响力提升的重要标志。

中国船级社的成立和崛起，不仅为我国的海上油气田开发设施设计和建造提供了合理可靠的技术规范，如：《海上移动平台入级规范》、《海上浮式装置入级与建造规范》、《钻井装置发证指南》、《自升式钻井平台桩腿裂纹检验、控制与修复指南》等，其承担的独立、公正的入级检验、认证业务，更为我国海上油田开发提供了工程项目建设、海工设施检测及人身、财产和环境保护等方面的安全保障。特别值得一提的是，作为中国海上油气田开发主力军的中国海油与CCS“凭水相逢”、“因船结缘”，所有的进口、国产钻井平台都须经CCS检验认证。应该说，CCS是保障我国海上油气田安全开发的“幕后英雄”之一。

此外，国内相关企业也发挥自身技术优势，积极组织编写发布标准规范。如：1992年8月中国船舶工业总公司发布船舶行业标准CB/T 3482—1992《自升式钻井平台桩腿升降装置操作及保养规则》，2012年1月国家能源局发布了由中石化胜利石油管理局钻井工艺研究所起草的行业标准《浅海钢质移动平台结构设计与建造技术规范》，2013年1月中国海油发布了企业标准《海洋石油自升式钻井平台建造技术指南》，2013年7月工业和信息化部发布了由中国船舶重工集团公司第七〇四研究所等单位联合起草的《移动式海洋平台锚泊定位装置》，2014年5月工业和信息化部发布了由中国船舶工业综合技术经济研究院等单位联合起草的行业标准《自升式平台桁架式桩腿建造要求》。

船级社及各企业制定的标准规范相得益彰，共成体系。通过制定系列标准规范，中国移动式钻井平台的设计、建造更加规范化、标准化，保证了更加安全、高效地开展作业，这不仅有力推动了国内行业产业链的形成，也在一定程度上扩大了在国际上的影响力。

从我国海洋石油开发之初的赤手空拳下沧海，到今天的钢筋铁骨牵油龙，从当初对技术规范和标准的一无所知，到今天建立起较为完备的技术标准体系，再到敢于问鼎编制国际标准，我国海洋钻井装备跟随海洋石油大开发的步伐已经走过了半个多世纪。因陋就简、引进吸收、自主研发、学规范、用规范、编规范，在半个多世纪的风云际会中，我们的技术不断进步，理念不断革新。

“无规矩不成方圆”，对于高科技、高投入、高风险的海洋石油行业来说，标准和规范的首要意义在于能为海洋作业安全和作业质量提供更多的保障。其次，对于新生而蒸蒸日上的国内海洋钻井装备设计和建造市场来说，规范的企标、行标和国标，能够有力推动设备的国产化，有效减少外汇开支，另外其对市场的规范作用也在客观上提升了国内海洋钻井装备的设计、建造水平和综合能力。

在技术性贸易壁垒日益盛行的今天，将一批先进而成熟的技术成果编制提升为国际标准，有利于迅速在国际竞争中获得优势。国内的海洋模块钻机标准已在这方面迈出了尝试性的一步。相信随着国内技术的不断发展和标准化建设工作的持续加强，将会有越来越多的“中国制”国际标准诞生。

第十章 管理增效——海洋钻井装备管理日趋完善

中国海洋石油工业起源于20世纪五六十年代的南海莺歌海渤海湾。在近半个世纪，特别是改革开放后三十多年海上油气勘探开发历程中，中国海油海洋钻井装备技术不断发展，与此同时也逐步形成了海洋钻井装备配套管理体系，锻炼造就了管理人才队伍，整体上代表了我国海洋钻井装备管理技术发展的水平。

我国海洋钻井装备管理技术的发展主要经历了早期以陆推海摸索前行、20世纪80年代合营反承包与国际市场接轨、20世纪90年代开始独立承包钻井作业以及21世纪走向海外四个阶段。

10.1 投石问路——下海初期在摸索中前行

10.1.1 以陆推海编标准，装备管理迎挑战

（1）成立船机科，编写三标准

1965年，石油部提出“上山下海”战略，决定建造海洋钻井平台，组建海洋石油勘探机构和队伍，成立了河北勘探指挥部（代号六四一厂）海洋勘探室。1966年8月海洋勘探室扩建为海洋勘探指挥部，负责组织渤海湾海上油气勘探工作。随着渤海勘探不断深入，我国不仅自主建造了海2、海3等固定式钻井平台和“渤海一号”自升式钻井平台，而且还从国外引进了“渤海二号”等钻井平台。为了管理好这些海洋钻井装备，指挥部成立了船机科专门负责管理运输船舶、钻井平台等。

船机科成立之初，由于国外技术封锁，没有途径引进或者借鉴国外海洋钻井装备管理经验。为了管好、用好海洋钻井装备，满足现场作业需要，船机科采用“以陆推海”的思维方式，借鉴陆地钻井装备管理经验，摸着石头过河，编写了海洋钻井装备管理、使用及维护保养相关内容和要求，被纳入当时海洋勘探指挥部制定的《技术标准》、《管理标准》、《工作标准》“三大标准”中。上述“三大标准”的编写和应用，促进了海洋钻井装备管理技术发展，为渤海石油初期勘探开发起到积极作用。

（2）引进新装备，带来新挑战

为了满足我国海洋油气勘探开发对钻井装备的需求，1973年从日本引进了“渤

海二号”；1975年从新加坡引进了“南海一号”；1976年从日本购买了“渤海四号”；1978年从挪威引进了“南海二号”等。虽然引进的装备增强了海上勘探开发力量，但是在设备维护保养等方面也带来了新挑战。随平台带来的大多为英文资料，现场操作工人由于文化水平低，基本无法看懂，只能沿用陆地钻机管理和维护保养方法，按照操作人员的个人理解和认知进行管理。设备维保还是采用“十字”做法（即“清洁、润滑、紧固、调整、防腐”），围绕“设备正常运转，能保证钻井修井正常作业”来开展。由于没有考虑海上特殊作业环境工况影响，没有具体可操作的维保程序指导，在设备维护保养方面出现大量问题。以钻机系统关键设备柴油机的主要保养工作“换机油”为例，由于没有维保程序，对油品质量、机油泵等辅助工具等没有要求，操作人员经常直接提起摆放在露天甲板被雨水浸泡过的润滑油倒入油箱，造成了“烧柴油机”事故频发。除此之外，对钻井绞车刹车系统维护保养不到位，使得刹车不灵造成墩钻、溜钻事故时有发生。由于泥浆泵维护保养不足造成连杆折断，在当时只能算作一般事故。

面对引入新装备带来的维保新挑战，针对平台设备管理人员文化程度普遍比较低、懂英文人员少的情况，公司组织人员对平台随船设备资料、保养手册和零件目录进行翻译。设备管理人员通过学习和消化这些翻译过来的资料，学习海洋钻井平台作业钻井工艺流程，剖析钻机系统整体功能，熟悉设备性能及指标，逐步掌握了关键设备性能、设备维护保养要求等。另外还在陆地成立了技工学校，教授文化课和专业课，提高设备管理人员综合素质，逐步缓解了平台设备管理的挑战。

10.1.2 应对风险无措施，海上遇险无预案

（1）应对风险无措施，死里逃生的航行

1976年12月24日，我国自行设计建造的第一座海上自升式钻井平台“渤海一号”在石臼坨海域完成钻井任务后，准备降船拖航回港。在降船过程中遭遇突然刮起的八九级大风，造成锚链绷断，桩腿折断，船体发生严重倾斜，情况万分危急。最终在两条救援船六天六夜奋力抢救下，才幸免于难。事后人们将“渤海一号”拖航遇险经历比喻为一次“死里逃生的航行”。

事故的发生一方面是由于我国海洋钻井装备设计建造技术水平低，当时还没有考虑周全海上特殊作业环境和钻井平台“船”的概念，不完全掌握船舶稳性控制方法等。另一个重要的原因是缺乏海洋钻井装备管理的理念，没有制定出拖航

安全管理方面的制度，没有针对降船拖航中的应急情况制定具体应对措施。

（2）海上遇险无预案，拖航翻沉酿事故

1979年11月25日，从日本引进的“渤海二号”在渤海湾井位转移拖航途中遭遇十一级特大风浪，因机舱大量灌水，造成平台整体倾斜翻沉，72人遇难，直接经济损失达3700多万元。这是新中国成立以来海洋石油最重大的死亡事故，也是世界海洋石油勘探历史上少见的事故。

造成事故发生的客观原因是多方面的：一是没有排净压载水，二是沉垫舱没有完全贴紧平台位置，三是拖航前没有卸载平台多余载荷。在这三条直接原因共同影响下，加深了平台吃水，降低了干舷，破坏了拖航作业的稳性要求，严重削弱了抵抗风浪的能力。致使通风管被海浪打断后，海水大量涌入泵舱，失去平衡，造成平台翻沉。另外一个不可忽视的原因是当时海洋石油队伍刚建立不久，经验不足、技术素质低，缺乏在危急情况下应对预案。国际上通行的做法是，在海上遇险排险无效时船长可以下令弃船，以挽救船员生命。但当时，我国石油工业没有这样的理念，在危急情况下，全船职工没有一人退缩，他们一心想的是抢救国家财产，坚信“人在阵地在”，没有排水设备，就用人力往外舀，奋力抢险，失去了弃船保全生命的机会。由此可见，当时对海上遇险的紧急应对措施，从思想观念、管理制度到具体技术措施，都有缺失和不当之处，这是用鲜血和生命换来的深刻教训。

“渤海二号”事故以非常鲜明、残酷的现实告诫着新生的海洋石油人，以往借鉴陆地石油工业建立的以应对不停机为主导的粗放式钻机管理方式已不适应海上作业要求。“渤海二号”的翻沉和国家对这一事故的处理，也成为中国海洋石油工业和传统的陆地石油工业发展分水岭，为海洋石油工业对外开放和全面与国际接轨创造了可能。至此之后海洋钻井装备也逐渐向高科技、集成系统化、安全高效的管理方式改进。

10.2　借势乘时——在对外合作“挫折”中成长

20世纪70年代末80年代初，刚刚起步的中国海洋石油工业在缺乏资金、技术、装备和管理经验的条件下，自主开发“高风险、高投入、高科技”的海上油气田困难重重，与国外公司合作开发成为“双赢”选择。国内钻井等服务公司也从对外合作中的“反承包”开始，在“挫折”中不断学习成长，提高海洋钻井装备管理技术和能力。

10.2.1 “反承包”中找差距

“反承包”一词最早出现于1979年海洋石油的内部文件，在海洋石油系统外鲜有提及。在“反承包”中，中方作为资源国一方，先把石油区块招标给外国公司，是对外合作的甲方。同时，中方又作为乙方从合作区块的外国作业者手里承包地震采集、钻井、定位、物资供应以及后勤支持等一系列业务。通过反承包，不仅推动了开采难度大和技术要求高的海上新领域、新区块油气勘探开发，解决了我国海上油气勘探开发资金、技术短缺等难题，还有助于学习和建立包括钻井装备管理在内的现代化油气勘探开发管理体系。

（1）思想碰撞促改革

1980年12月，中法签订南海西部涠洲10-3油田勘探开发生产石油合同后，中方的作业队伍也参加了对外合作区块服务合同的投标。经过三个多月的谈判，双方签订了“南海三号”反承包租用钻井服务合同。1981年在渤海湾塘沽，当时的海洋石油勘探局也反承包了渤海湾埕北油田A、B平台钻井组块的设计和建造，并首次承担埕北油田52口丛式生产井钻井反承包作业任务。

虽然对外合作的渤海湾、南海西部勘探开发形势一片大好，潜在巨大的海上钻井工作量在召唤着、激励着中国海洋石油人。但还没有来得及欣喜，现实便给了当头棒喝，一场剧烈的阵痛正等待着他们。反承包国外公司的海上作业任务，中方作业队伍必须接受国外公司的管理，一些中方人员对外方管理方式不理解，内心充满了疑虑抵触甚至对立情绪，把外国作业者都看做是“资本家”，时常与外方发生冲突。有的工人甚至说不能给资本家卖命，认为是“八国联军又回来了”。“我们是国家的主人，凭什么让老外指手画脚”等思想很普遍。与此同时，也有一些外方人员打心底里对中国人的技术不放心，甚至不屑，认为中国人再过10年也无法掌握复杂的海洋钻井装备操作和管理技术，无法摆脱对外方的依赖、独立完成海上钻井作业。因此在作业过程中，中方人员和外方人员的对立情绪很严重，甚至影响到正常的钻井作业。

“南海三号”在为道达尔作业时，法方监督要求要有专人看管泥浆池，按时测量泥浆液面并做好记录。但中方人员以前没有这种作业习惯，不愿按要求做。有一天，一名钻工负责测量泥浆性能，按常规是每30分钟测量一次，但当时井下发生严重气侵，又有气、又有油，外方监督提出每15分钟测量一次，而且要测量2个点。外方的要求是有道理的，这样能及时发现井下气侵、井漏和泥浆性能变化，对防止事故有极大的好处。而这名钻工不明就里，以为外方人员是在故意整他，就自作主张地仍按每30分钟测量一次。外方监督发现后，宣称要终止该名员工劳动合同。其他工人见同伴受欺负，也声言不跟外国人干了，类似的这种情况在承包队伍中很普遍。

与“南海三号”一样，“渤海八号”也在合营作业中经历过痛苦磨合过程。“渤海八号”是1980年由新加坡建造的钻井平台，硬件设备先进，但由于设备维护保养管理不到位等原因，造成作业时效低下。1980年从新加坡购置后即赴南黄海钻探中方和英国石油公司（BP公司）合作勘探井南黄海“无锡13-1井”。结果在不到一年的时间内，BP公司就向中方提出书面和口头抗议48次。作业结束后，BP公司将记录“渤海八号”作业近千条问题的一厚本报告，提交给时任渤海钻井处处长孙治业。

通过对外合作“反承包”，给中方带来资金、先进技术和现代化管理制度的同时，也带来了不同观念和文化的冲突。与国外公司相比，我们的承包队伍竞争力不强，服务观念薄弱，质量效率有很大差距。不听从作业者指挥的情况时有发生，中方原有的管理体制和运行机制所存在的问题愈发突出。

痛定思痛，“渤海八号”从南黄海作业结束后拖回，从1981年5月开始开展了为期半年的封闭整顿。从提高认识、整顿思想开始，按照落实经济责任制和专业化分工的原则，结合海上钻井自动化程度高、管理要求严、远离陆地、独立作战等特点，参照国外海洋钻机的管理办法，对钻井平台实行全面改革。取消了原借鉴陆地油田设立的钻井队长、指导员负责制，实行钻井平台经理负责制。

取消钻井队长、指导员负责制，由公司派出懂专业、有实践经验、有组织管理能力的技术人员担任平台经理，全面负责平台的经营管理，对设备有监督权，对人员有处理权、奖惩权、调配权和辞退权，平台上所有员工的工作业绩统一由平台经理考核。现在看来这些合情合理的考核方法，但在当时令很多人难以接受。1981年夏天，钻井处孙治业处长主持了一次又一次改革方案讨论会，但在一轮又一轮情绪激昂的辩论中根本无法统一思想。时任海洋石油勘探局负责人钟一鸣最后力排众议决定在“渤海八号”上首先试行平台经理负责制，任命1960年从石油学院毕业的大学生技术员胡铁钊为平台经理，对平台进行改革，建立起沿用至今的平台经理、高级队长、三师（机械师、轮机师、电气师）管理架构。

（2）制定设备管理规程

1982年，当时渤海石油钻井公司参照国外制度标准，全面开始了《钻井平台规程集》的编写工作，历时两年为全钻井公司建立起一套管理制度。时任装备主管刘宝元参与了这套制度的编写工作，据他回忆说，当时他与钻井平台上的机械师、轮机师和电气师一起负责编写《钻井平台规程集》，包括《平台设备清单》、《设备操作规程》、《岗位操作规范》等规程，编写完成后又到平台进行了详细宣贯。由于这些规程是由现场富有操作经验的人员编写，注重实用性和可操作性，这套规程相对于早期的“三大标准”，实施效果有了质的飞跃，为公司经营管理向国际标准靠拢打下了基础。

以《岗位操作规范》为例，该规范明确了每个装备管理岗位在平台期间每天的详细工作计划和要求，例如第一天维保钻台、井架，第二天维保绞车，第三天维保泥浆泵等。确保每天的工作量饱满，经检查确认后才能通过。而且各个班组之间互相监督，确保每班都有所作为，杜绝混日子思想。就是在这次管理改革中，提出了各项设备维护保养的明确要求，建立起包括泥浆泵加润滑油等多套工作程序，明确了泥浆泵加润滑油需要通过专用泵、过滤器，并经过监测和化验清洁，才能加入新油等。通过制度来规范设备管理，确保了平台设备维保不留死角，无论设备大小，一律责任到人。

有了《钻井平台规程集》规范指导设备管理工作的内容和程序，“渤海八号”焕然一新，成为海洋钻机主动管理典型，当年就获作业者科麦奇美国总部颁发“最佳合作/百万人工小时无损失事故记录奖”，成为渤海其他钻井平台学习的榜样。

（3）“脱轨”之后重入级

我国最早自主设计制造的钻井平台属于有“籍”无“级”。其中“船籍”是国家强制性规则要求，而钻井平台“入级”则是评定平台技术状态的重要手段，是平台在全球运行时收取作业日费和保险费率计算的基础，也是承包钻井服务的基本要求。但一方面由于钻井平台不是商船，早期大家对钻井平台没有保险概念，也没有“入级”这样的思想意识。另外一方面，中国船检局（ZC）当时的主要业务是负责海上航运船舶的入级管理，没有开展钻井平台入级及检验业务。因此，当时我国自建的钻井平台都没有入级。而从国外引进的钻井平台虽然出厂时均有船级社的认证，但是由于在国内作业没有按照要求进行年检，中断了连续的审核程序，也处于“脱轨”状态。

按照国际通行惯例，海洋钻井平台投入使用前必须入级并进行验船。直到20世纪80年代初，国内运营钻井平台才开始陆续恢复“入级”。恢复船级是反承包作业的第一步，也是与国际接轨的第一张入门券。虽然经过艰苦努力拿到了按国际市场参与作业的“门票”，但真正达到与“门票”相适应的技术规格和要求，挑战才刚刚开始。

1983年5月，中方经过多轮艰苦谈判，从经济、技术等方面最终说服BP公司采用“南海二号”承包钻井服务。然而，当BP公司验船团队前往“南海二号”考察时发现，船体压载不平衡，甲板倾斜高达0.61米。同时经检测发现钻井平台的可变载荷由原来2600吨下降到仅有1200吨，使得正常钻井作业时油、水储存和配件材料储备受到很大限制，下套管固井作业根本无法进行。平台安全保障设施、救生设备等也达不到船级社规范要求。造成这种情况的原因是，中方为了方便现场作业，在没有进行设计计算校核和船级社许可的情况下，在“南海二号”平台上不仅改造增建了第三层住舱，而且在井架大门前管架桥上方还安装了大型龙门吊车。但是没有预料到的是，这些改造加大了钻井平台的迎风面，削弱了平台稳性，影响到平台的安全。作业者BP公司在招标谈判中要求“南海二号”必须进行整改，恢复原设计技术条件，并得到相应船级社检验合格才能使用。由于入级是钻井装备获得国际市场认可的基本条件，也是保险公司为船舶提供保险的最基本条件，这就使中方下定决心对“南海二号”进行改造升级并接受第三方船舶检验机构重新提供资质认证。

当时验船专家对平台设备还提出了很多中肯意见。比如早前以“不方便”为由，拆除了很多设备限位开关等安全装置。当验船专家对安全限位开关的功能和对设备安全保障重要意义讲解以后，很多设备管理人员恍然大悟，切实体会到了装备管理理念上的差距。据时任“渤海四号”队长金晓剑回忆，这次重新“入级”是我国海洋钻井装备管理的一次革命，从根本上解决了我们海洋钻井装备管理不规范的问题，从制度上厘清了操作人员的责任范围，第一次真正理解了用第三方的眼睛来严格制约船东行为、促进船东管理的理念，了解了严格遵守管理规范和操作规程是与国际接轨的最低要求。中国海油正是通过重新入级认证并于1984年加入国际钻井承包商协会（IADC），开始用全球同行的基本要求来管束和管理整个反承包队伍，以及反承包安全行为和反承包中的工作行为。这一举措将我国海洋钻井装备管理拉回到国际通行轨道上来。

10.2.2 在合营公司中当好“学徒”

长期处于封闭状态下的中国，由于缺少对外交流，对国外的技术标准、行业惯例、管理方式等不了解，在反承包过程中仅靠自己改进很难。在对外合作的初期，面对外国作业者严格的要求，为了争取更多的反承包机会，中国海油选择了当时国际上一些知名的钻井公司成立合营公司，扎实、有效地学习国外海洋钻井装备管理技术和基本工作行为。

（1）借鉴合营公司健全管理制度

对外合作以来，中国海油先后同美国、英国、法国、日本等国家的公司合资成立了海达公司、里丁贝斯公司、中西赛公司、中日海洋钻井公司等四个合营钻井公司。这一时期国外多座半潜式钻井平台进入合营公司，如中西赛公司拥有“赛德柯601（Sedco 601）号”和“赛德柯602（Sedco 602）号”，里丁贝斯公司拥有“吉姆康宁汉号”，中日海洋钻井公司也租用“白龙三号”、“白龙五号”、“白龙九号”平台等，“南海二号”平台也作为中方资产加入了海达公司。

在合营公司中，中国海油不仅学习到先进的钻井作业工艺等专业技术，也学习到了现代化企业管理和公司治理、安全环保等先进理念。特别是钻机设备维保管理及作业人员管理等日常管理经验，包括交接班、倒班制度等。我国当时采用一天三班制，每班工作8小时，实行四班三倒制。而合营公司平台采用一天两班制（白夜班），28天倒班制度，每班各种岗位人员均配置齐全（含设备维修人员），两班制可控制平台人员数量，轮班倒休调节出海人员的身心状态，具有很多好处。借鉴合营公司做法，中国海油从人员生活水平、基本工作制度、陆地生活补贴、劳保用品、禁酒令等，针对每一个细节开始了一次彻底的改造，建立起一套管理做法和制度并一直沿用到今天，2000年以后还将这一制度逐步推广到中国海油部分远离城市的陆地工厂，大幅度减少了建设生活基地的投入。为了确保设备管理不出差错，通过学习合营公司做法，建立起每班设备管理人员都需要详细撰写书面工作日志、交接班记录制度，实现有据可查。另外通过向合营公司学习，报表中增加了大量过去陆地石油行业规定中缺少的数据，如在日报中补充可变载荷数据（包括储油、储水、散装罐材料重量）、海上风浪流等海况参数、船体重心等信息，这些数据为确保钻井装备安全作业提供支撑。

（2）借力国外培训平台培养钻机管理人才

合营公司成立之前，我国没有系统的钻井装备管理人才培养计划，也没有固定培训时间，主要采用“师带徒，传帮带”方式，依靠现场老师傅强烈的事业心和责任感培养人才，这种方式虽然在当时也卓有成效，但是难以满足日益增加的人才需求。

通过合营公司运作，中方不仅学习到先进技术和管理经验，同时也培养了一支熟悉国际运作惯例的作业队伍。在对外合作协议中明确外方必须培训中方的作业人员。比如，海达公司曾经选拔了两批人员到英国阿伯丁进行培训，第一批14人，第二批4人。合营公司对人员的培训很重视，例如取“四小证”时在水池中人工造浪来模拟海洋环境，所有的设备特别是水下设备均有实物解剖。大家很珍惜这次培训机会，虽然培训时间只有短短四个月，仍取得了很好的培训效果。

到阿伯丁参训人员很快学成回国充实到现场作业队伍中，将国外的先进理念、先进技术和先进管理方法应用到海洋钻井装备管理中。在此之前，虽然“南海二号”按照BP公司要求进行升级改造并通过了船级社的要求，但是BP公司还是不太信任中方的设备管理能力，因此在平台上仍然聘用外国人担任设备总监（轮机长），而中方为了锻炼自己的作业队伍，也只能接受“一岗双人”的配置，即一个岗位同时配备一名中方人员和一名外方人员。参加阿伯丁培训人员回国后到平台工作一段时间后，BP公司逐渐认可了他们的能力，“南海二号”平台各相关岗位开始全面使用中方人员。

从1983年11月6日开钻到1984年11月，“南海二号”不负众望顺利完成6口反承包井作业，总进尺19 500米，创造了当时我国海洋钻井年进尺的新纪录。海达公司破例给全船33名中方员工发了红包，并奖励一台彩电。作业者BP公司也对“井筒质量全优、无人身伤亡、无机械事故”高度认可，授予“全年安全作业无事故”牌匾。当时不仅在中国，在世界范围内也是少见的业绩，是一件非常值得骄傲的事情，为此中方人员有8人获得岗位晋升，受到时任国务委员康世恩的赞扬。

合营公司的成立对我国海洋钻井装备管理水平提升起到了很大推动作用，但在融合过程中也经过激烈的思想理念碰撞。当时中方装备管理人员最深刻的体会就是对于钻井作业成本控制概念，海上钻井每口井动辄花费数百万美元、数千万美元的投资费用，以设备高性能以及高效率而获得成本优势并拥有提供海上钻井服务最重要、最有力的话语权。中方人员也逐渐解放思想、摆正位置，严格按照装备管理要求，积极以“主人翁”的心态当好雇员，敢于承认落后而不甘心落后，积极学习和吸收合作伙伴带来的西方先进文化和管理理念。

10.2.3 甩掉“洋拐棍”，再次独立承担钻井作业

在经历“反承包”作业期间的观念转变，中方开始适应和接受国际钻井装备管理方法，加上合营公司期间海外培训，学到了国外钻井装备管理技术。到20世纪80年代中后期，中国海油在开展第三轮对外合作区块招标同时，开始全面迈开自营的脚步，加大了自营钻井作业量。

1982年2月，石油部海洋石油勘探局在东海龙井构造钻探“东海1井”，这是第

一次用国外作业者的新标准开展现代钻井的一次尝试。中国海油十分重视这次难得的学习机会，参与平台作业的都是当时海洋石油勘探、钻井、技术服务和管理的“精英”，大家参考挪威、英国的钻井规范以及前期参与对外合作同事编写的《对外合作钻井初步技术总结》，学习“打洋井”方式。“东海1井”是第一轮对外合作后，中方首次按国际规范钻的第一口自营探井，对钻井的相关服务项目对外承包，也是让中国石油界第一次体会到按国际标准钻一口野猫井的真实成本。海洋石油人由此深刻认识到装备的一些细小环节不到位可能会导致花费掉巨大的成本，理解到了装备效率和可靠性是成本的关键。

1984年，受到资金、技术等因素的制约以及国际油价的急剧下降，给对外合作带来了一定影响。这一时期康世恩到塘沽基地考察，看到不少工作船停靠在码头上。他在与渤海石油公司领导交谈后，敏锐地发现如果仅仅满足于通过大型装备设施获得美元收入，远远没有解决中国海洋石油工业的使命。他说“只搞对外合作是单线吊葫芦，不保险，必须对外合作和自营勘探并举”。按照康世恩的要求，中国海油一手抓设备维修，更新设备；一手抓队伍建设，转变观念，树立承包服务思想。坚持“质量第一、信誉第一、服务第一”理念，通过强化队伍技术训练，在技术和管理上取得了长足的进步。1985年，“渤海七号”承钻JZ20-1-1井，以这口井为标志全面迈开自营的步伐，开始形成适应国际通行技术标准要求，培养独立承担钻井作业能力。

1986年“南海二号”从合营公司回归后首赴东海进行自营井温州6-1-1钻井及测试作业。温州6-1-1井是东海海域温州6-1构造第一口预探井，作业海域水深84米。与自升式钻井平台相比，半潜式钻井平台“南海二号”作业时随着海浪的起伏而上下运动，尤其是井下测试要求高，大大增加了钻井装备操作难度。“南海二号”作业人员制定了相应预案，精心组织，确保了钻井装备各项性能稳定，取得测试成功，测试资料获得了验收专家高度赞扬和评价，完成了以前认为只有“老外”才能完成的任务。

“南海五号”是1986年从国外购置的，在中国南海钻的第一口井是“白云7-1-1”，开启了中方首次雇佣外国人当平台经理的先例，出现了中国人管理“老外”的新局面。在钻白云7-1-1井期间，作业人员严格按照装备管理规定，加强设备保养维护、预防设备故障，确保了安全高效作业，创造了当时国内作业水深500米纪录。在之后的很长一段时间内，国内的钻井平台都没有打破该作业水深纪录，直到“海洋石油981”于2012年成功钻成我国南海第一口深水井荔湾6-1-1井（水深1495米）才打破了这个纪录。

1988年，中国海油对公司钻井管理进行改革，实行钻井作业总承包，对钻井定额船天（建井周期）和单井成本包干，内部实行“两级管理、单独核算、分灶吃饭”。1989年实行定额作业船天、单井成本、定员，奖金与钻井定额作业船天、建井周期与提前作业天数、单位井成本开支挂钩，浮动奖金与井身质量、取心收获率和生产时效关联。建立起“三包”、“三挂”、“三浮动”奖励办法。由于考核制度的改变，对装备管理人员提出更高要求，人人都有责任感和危机感，提前计划储备设备更换备件，开展一些预防性维修，促使设备管理能力大幅提升，各项经济技术指标创下历史最好水平。

对钻井装备和钻井技术发展推动更大的是1991年开始的地区公司内“三条线”的试点，即石油公司相对独立管理，专业公司相对独立运行，基地及后勤单位模拟市场化“三条线”管理改革。石油公司成立钻井部，负责甲方钻井管理；钻井公司专注于装备管理和操作队伍管理“平台租赁”模式，提供乙方钻井技术服务。这项改革进一步推动了装备管理的提升和装备技术的进步。这一轮改革为在中国海油全面开始三条线改革奠定了坚实的基础，更为新一轮的钻井装备革命性的进步创造了条件和足够资金。以此为契机，结合水平井、大位移井钻井的需求，顶部驱动的全面引入、PDC钻头的全面推广、随钻测量全面应用和随钻测井的使用、非渗透固井添加剂全面国产化和水泥批混预混装置使用、聚合醇泥浆技术创新、低毒油基泥浆和高效线性振动筛等一系列装备技术和新材料新工艺的全面推广应用，大大提升了自营勘探和开发的水平。

对自身能力的一次全面检阅是著名的“优快钻井”。1995年“渤海十号”安全、优质、快速完成渤西油田歧口18-1油田三口试验井，平均井深3561米，平均每口井建井周期18.82天，其中P1井建井周期13.28天，一只PDC钻头单次起下钻进尺2509米，创多项同类井纪录，开启了渤海优质快速钻井的新篇章。歧口18-1优快钻井技术引起国内石油钻井界的高度重视，业界普遍认识到海上钻机的高效率和高可靠性是降低海上钻井成本的根本保证。

在与国际接轨的过程中，无论是钻井装备管理思想理念还是钻井装备管理技术，都经历了一场全方位的革命。对每一个经历过的人而言，这既是一个痛苦的适应过程，更是一个学习和自我提升的机会。接轨意味着必须转变观念，接轨意味着必须提高队伍自身技术水平，接轨意味着必须加强钻井装备管理水平，接轨意味着必须提升装备效率来确保作业高效率。回首30年的发展，正是在自营与合作过程中，与外国公司全面对比，暗自对标，贴身紧盯，才有了钻井装备管理技术快速进步。正是那些外方人员的“苛刻”要求，才给了平台设备管理人员学习和提升动力，正是对外合作中的挫折和磨难，才把中国海油推向全球海上钻井的竞争行列。这为中国海油走稳走好自己的路打下了坚实的基础。

与国际接轨有力推动了中国海洋石油坚持自营和合作“两条腿走路”。这个时期最深刻的体会是，高科技是中国海洋石油工业最迫切的需求和期待，高科技是装备可靠性保证、抵御风险、跨越自然障碍、获得收益的法宝。工程科技的进步、装备科技的进步、管理科学的进步是扎扎实实的从“学”到“用”的过程，从“用”到“优”的进步。

经历过对外合作刻骨铭心的磨难，完成了凤凰涅槃般的蜕变。独立自主的勘探和开发，就是蜕变后的升华。在此过程中，队伍素质得到全面提升，钻井装备作业能力以及钻井装备管理技术水平大幅提升，在自营中不断进取，在新的对外合作中不断获得好评，钻井平台完全达到国际通行技术标准条件，具备了独立承担钻井作业的能力。

10.3 兼容并蓄——在自营实践中提升

20世纪90年代，中国海油在与外方合作勘探开发的同时，积极开展自营勘探开发，走出了一条符合中国国情的海洋石油发展道路。在海洋钻井装备管理方面，通过合作和自营两条腿走路，将合作过程中学习到的先进管理技术和经验引入自营钻机管理，同时结合自身特点建立和持续改进自主钻机装备管理体系，采用预防性维护系统（preventive maintenance system，PMS）等辅助软件系统，将原来事后抢救、疲于奔命式的设备管理转变为事前预防性、预警性的设备管控，对设备全生命周期进行规范化、流程化管理，不断提升设备管理水平，保障自营作业期间钻井装备的安全稳定运行。

10.3.1 构建钻井装备管理及规范体系

（1）建立钻机装备管理体系与规范

中海油服是中国近海市场最具规模的综合型油田服务供应商，运营和管理着40多座钻井平台，其服务贯穿海上石油及天然气勘探、开发及生产的各个阶段，整体上代表了我国海洋钻井装备管理水平。中海油服在学习国外管理制度和自主承包作业基础上，建立起一套装备管理体系与规范，形成了用体系规范指导管理行为、按体系办事、靠规范运行的有效机制；建立起公司、作业公司、基层单位三级管理机制；制定了50多套制度文件体系，涵盖了计划性维修、采办管理、应急管理、坞修管理等内容；编写了《装备手册》、《程序文件》、《操作规程》等程序性文件，基本实现装备管理规范化、制度化；制定出《海洋钻井装置井控系统配置及安装要求》、《自升式钻井平台高速柴油发电机组选型技术标准》等行业技术标准以及《海上钻井平台锚链购置技术规格书》、《钻井仪表购置技术规格书》、《F系泥浆泵购置技术规格书》等技术规格书。这些规范、标准和规程等的编写和实施有力地促进了装备管理的规范化、标准化。

（2）建立钻井装备“数字档案”，提升快速决策管理能力

进入20世纪90年代，国内营运的很多平台都进入老龄期，特别是很多从国外购买的“二手”平台，如“渤海四号”和“渤海十号”等外购平台由于中方前期设计参与少，后期也没有针对平台设备进行过专门分析，平台设备、结构基础数据文档缺失，现场作业遇到问题时难以快速开展分析计算，只能根据以往作业经验判断。为了解决这个问题，中海油服通过实地测量、给关键设备安装传感器等方式进行“体检”,实时监测设备的运行状况,为平台建立“数字档案”并统一管理，并通过状态监测和数据分析，预测设备的运行状况。

统一管理的数字化平台模型、实时监测数据和一套分析评估方法能为现场提供快速应急决策支持。例如,“渤海四号”平台在钻井作业时遇到桩腿弦管变形问题，通过“数字档案”中的数字化平台模型及一整套有限元分析，快速给出了安全风险评价结论，并取得了国家法定检验机构的认可，获得了临时作业证书，避免了长达10个多月的待命风险。“海洋石油942”、“海洋石油937”分别在东海、南黄海作业期间都面临桩靴下沉应急工况，采用已建立的数字化平台模型，开展钻机插拔桩分析，及时为现场安全操作提供了技术支持。“海洋石油941”在南海某井位作业时遇到按传统插桩经验存在入泥非常深、难以完成作业的问题，通过深入分析插拔桩，结果表明在减少插桩深度的条件下，“海洋石油941”插桩、拔桩和作业能力都可以满足要求，为上述平台拿下相应井位价值1.7亿元的合同提供了技术支持，而作业顺利实施也证明了分析结论是正确的。

“数字档案”还可以为合理拓展平台作业时间窗提供依据，为平台争取到更大市场。由于南海东部和东海的冬季气象条件特征是长期存在波高大于2米的海浪，在严格按照操作手册执行的时候出现了长时间等待天气的问题，曾经引起作业者对“海洋石油941”、“海洋石油942”在冬季的拖航气象许可条件提出质疑，并认为冬季季风期间“海洋石油941”、“海洋石油942”不适宜在该海域作业。采用了数字化平台模型开展拖航移位条件研究，为南海东部和东海的自升式钻井平台在冬季相对恶劣的风浪气象条件下拖航移位提供技术依据，得到了作业者的认可，保住了中海油服自升式钻井平台在上述海域的市场，避免了高达2.2亿元人民币的

市场损失。另外通过对“海洋石油936”、“海洋石油937”、“海洋石油941”、“海洋石油942”以及“COSL Boss”等平台提供管理和技术支持，有效保障了在南海东部、南海西部、东海海域（皆为80~120米水深范围）以及印尼海域进行作业。

总之，通过给钻井装备建立“数字档案”，为海上钻井平台作业提供了技术支持，为关键的应急决策提供了理论依据，取得了扩展市场、保证安全高效作业效果。

10.3.2 编制PMS系统实现装备维保“全生命周期”管理

1988年，“南海二号”为BP公司钻完“温州6-1-1井”以后，为了满足和适应新形势对钻井装备管理的需求，中海油服借鉴英国海达公司PMS编制出我国第一套PMS装备管理体系文件。PMS涵盖了设备需求规划、设计、制造、选型、购置、安装及调试、验收、使用、保养维护、点巡检、检维修、改造、更新、报废及处置等“全生命周期”的管理过程，并引入设备维保新方法——预防性维修。PMS要求对设备进行周期性检修，根据设备磨损规律，事先确定维修类别、维修间隔期、维修内容、修理工作量及技术要求等。预防性维修克服了以往“头疼医头、脚疼医脚、有病则治、无病则走”做法，提前对海上钻井设备进行系统性检查、测试和更换以防止功能故障发生，使钻机性能维持在规定状态，提高装备作业时效，安全和维修成本均得到了有效控制。

通过使用PMS系统，装备使用和管理人员提前介入到前期选型决策阶段，坚持设计、购置与使用相结合，为设备建立了“全生命周期”技术档案，对设备实施“时间上从远到近、空间上从内到外、功能上从大到小”的立体化管理，提高钻井设备管理效能。首先在选购设备时，做到适用、经济合理、技术先进、运行可靠、维修方便。其次在设备安装调试过程中，做到严格按照工艺要求对每道工序复核，充分利用调试阶段对设备运行质量进行分析和统计，不断改善和提高设备的性能、精度和效率。最后在维修保养期间，按事先制定的计划和技术要求进行预防性维护，防止设备的功能、精度降低到规定的临界值，降低故障率。

“南海五号”采用PMS系统统一管理平台上所有设备的保养维护时间和项目，避免了“漏保”或“超保”。同时系统还显示备用零配件和材料的最高限额和最低限额，既能满足日常维护保养的需要，又能防止备件过多造成积压浪费。保证了“南海五号”在连续作业的情况下，始终保持了设备正常运行，钻井平台日费率达到了100%。在一年时间内为ACT集团作业的惠州21-1油田钻生产井13口，总进尺3.5万米，并提前完成了合同规定任务，实现了安全、优质、快速钻井。其人员素质、工作作风、设备管理得到了外国作业者高度评价，被誉为“东南亚第一平台”。由于“南海五号”承包服务工作出色，取得了作业者的充分信任，在惠州21-1海上作业还没有结束时，就又获得了惠州26-1油田20口生产井的承包合同。

同“南海五号”一样，“渤海十号”采用PMS系统，将日常检查维保和专业检查维保结合，利用人的感官和所配置的测温仪、测振仪对钻井设备开展“三级状态监测”，即由维护人员每日、班组长每周、“三师”每十天监测。“三师”们首先在设备本体上标志监测部位及点数，设立状态监测指示牌，持续对设备运行状态进行监测，并依据准确、及时的设备运行状态监测数据，进行整理、统计和分析，定期编写《设备状态监测分析报告》，来指导设备的检修。

10.3.3 钻机管理再提升，助力国内“优快”创佳绩

开发一个海上油田，平均要投入十亿到几十亿元人民币，其中钻井、固井的费用要占油田开发投资的40%以上，而且还有逐年上升的趋势。因此，降低钻井成本是油田降本增效的主要措施，而降低钻井成本最直接方法就是提高钻井速度，缩短钻井周期。一方面，缩短一天钻井时间就可以节约作业成本数十万元；另一方面，缩短了钻井周期，使油田提早投产，提前回收勘探开发投资，效益也非常可观。

从1995年开始，中国海油在渤海油田实施优快钻井技术。当年，在平均井深3560米的歧口18-1油田，平均钻井周期仅18.82天，此前，同类井的钻井周期大约需要50天。随着优快钻井技术的发展和不断成熟，在海上油气开发中发挥越来越重要的作用。1996年2~4月，“渤海十号”钻成歧口18-1-P4高难度三维定向井，穿过两个靶点，井斜达到62.5度，完钻井深4735米，是当时渤海地区最深井。1996年9~11月，“渤海八号”承钻绥中36-1J区平台15口生产井，平均井深1876米，公司进一步发扬团队精神，平均每口井建井周期3.71天，最快的一口井仅用2.6天，将这一海域的钻井速度提高了3.8倍。1997年初，“渤海十号”承钻歧口17-3平台9口生产井，平均井深2435米，平均建井周期7.96天，创造中国海油6项钻井新纪录，接近国际先进水平。以绥中36-1 II期开发工程为例，共计动用钻机5台，历时585天，钻井固井182口井，钻井总进尺349 521米，平均钻井周期3.22天。这得益于通过科学衡量对比，精心搭配，使地面的辅助工作尽量不占用钻机时间，开展交叉作业，使钻机发挥出了最佳效益。创造了渤海油田开发建设中，持续时间最长、动用钻机最多、钻井效率最高的“三最”纪录，这标志着钻机设备管理迈上新台阶。

我国钻井装备管理技术在自营勘探开发中得到了长足的进步，逐步建立起装备管理体系，采用PMS系统实现装备“全生命周期”管理，通过技术创新，为钻

井装备建立“档案”，形成了快速应急响应及决策支持能力，经受住了优快钻井对钻井装备的严格考验。

10.4 持续改进——走向海外打造全球竞争力

中国海油旗下的钻井专业服务公司经过“五合一”、“七合一”重组，新组建的中海油服成为中国近海市场最具规模的综合型油田服务供应商。2008年，中海油服成功收购Awilco公司，获得了8座自升式钻井平台和3座在建的半潜式钻井平台，以及一个半潜式钻井平台的设备包。并购后中海油服有近半数钻井船队在海外提供服务。2002年12月中海油服在香港联合交易所挂牌上市，至此中国海油钻井装备开始全面走出国门。

走出国门面临巨大的市场挑战，也对钻机装备管理提出了更高的要求。中海油服锐意创新，适时建立了全球钻井法律法规数据库，引入船舶管理信息系统AMOS实现成本有效管控，采用创建“标杆”平台等措施，提升钻井平台运营能力，与国际知名钻井承包商同台竞技，经受住了国际市场的全面考验。

10.4.1 开发全球钻井法律法规及标准规范数据库系统

在走出国门的过程中，由于各国各地区的法规和规范各不相同，特别是一些发达国家，对其海域内石油行业的要求非常严格，即使是按照最新国际标准建造的钻井平台，由于受到当地各种法规及标准规范的制约，在某些方面也难免达不到要求。为了加快拓展海外市场，中海油服开发了国际海洋钻井行业法律法规及标准规范查询系统，对国外的法规规范进行分类查询，在钻井平台出国作业准备阶段针对目标海域梳理出具体的要求，并提前进行整改，为钻井平台打入国际市场创造有利的先决条件。

2012年，在“海洋石油936”为墨西哥国家石油公司提供钻井服务出国前准备过程中，利用查询系统快速准确了解到了墨西哥国家相关法规规范信息，梳理出包括救生衣、呼吸器等相关的及其他一些非常少见的技术要求。根据这些技术信息和要求及时进行了适应性改造工作，使“海洋石油936”在到达墨西哥进行钻前检验时仅花6天时间就顺利通过验收，比前期到达该海域的另外一艘国外钻井平台钻前检验时间缩短了36天，创造了可观的效益。

10.4.2 引入AMOS系统降低维保成本

海洋钻井装备在国外提供钻井服务具有作业区域广、部署分散和海上作业设备维保时间紧等特点，主要面临三个挑战：一是难以及时了解在全球各地作业的钻井装备的维修保养情况，存在着如何集中管控的问题。二是钻井装备现场备件/库存管理难度大，由于作业分布于海上，存在着备件设备是否能及时运送到平台的问题，特别是钻井装备在国外海域作业时，这个问题尤为突出。三是备件/库存采购管理难度大，如果钻井装备在全球不同地区作业，备件各自采购，采办成本将会增加。

如何对公司拥有的庞大海洋钻井装备群进行有效维修保养管理，同时降低装备维保成本是公司面临的新挑战，仅仅依靠原有的PMS系统已难以满足服务要求和国际竞争需要。国际上广泛采用的AMOS系统（船舶管理信息）能够解决上述问题。AMOS系统主要包括设备维修保养管理、备件采购及库存管理、物料采购及库存管理、证书管理、船岸数据同步、监控管理、业务数据维护、油料管理、修船管理等功能。

2013年，中海油服在5座钻井平台上新增运行了AMOS系统，统一了设备维保标准和工作界面，数量达到1841套设备、6086款条目，实现海外多个海洋钻机之间AMOS系统无缝对接，以及单台套设备库存分析、账龄分析常态化管理，并以账龄为依据，大面积二次储备定额，完善物资定额5800项。首次以过去3年消耗及设备特性为依据，制定单台套、单类别通用物资消耗定额，提前筹划年度消耗计划和采购计划实施方案。

中海油服通过采用AMOS系统等多种管理措施，降本增效创佳绩，仅2013年就降本27 505万元，增效85 336万元。库存结构进一步优化，三年以上无动态物资下降2719万元，全年节约材料费用3600万元。

10.4.3 形成主动培训体系，提升装备管理人员素质

装备管理人员要有广阔的视野，能站在更高的层次上认识和处理设备维修、更新问题，能主动了解和预见技术发展、市场变化趋势，为设备造型决策提供可靠依据，不仅要避免低水平、落后技术的使用造成作业低效和后期改造压力，还要避免过大的转换引起成本损失。这就要求装备管理人员不仅要做好设备维修、改造等技术和管理工作，而且要学习和掌握现代市场经济知识和理念，对企业发展战略、核心竞争能力、市场动向、业务发展计划等给予充分重视，从而提高装

备管理的自觉性、预见性和主动性。这些知识和观念的得来就需要依靠系统的培训和培养。

在中国海油逐渐壮大发展和国际化的过程中，对员工的系统培训也经历了三个阶段。20世纪80年代，以自学为主、选派优秀人员到国外进行培训为辅。当时关键岗位主要由外国人担任，可以在工作中向国外人员学习。另外根据公司技术和业务发展需要，选派一些业务能力强的员工到国外进行培训。到90年代以后，以现场培训和“师带徒”培训为主，在这种培训模式下新手能够很快地熟悉设备和操作，参与实际工作，但是这种培训缺乏系统性，学习资料也比较少，在平台作业现场也仅仅有平台操船手册、规范、验船遗留问题清单等零碎资料，不利于人才的全面成长。到2000年以后，采用了理论培训和实践培训结合、国内和国外培训并重、“请进来”培训和“走出去”培训同时进行等举措，形成了一套有规划、有目标、有组织、系统化的立体式的主动培训体系。

2008年，中海油服成立了中国海油COSL工程技术学院，整合公司技术人才培养资源，配备了滑移钻机、培训井架、培训试验井、操作模拟器以及国内唯一一套直流电控传输模拟培训器等设施，供技能人才进行模拟操作。同时，注重培训针对性和系统性，强化海事师、材料师等急需提升岗位技能培训，编写了《水下师培训教材》、《半潜式钻井平台深水锚泊教材》等50多套培训教材，采用多媒体讲解，图文并茂，更加直观，易于理解。例如，将水下防喷器的拆装过程做成三维动画，新入职水下师通过培训快速上手，将平台设备大修的过程拍成照片和视频，作为培训教材，让新入职员工学习，并做到学以致用。

同时，还制定出一套培训管理制度，制定三级培训计划，即内部培训、外部培训和国外厂家培训。通过与高校联合培养和组织外语培训等方式，提升队伍的管理能力和技能水平。针对不同的培训目标，采用不同的培训方式和培训教材，使培训的内容更为准确。仅2013年全年组织物资装备系统培训219期、2517人次，开展外部培训10期、248人次。

与此同时，中海油服还为员工搭建了技能比武和岗位练兵的平台，把36个主体工种岗位按照国家职业技能鉴定标准进行规范，并建立专业技能考核站，开展职业技能鉴定。截至2014年底，已有4112位技能人才参加了鉴定，得到岗位晋升。专业培训和岗位晋升的双重激励进一步提升了培养效果，大幅提高了员工素质、能力和水平。

10.4.4 打造“标杆”平台，突破重围夺订单

在建立健全钻井装备管理及规范体系，依托PMS、AMOS等软件系统提升管理效率，不断强化基层队伍建设的基础上，为了进一步提升队伍的凝聚力和执行力，激发和调动工作的积极性，中海油服推出“标杆平台”创建活动，制定出内容多达9项39条219小项考核细则，对标国际一流钻井平台，考核内容细致，评分细则严格。并建立激励机制，对达标“标杆平台”按月度、年度给予不同的物质激励。此举有效激发了一线员工热情和斗志，集体荣誉感和凝聚力也得到升华，平台管理水平大范围、大幅度提升，达到了管理模式促进生产力的目的。

通过争创“标杆平台”这种钻井装备管理的新模式，不断完善和提高工作标准，促进基层队伍建设，使这种学习和创新循环往复、永无止境，将竞争压力变为前进的动力，使工作能力得到提高，使管理水平得到提升。涌现出像“海洋石油981”、“海洋石油937”等一批管理典型平台。

自2014年以来，整个石油行业进入“严冬”，世界各大石油公司纷纷削减预算投入，裁减人员，国外石油公司也纷纷将原有开发计划搁置或延期，相当数量钻井平台被迫“待机”。2015年1月，印尼国有天然气勘探开发公司就其位于苏腊巴亚北部海上区块的钻探项目公开发布了招标通知，数家国际一流钻井承包商和印尼本地的钻井承包商参与投标，竞争十分激烈。

中海油服首个海外“标杆”平台“海洋石油937”与其他6家国际一流钻井承包商及多家占尽天时地利人和的本地钻井承包商共16座钻井平台同台竞标，在甲方严格的现场勘查中，“海洋石油937”充分展示了“标杆”平台建设成果，显示了优秀的HSE管理绩效、完善的设备管理系统及优良的队伍建设能力。平台的工作标准和管理水平赢得了验船组的高度赞誉，称赞“第一次见到管理这么好的平台”，最终成功中标印尼苏腊巴亚北部海上某区块钻探项目作业合同。

高风险、高投入、高科技是全球对海洋石油工业的基本认识，也是中国海洋石油工业的基本特征，作为支撑这个行业基础支柱之一的海洋钻机，也离不开行业发展基本规律和特征的指引。把握好这个规律和特征，长期坚持管理理念和思想创新，将引领海洋钻机管理向正确的方向快速发展。

经过多年发展，我国海洋钻井装备技术及其服务能力进入世界前列，在国际钻井高端市场上已占有了一席之地。目前的管理体系基本适应我国海洋石油事业的需求，并与国际石油工业逐步接轨。海洋钻井装备管理在技术水平、费用控制、人员素质等方面都具有较强的竞争力，基本形成国际化的钻井装备管理能力。

但构建海洋钻井装备科学管理体系是一个庞大的、复杂的、动态的过程。我国海洋钻井装备管理技术体系经历从无到有，从摸索前行到自主创新，从制定国内钻机维保程序到建立健全国际化钻井装备营运管理技术体系，逐步建立起自主的海洋钻井装备管理体系。鉴于行业和企业现有的硬件基础及人员素质水平，以及风云变幻的国际竞争市场，海洋钻井装备管理体系还需要根据内外部市场环境条件变化，不断地重组再造，不断地再设计，不断发展完善，始终保持一种“在路上”的状态。

引进、消化、吸收、再创新，三十多年来，中国海油始终踏着“兴海强国”的浪潮，为追逐“蓝色梦想”大步前行。我们有理由相信，通过上下高度统一，多方参与协作，并不断摸索与实践，积累经验，稳扎稳打，定会建立起与我国海洋钻井装备管理发展需求相适应的、与时俱进的设备管理模式，并不断推陈出新，持续改进，迎接市场的挑战。

第十一章

奋发图强——我国海洋钻井装备制造企业掠影

大海茫茫藏油龙，两手空空怎奈何？如果没有海洋钻井装备，海洋油气资源的勘探开发根本无从谈起。半个多世纪以来，伴随着海洋石油工业的不断发展，我国海洋钻井装备制造企业起步于荒芜,经历过黑暗中的艰苦摸索,也曾紧跟在“洋师傅”身边勤学苦练，现如今业已突破重围，成长为一名顶天立地的“汉子”。他们是见证者，伴随着海洋石油事业走过了从无到有、从小到大、从弱到强的发展历程，见证了海洋石油人敢闯敢拼、科学发展的创新之路。他们更是亲历者，攻坚克难、突破创新，为海洋油气勘探开发提供了海上重器。他们奋发图强，在落后国际水平70年的客观条件下走出了一条跨越之路，创造了一个又一个奇迹，为我国海洋石油事业的发展做出了不可磨灭的贡献。

11.1 兰州兰石集团有限公司

兰州兰石集团有限公司（简称“兰石厂”）始建于1953年，由“一五”计划期间国家156个重点建设项目中的兰州石油化工机械厂和兰州炼油化工设备厂合并而成，是中国石油化工机械和装备制造的开创者。目前兰石厂已成为我国规模大、实力强，集石油钻采和炼化设备设计、制造为一体的能源装备研发企业之一。在60余年的发展中，兰石厂自强不息、创新发展，填补了新中国石化装备领域百余项国际、国内空白，获得省部级以上科技奖励156项、专利95件，主持制订国家标准44项、行业标准51项。在兰州市区、兰州新区和青岛建设有三个研发设计生产基地，并建成国家级技术中心和国家级实验室各1个，现拥有职工8000余人，专业技术人员3000余人，其中30人享受国务院政府专家特殊津贴。

作为我国石油钻采装备制造的先驱企业，兰石厂是最早参与海洋组块钻机攻关的制造企业，不仅成功参与完成了我国第一个现代化海上油田埕北油田A区组块钻机总体设计，而且提供了全套钻井设备。这是兰石厂，也是我国深度参与设计建造的第一个海洋组块钻机，为后来海洋模块钻机的国产化奠定了坚实的基础，对我国海洋钻井装备的设计制造起到了重要的推动作用。

1989年，中国海油开始与国外石油公司在南海东部海域合作开发油田。兰石厂凭借在埕北油田积累的组块钻机建造经验，获得了惠州21-1/26-1和惠州32-2/32-3油田钻修机EPC工程总包建造任务。为尽快掌握核心技术，兰石厂认真研究国外标准、改进生产工艺，大幅提高了设备的产品质量。梅花香自苦寒来，最终由兰石厂研制的HZJ45D型钻机设备一次验收合格，并顺利应用于我国南海东部第一个合营油田惠州21-1油田。其余几座由兰石厂提供钻井装备的海上平台也先后顺利投入使用，为早期南海东部油田开发立下了汗马功劳。

1993年，兰石厂再次向美国菲利普斯为作业者的西江24-3油田提供HZJ70D型海洋钻机1套。

2001年1月，兰石厂改革重组，其主营业务石油钻采板块与当时世界上最大的石油机械制造跨国公司美国国民油井公司合资，组建了新的兰州兰石国民油井石油工程有限公司（简称“兰石国民油井公司”）。通过引进消化吸收外方的先进技术和管理经验，并结合自身的技术特点和优势，成功开发了一批符合我国国情且具有国际先进水平的钻机产品。

持续不断的技术创新是企业发展和进步的原动力，也是我国海洋石油开发的时代要求。2003年，新公司再接再厉，研制成功钻深达7000米的海洋直流驱动钻机，并成功应用于中国南海东部番禺4-2/5-1油田和渤海的旅大5-2油田。作为模块钻机设计建造的总承包方，开创了国内石油装备制造公司EPC总承包海洋钻井模块工程的先例。此后，他们再次研发多种型号的海洋钻机，并分别应用于我国南海西江、陆丰、番禺、惠州等多个海上油气田。

2005年，成功研制的9000米单斜瓶颈式塔形海洋井架装配在“海洋石油941”上。2008年以来又先后为“海洋石油938”、“胜利作业三号”、“胜利作业六号”和“胜利作业九号”等自升式钻井平台研制多种型号的海洋平台钻机井架。

2010年，为南海东部陆丰13-2油田研制的HZJ70/4500型海洋交流变频钻机通过甘肃省技术鉴定，入选甘肃省2012年新产品新技术名录。

表11.1 兰州兰石集团有限公司海洋钻井装备研发大事记

时间（年）	项目业绩
1983	为埕北油田A区组块钻机提供钻井设备
1989	成功研制4500米钻/修井模块，应用于惠州21-1油田
1991	成功研制3200米钻/修井模块，应用于惠州26-1油田
2003	成功研制7000米海洋直流驱动钻机，应用于番禺4-2/5-1、旅大5-2油田
2005	成功研制9000米单斜瓶颈式塔形海洋井架，应用于“海洋石油941”自升式钻井平台
2010	成功研制7000米海洋交流变频钻机成套设备，应用于陆丰13-2油田

表11.2 兰州兰石集团有限公司海洋钻井装备数量统计表

时间（年）	应用油气田/平台/项目	装备类型	数量（套）	用户
1983	埕北	HZJ45钻机	1	中国海油
1989	惠州21-1	HZJ45D钻修机	1	ACT
1991	惠州26-1	HZJ32D钻修机	1	ACT
1993	西江24-3	HZJ70D钻机	1	菲利普斯

续表

时间（年）	应用油气田/平台/项目	装备类型	数量（套）	用户
1995	惠州32-2/32-3	HZJ32D钻修机	2	ACT
2003	番禺4-2/5-1	HZJ70D钻机	2	Devon Energy
2005	旅大5-2	HZJ70D钻机	1	中国海油
2005	海洋石油941	钩载675吨塔形井架	1	中国海油
2006	西江23-1	HZJ50DB钻机	1	中国海油
2008	海洋石油938	钩载675吨塔形井架	1	中国海油
2008	胜利作业三号	钩载450吨塔形井架	1	中石化
2009	胜利作业六号	钩载450吨塔形井架	1	中石化
2009	胜利作业九号	钩载450吨塔形井架	1	中石化
2010	陆丰13-2	HZJ70DB钻机	1	中国海油
2012	陆丰13-1	HZJ70D钻机	1	中国海油
2012	番禺34-1	HZJ70DB钻机	1	中国海油
2013	惠州25-8	HZJ70DB钻机	1	中国海油

11.2 中国石油宝鸡石油机械有限责任公司

中国石油宝鸡石油机械有限责任公司（简称“宝石厂”）是中国石油天然气集团公司所属的石油钻采装备研发制造企业，前身为陇海铁路机车修理厂，成立于1937年。1953年春，国家一声令下，宝石厂由铁道部划归燃料部石油管理总局，命名为第一机械厂。抗战时期留下的老员工和一批从前线凯旋的转业解放军组成了新的产业队伍，开始了宝石厂石油机械制造的创业之路。经过60余年的发展，目前宝石厂共有员工8170人，其中高级以上职称276人，享受国务院政府特殊津贴专家2人。先后荣获国家和省部级科技奖励96项，累计获得国家专利授权525件。2011年12月，科技部批准依托宝石厂建设了“国家油气钻井装备工程技术研究中心”，这是我国油气钻井装备行业唯一的国家级工程技术研究中心。

宝石厂第一次“下海”可以追溯到20世纪70年代初。1970年，国务院正式批准在大连红旗造船厂建造我国第一座海上自升式钻井平台“渤海一号”。作为石油部唯一的部属机械厂，拿下海上自升式钻井平台钻机井架这块“硬骨头”的任务，就责无旁贷地落在了宝石厂的肩上。他们急国家所急、敢为人先，以陆上钻机井架为基础，按照海上钻井作业的要求，从取消井架绷绳、加大井架底部结构开档、加强井架横拉撑杆等技术革新措施入手，通过一系列的海洋环境适应性改造，最终研制成功用于“渤海一号”的我国第一座41米高、钩载130吨的海洋井架。

1981年，宝石厂再次被委以重任，承担“勘探三号”钻井平台动态井架设计、建造的新任务。“勘探三号”是我国首座自主设计、建造的半潜式钻井平台。不同于固定式平台和自升式钻井平台，半潜式钻井平台在海上作业时会随着风浪和海流的作用而“漂浮移动”，所以半潜式钻井平台的钻井井架除了需要承受各种钻井作业中出现的垂直与水平载荷外，还要承受钻井平台在漂移、摇摆、升沉运动中所引起的额外附加动载荷。半潜式钻井平台钻井动态井架的设计建造技术当时在国内尚属空白，宝石厂通过技术攻关，突破了海洋环境载荷和平台运动引起的动态载荷计算校核方法，成功完成了我国第一套钩载450吨的海洋动态井架设计建造。

2002年，宝石厂抓住历史机遇，成立了专攻海洋钻井装备设计、制造的海油工程部。同年9月，凭借良好的设备研发基础与制造实力，宝石厂与英国的RDS公司、深圳胜宝旺公司（CSE）结合成CBR联盟，承担中国海油南海东部惠州19-3/19-2油田2套海洋模块钻机的钻井包建造任务。

同年，宝石厂再次承担我国东海春晓气田天外天HZJ70D钻井包建造任务。此后在2002~2010年，宝石厂研发建造的多种型号海洋钻机成功应用于我国南堡35-2、番禺30-1、渤中28-2南、锦州25-1/25-1南、绥中36-1等多个海上油气田的模块钻机项目中。

2010年，宝石厂通过技术攻关，成功研制了重量同比减轻20%的7000米双锥式海洋钻机井架，应用于“海洋石油921”等4座自升式钻井平台。与此同时，宝石厂还第一次通过总包的方式为上述4座自升式钻井平台提供了全套钻井包。2011年12月，我国首座3000米深水工程勘察船“海洋石油708”交付使用，宝石厂研发的最大钩载230吨、适用水深3000米的工程钻机等高端装备再次在这座具有标志性意义的大型深水勘探装备中获得应用。

2011年，宝石厂成功研制了K型动态海洋平台钻井井架并应用于中国海油半潜式生产平台“挑战者号”上。该套K型动态海洋井架采用前开口结构，承载能力为450吨，底部开档超过15米，高度达到49米，可抵御海上17级台风。

2013年，宝石厂进一步整合集团内部海洋钻井装备制造的优势力量，由原来的迪拜海洋平台项目部、海洋装备销售分公司、北京宝石MH海洋工程技术有限公司、青岛宝石重工有限公司和配套加工厂等5家单位组成的宝石机械海洋石油装备分公司正式成立，标志着宝石厂形成了海洋钻井装备研制完整的产业服务链。

经过在国内市场20余年的历练，宝石厂海洋钻井装备相关产品的质量已经接近或达到国际同类水平，在国际市场上一展拳脚成为宝石厂21世纪的目标。2006年，宝石厂承担了为中海油服总包建造PEMEX四座模块钻机的任务，提供了包括钻井绞车、泥浆泵、井架、天车等在内的钻井设备。由此，宝石厂的海洋钻井装备产品随着中国海油打入了国际市场。

2009年以来，面对国际金融危机对实体经济的影响，宝石厂及时调整战略，凭借过硬的产品质量，于2011年为韩国大宇造船海工株式会社建造的坐底式海洋钻井平台提供了包括提升系统、循环系统、动力系统等在内的全套海洋钻井系统，标志着宝石厂成套海洋钻井系统成功打入主流国际市场。喜讯于同年11月再度传来，由宝石厂总承包的300英尺自升式海洋钻井平台交船仪式在大连隆重举行。这套具有独立自主知识产权、达到国际先进水平的自升式钻井平台是宝石厂2009年9月与中国石油技术开发公司签订的出口阿联酋迪拜“1+1”300英尺自升式海洋钻井平台EPC总包项目合同中的第一套，它的成功交付开启了国内石油装备研发制造企业出口整套海洋石油钻采装备的先河。

表11.3　中国石油宝鸡石油机械有限责任公司海洋钻井装备研发大事记

时间(年)	重大事件
	国产化
1970	研制国内首套钩载130吨无绷绳塔形井架，应用于我国首座自升式钻井平台“渤海一号”
1981	研制国内首套钩载450吨动态井架，应用于我国首座半潜式钻井平台“勘探三号”
2002	研制海洋模块钻机钻井包，应用于南海东部海域惠州19-3/19-2油田
2010	研制井架重量同比减轻20%的7000米双锥式海洋钻机井架，应用于渤海湾“海洋石油921”等4座自升式钻井平台
	走出国门
2006	为墨西哥湾PEMEX四座模块钻机提供包括钻井绞车、泥浆泵、井架、天车、游车、转盘、水龙头等在内的主要钻井设备
2011	为韩国大宇造船海工株式会社的坐底式海洋钻井平台提供包括提升系统、循环系统、动力系统等在内的甲板以上全套海洋钻井系统装备
2011	研制具有自主知识产权的自升式300英尺钻井平台并出口阿联酋迪拜

表11.4　中国石油宝鸡石油机械有限责任公司海洋钻井装备数量统计表

时间（年）	应用油气田/平台/项目	装备类型	数量（套）	用户
1970	渤海一号	钩载130吨海洋井架	1	中国海油
1984	勘探三号	钩载450吨动态井架	1	中石化
1997	港海一号	HZJ50D钻机	1	中石油
2002	惠州19-3/19-2	HZJ50D钻机	2	中国海油
2002~2004	春晓气田	HZJ70D钻机	2	中国海油
2003~2004	CPOE61	HZJ30DB钻修机	1	中石油

续表

时间（年）	应用油气田/平台/项目	装备类型	数量（套）	用户
2004~2005	南堡35-2	HZJ50D钻机	1	中国海油
2005~2006	番禺30-1	HZJ70D钻机	1	中国海油
2003~2004	CPOE63	HZJ30DB钻修机	1	中石油
2006~2008	墨西哥PEMEX项目	HZJ70D钻机	4	PEMEX
2006~2008	LIFTBOAT	HZJ30DB钻修机	1	中国海油
2006~2009	CPOE3/5/6/7/8/9/10	HZJ70DB钻机	7	中石油
2007~2008	COSL93	HZJ90DB钻机	1	中国海油
2008~2009	渤中28-2南	HZJ50DB钻机	1	中国海油
2008~2009	锦州25-1南	HZJ70DB钻机	1	中国海油
2008~2009	渤中19-4南	HZJ50DB钻机	1	中国海油
2008~2009	锦州25-1	HZJ70DB钻机	1	中国海油
2008~2009	CPOE33	HZJ30DB钻修机	1	中石油
2008~2009	CPOE62	HZJ30DB钻修机	1	中石油
2008~2010	海洋石油921、922、923、924	HZJ70D钻机	4	中国海油
2009~2010	绥中36-1	HZJ40DB钻机	1	中国海油
2011	大宇坐底式钻井平台	HZJ70DB钻机	1	韩国大宇
2011	300英尺自升式钻井平台	HZJ90DB钻机	7	迪拜
2011~2012	“挑战者号”半潜式生产平台	钩载450吨动态井架	1	中国海油

11.3 南阳二机石油装备（集团）有限公司

南阳二机石油装备（集团）有限公司（简称“二机厂”）的前身是中国石化集团河南石油勘探局南阳石油机械厂（石油部第二石油机械厂），由石油部于1970年在河南省镇平县遮山腹地投资兴建，1976年在南阳市区进行易地改造，1989年建成配套完善的崭新厂区并完成战略搬迁。2004年6月改制，由原来的国有企业变更为有限责任公司。二机厂是我国研制石油钻采装备的大型企业之一，公司现有员工2100余人、中高级技术职称专业人才500余人，其中享受国务院特殊津贴专家4人、教授级高级工程师7人、省部级学术技术带头人8人。拥有13个生产分厂、两个中美合资公司、6个子公司和控股公司。公司成立以来，荣获国家及省部级科技奖励32项，获国家发明专利授权21项、实用新型专利195项。

二机厂的海洋钻井装备制造之路始于我国第一套用于胜利油田的海洋修井机

研制。1993年，二机厂曾仅凭一张进口海洋修井机图片，在认真研究浅海油气田开发对海洋修井机的要求后，大胆以陆地修井机结构为基础进行改型设计，研制出了HXJ80A海洋修井机并配备在中石化胜利油田“胜利作业一号”自升式修井平台上。虽然“胜利作业一号”HXJ80A海洋修井机的设计和基本结构还未脱离陆地修井机的窠臼,基本上只是将陆地修井机“搬”到了海洋平台上,存在着占地面积大、作业效率低、安全防爆等级不高等缺陷，但这是我国自行装配的第一套用于海上的修井机，拉开了我国海洋修井机的攻关序幕。

进入20世纪90年代，国际油价在低迷中徘徊，渤海一批油气田相继转入开发，而我国海洋修井作业还需要依靠高价购置进口修井机来完成。为减少对进口装备的依赖、促进中国海洋石油工业的可持续发展，中国海油明确提出要通过国内招标的方式采购国产修井机。1996年，二机厂凭借在海洋修井机研发方面的技术优势，顺利承担了位于渤海湾西部歧口18-1油田的国产修井机研制任务。当时的项目负责人、现任公司副总经理兼总工程师张勇回忆当年的研制情景，各种经历仍然历历在目。当时要求这台海洋修井机要能在歧口油田群两个平台之间实现搬迁和共享，而两个平台结构不同、井口槽布置不同、移动导轨间距不同，并且平台上吊机起重能力有限，要求单个模块重量不得超过8.5吨，设计的难度前所未有!

面对前所未有的困难和挑战，二机厂组织精兵强将认真研究，派设计人员深入现场一线，充分了解工程需求，认真听取操作人员对修井机设计的意见。从总体方案确定、模块功能划分、动力系统匹配、绞车箱体设计，到搬迁运输安装等各方面开展攻关，集思广益，最终在1997年研制成功我国首台现代化海洋修井机。

2000年，二机厂乘胜追击，承建歧口17-2油田修井机。在歧口18-1油田修井机研制经验的基础上，二机厂全面采用有限元分析技术进行修井机井架、底座等结构设计，引进先进的焊接和涂装工艺，使歧口17-2油田修井机质量得到了根本性提升,并首次通过了DNV的第三方检验,完全实现了海洋修井机的国内自主制造,替代了进口产品。

2001年，二机厂再次承担了南海西部文昌13-1/13-2油田修井机建造任务。在这次建造中，二机厂还第一次用系统集成的设计理念，设计并提供了泥浆泵组、固控系统、井控系统等关键配套设备，该项目的成功实施标志着二机厂的海洋修井机研制由主机向系统集成方向发展。此外在本项目中，二机厂将自主研发的表面热喷铝工艺成功应用于文昌13-1/13-2油田海洋修井机井架的建造中，极大地提高了设备的防腐能力。

此后，二机厂先后又为渤海秦皇岛32-6、锦州25-1南、锦州9-3等国内多个海上油田提供海洋修井机和钻修机。

2005年以来，二机厂在不断完善海洋修井机产品系列的同时，积极向海洋模块钻机设备研制方向进军。通过技术攻关，先后为中国海油渤海金县1-1、垦利1-1及东海春晓气田提供了四台HZJ50DB海洋模块钻机。2014年5月，为东海平湖油气田综合DPP平台设施升级改造项目量身定制、由二机厂自主研制的国内首套自举式9000米海洋模块钻机井架及提升系统顺利完成了载荷试验、应力测试等全部试验，标志着二机厂在海洋钻井装备研制领域又实现了一项重大突破。

随着产品质量和性能的稳步提升，二机厂的海洋修井机也逐步走向了海外市场。早在2003年，二机厂就与中国海油合作，为蓬莱19-3项目提供了一套集完井、修井、侧钻于一体的海洋钻修机。通过创新的建造工艺技术和高效的项目管理方式，二机厂在3个月内就圆满完成了这套海洋钻修机的建造任务，为蓬莱19-3油田的快速投产做出了重要贡献。

2005年，中海油服联合二机厂投标印度尼西亚苏门答腊海上油田四座模块化海洋修井机建造项目并顺利中标。他们创造性地采用了小模块快速拆装技术，解决了印尼海上油田修井机搬迁运输和快速安装的难题，获得了用户的认可和青睐。这是中国国产小模块化海洋修井装备首次在国际市场亮相。

表11.5　南阳二机石油装备（集团）有限公司海洋钻修井设备研发大事记

时间(年)	重大事件
	国产化
1993	研制机械驱动海洋修井机，应用于胜利油田“胜利作业一号”自升式修井平台，这是我国自行装配的第一套用于浅海的修井机
1997	研制我国第一台国产化海洋修井机，应用于歧口18-1油田，首次真正实现我国海洋修井机国产化
2000	承接歧口17-2油田修井机建造任务，是我国首批通过第三方（DNV）检验的海洋钻修机
2001	承担文昌13-1/13-2油田修井机建造任务，将自主研发的表面热喷铝工艺应用于修井机的井架建造
2014	研制成功我国9000米自举式海洋模块钻机井架，应用于平湖油气田综合平台设施升级改造项目
	走出国门
2003	为康菲公司蓬莱19-3项目提供一套集完井、修井、侧钻于一体的海洋钻修机
2005	实现小模块化海洋修井机国产化并成功出口印度尼西亚

表11.6　南阳二机石油装备（集团）有限公司海洋钻井装备数量统计表

时间（年）	应用油气田/平台/项目	装备类型	数量（套）	用户
1993	胜利作业一号	HXJ80A海洋修井机	2	中石化
1997	歧口18-1	HXJ112海洋修井机	1	中国海油
1998	胜利油田	DHXJ80B电驱动海洋修井机	1	中石化
2000	歧口17-2	HXJ225A海洋修井机	1	中国海油
2000	秦皇岛32-6	HXJ90A海洋修井机	3	中国海油
2000	辽河油田	钩载100吨海洋电驱动修井机	1	中石油
2001	文昌13-1/13-2	HXJ125A海洋修井机	2	中国海油
2001	胜利油田	HXJ60海洋修井机	1	中石化
2002	埕北油田	HXJ180海洋钻修机	1	中国海油
2003	蓬莱19-3	HXJ135海洋修井机	1	中国海油
2003	渤中26-2	HXJ180B海洋钻修机	1	中国海油
2004	渤中34-2	HXJ90B海洋修井机	1	中国海油
2004	渤中25-1	HXJ158A海洋修井机	6	中国海油
2005	印尼苏门答腊海上油田	HXJ135B海洋修井机	4	中国海油
2005	八角亭	HXJ225B海洋修井机	1	中国海油
2005	金县1-1	HZJ50DB海洋钻机	2	中国海油
2005	胜利作业四号	DHXJ135海洋修井机	1	中石化
2006	渤中34-1	HXJ180B海洋修井机	1	中国海油
2007	胜利作业七/八号	HXJ158DZ海洋修井机	2	中石化
2009	渤中19-4、锦州25-1南	HXJ135C海洋修井机	2	中国海油
2009	渤中34-1北	HXJ135C海洋修井机	1	中国海油
2009	胜利作业五号	HXJ158D海洋修井机	1	中石化
2009	胜利作业二号	DHXJ80AⅡ海洋修井机	1	中石化
2011	文昌19-1/8-3	HXJ225A海洋修井机	2	中国海油
2012	歧口18-1（扩建）	HXJ158C海洋修井机	1	中国海油
2013	绥中36-1	HXJ180C海洋修井机	1	中国海油
2013	垦利3-2	HZJ50DBⅢ海洋钻机	1	中国海油
2013	春晓气田	HZJ50DBⅣ海洋钻机	1	中国海油
2013	锦州9-3	HXJ135DB海洋修井机	2	中国海油
2013	胜利作业六号	HXJ180DB海洋修井机	1	中石化
2014	平湖油气田	井架+提升系统	1	中国海油

11.4 中国石化石油工程机械有限公司第四机械厂

中国石化石油工程机械有限公司第四机械厂（简称“四机厂”）地处湖北荆州，是一家专业的石油钻采装备研制企业。1941年在兰州建厂，后搬迁到酒泉、敦煌等地，以汽车修造为主。1969年底，四机厂南下参加江汉油田石油会战，1980年转产石油机械制造，曾试制出首台国产陆地修井机。进入21世纪，四机厂实施“引智借脑”工程，逐步形成了具备自主知识产权的海洋石油设备、钻机和修井机等五大类产品。截至目前，四机厂获得国家级科技奖励6项、国家级新产品奖励14项、国家发明和实用新型专利共61项。拥有员工2700余人，其中专业技术人员550人、高级技师和技师185人。

作为较早一批参与我国海洋修井机研制的厂家之一，四机厂早在1984年就应邀参加了南海涠洲油田海洋修井机的技术投标，并精心准备了海洋修井机研制的技术方案，迫使国外厂家不得不大幅下调投标价格。虽然出于对产品成熟度和交货期的考虑，最终没有选择四机厂，但是这次经历坚定了四机厂挺进海洋的决心。一支海洋装备研发队伍迅速集结，一个蓝色梦想在四机厂生根。

十年一剑，四机厂积极储备海洋修井机研制的相关技术，等待施展拳脚的机会。1994年，四机厂临危受命，为“渤海自立号”平台进行了增加钻井绞车、泥浆泵系统等一系列配套改造工作，并将钻机电驱改成气驱，使其具备了海上钻修井功能。

1998年，四机厂承担了渤海湾锦州9-3油田的2套HXJ120型海洋钻修机设计建造项目。经过精心设计和严谨施工，最终四机厂顺利完成了设计建造任务。经过海上作业运行，该套钻修机经受住了恶劣海洋环境和修井作业的考验，证明了其产品性能完全可以替代进口设备。此项产品于2000年荣获原国家经贸委“九五”国家技术创新优秀项目奖。

1999年5月，渤海湾绥中36-1油田Ⅰ期A平台因井喷事故着火，一套从美国进口的修井机需要立即更换以恢复生产。四机厂接到任务后迅速组织技术人员赴平台调研，从设计、采办、制造到调试完工仅用了3个月就建成了新修井机，使绥中36-1油田顺利恢复生产。随后不久，在绥中36-1油田Ⅱ期项目中，四机厂又为绥中36-1油田建造了6套HXJ60海洋修井机，大大节约了油田开发成本。中央电视台曾对此项目进行了专题报道，时任中海油总裁的傅成玉在《新闻联播》专访中对四机厂的海洋钻修井装备给予了高度评价。

2003年，四机厂为南海西部海域涠洲12-1油田设计制造了当时国内提升能力最大、科技含量高、配套设施完善的HXJ180海洋钻修成套装备，首创了泥浆罐与移动底座一体化设计技术。另外，此套装备采用了全封闭泥浆回流系统和直立套装伸缩井架设计等15项创新技术及工艺。

技术创新无止境。2008年，四机厂又成功为渤海湾旅大32-2油田建造了5000米轻型模块钻机，整机重量比同规格钻机减轻30%，综合性能达到国际先进水平。同年，为南海西部海域的涠洲11-1/11-4D油田建造了轻型可搬迁HXJ90型修井机。2009年，建造的HXJ180MB修井机实现了甲板导轨距可变，能适应渤海歧口、绥中以及锦州等多个海上油田修井作业的搬迁要求，大幅提高了设备的适用性。

除此之外，四机厂还为渤海湾秦皇岛32-6、歧口18-2、渤中29-4、旅大27-2等多个海上油气田研制提供了多台海洋修井机。

伴随着中国海油的国际化道路，四机厂的产品成功打入国际市场。2004年，四机厂经过与国际上多家著名厂家竞争，成功获得美国科麦奇公司任作业者的曹妃甸11-1/11-2油田交流变频电驱动海洋钻修成套井设施的供货合同。从设计到制造，该套设备均有新的技术突破：设备动力采用VFD及SCR控制系统，导轨采用Lift and Roll结构。此外，四机厂研制的HXJ90海洋修井机成功出口埃及，7000米海洋钻机井架出口美国及马来西亚。

表11.7　中石化石油工程机械有限公司第四机械厂海洋钻修井装备研发大事记

时间（年）	重大事件
	国产化
1994	完成“渤海自立号”修井机配套升级改造工作，迈出了我国海洋修井机国产化的探索性一步
1998	为渤海湾锦州9-3油田设计建造HXJ120海洋钻修机
2003	研制HXJ180海洋钻修成套设备，并应用于南海西部涠洲12-1油田
2008	研制5000米轻型海洋模块钻机，并成功应用于渤海湾旅大32-2油田
2008	研制成功轻型可搬迁HXJ90型海洋修井机，并应用于南海西部海域涠洲11-1/11-4D油田
2009	研制甲板导轨距可变、可适应多个平台的HXJ180MB修井机
	走出国门
2004	为美国科麦奇公司担当作业者的曹妃甸11-1/11-2油田项目设计、制造交流变频电驱海洋成套设施
2009	HXJ90海洋修井机出口埃及
2009	7000米海洋钻机井架出口美国Nabors公司和马来西亚Kencana公司

表11.8　中石化石油工程机械有限公司第四机械厂海洋钻井装备数量统计表

时间（年）	应用油气田/平台/项目	装备类型	数量（套）	用户
1994	曹妃甸1-6/渤海自立号	配套改造海洋修井机	1	中国海油
1998	锦州9-3	HYX120海洋修井机	2	中国海油

续表

时间(年)	应用油气田/平台/项目	装备类型	数量(套)	用户
1999	绥中36-1	HYX60海洋修井机	6+1	中国海油
2000	秦皇岛32-6	HXJ90海洋修井机	3	中国海油
2003	涠洲12-1	HXJ180海洋修井机	1	中国海油
2003	歧口18-2	HXJ158海洋修井机	1	中国海油
2004	旅大10-1	HXJ135海洋修井机	1	中国海油
2004	陆丰13-2	HYX158海洋修井机	1	中国海油
2004	曹妃甸11-1/11-2	HXJ180海洋修井机	1	科麦奇
2005	蓬莱19-3	HXJ180海洋修井机井架	1	中国海油
2006	文昌19-1/15-1	HXJ180海洋修井机	2	中国海油
2006	文昌8-3/14-3	HXJ135海洋修井机	2	中国海油
2007	锦州9-3	HXJ135海洋修井机	1	中国海油
2007	绥中36-1	HXJ180海洋修井机改造	2	中国海油
2007	旅大15-1	HXJ180海洋修井机	1	中国海油
2008	涠洲11-1/11-4	HXJ90海洋修井机	1	中国海油
2008	渤中29-4	HXJ90海洋修井机	1	中国海油
2008	旅大32-2	HZJ50DB海洋钻机	1	中国海油
2008	旅大27-2	HXJ180海洋修井机	1	中国海油
2008	旅大36-1	HXJ180海洋修井机	1	中国海油
2009	秦皇岛32-6、绥中36-1等	HXJ180MB海洋修井机	1	中国海油
2009	渤中26-3	HXJ90海洋修井机	1	中国海油
2009	渤中29-4等	HXJ90MB海洋修井机	1	中国海油
2012	绥中36-1	HXJ225海洋钻机	2	中国海油
2013	秦皇岛32-6	HXJ135海洋修井机	1	中国海油
2014	绥中36-1	HXJ180海洋修井机	3	中国海油
2014	秦皇岛32-6	HXJ180海洋修井机	1	中国海油
2014	曹妃甸11-6	HXJ180海洋修井机	1	中国海油
2014	胜利新一/新三 自升式修井平台	SHX158DB海洋修井机	2	中石化

11.5 宏华集团有限公司

1997年，四川石油管理局下属的一个集体所有制企业改制为川油广汉宏华有

限责任公司（简称“宏华集团”），这便是宏华集团的前身。当时宏华集团注册资金80万元人民币，仅有11名员工，没有自己的经营场地，没有固定的产品和市场，可以说举步维艰。但经过不到20年的发展，宏华集团已经发展成为专业从事石油钻机、海洋工程及石油能源勘探开发装备研制的大型设备制造及钻井工程服务企业。2008年，宏华集团在香港主板市场正式挂牌，成为我国第一家在香港联交所上市的钻机制造企业。目前，宏华集团拥有员工近7000名，其中技术研发人员近600人，累计获得国家专利133项。宏华集团总部位于四川省成都市，并分别在四川广汉和江苏启东建设了陆地和海洋装备制造基地。与此同时，宏华集团已经成功在全球钻机市场集中区域建立了12处分公司和办事处，业务遍布全球。

相对于兰石厂、宝石厂等老牌石油钻采装备制造企业，宏华集团进入海洋钻井装备制造领域相对较晚，但凭着锐意进取、勇于创新的开拓精神，宏华集团闯出了自己的“海上之路”。2003~2004年，宏华集团为渤海湾南堡35-2油田及旅大4-2油田提供了两套HXJ135修井机，凭借高品质的产品质量，吹响了进军海洋的号角。随后在2005~2009年，宏华集团乘胜前进，再次向中外合作开发的蓬莱19-3油田Ⅱ期提供5套4000米钻修井装备，标志着宏华集团成套海洋钻修井装备系列产品走向成熟。

科技创新带动企业发展。2007~2008年，宏华集团海洋钻井装备产品研制能力通过CACT作业者集团的严格检验，其研制的450吨海上钻井全套设备成功应用于中外合作开发的惠州25-3/25-1油田。2008~2009年，宏华集团为南海崖城13-1气田7000米可搬迁式模块钻机提供了钻井设备，该项目获得了当年度中国海洋石油总公司科学技术进步奖。

急现场之所急、想现场之所想。宏华集团的产品研发始终围绕着海洋油气田生产一线。2010~2011年，针对渤海湾秦皇岛33-1等一批海上边际油田水源井修井作业的需求，宏华集团与中国海油联合攻关，研发出了可搬迁的、适用于不同平台、不同井口跨距的海上水源井简易维修装置。该套装置具有结构简单、模块化、易于拆装搬迁等显著优点，能适应8~14米平台导轨跨距，可实现“一机多用”，有效降低了油田开发成本。

立足本土、胸怀世界。2011~2012年，宏华集团为阿塞拜疆国家石油公司提供了2套应用于里海地区的固定式钻井平台全套钻井设备，拉开了海洋钻井装备走出国门的序幕。2012年3月26日，对于宏华集团而言，是一个具有历史意义的时刻，宏华海洋油气装备（江苏）有限公司与上海船厂签订了TIGER系列钻井船TIGER Ⅰ和TIGER Ⅱ的深水钻井包供货合同，开启了宏华进军深水钻井装备市场的新篇章。

TIGER系列钻井船是由新加坡船东OPUS OFFSHORE海洋有限公司与上海船厂联合开发的深水钻井船。宏华集团作为钻井包的分包商，将自主研发的离线作业模式、月池设备移运系统、隔水管处理系统和五缸泵等新技术和新产品应用于TIGER系列钻井船。钻井包的钻井井架、大马力绞车、大尺寸液压转盘、排管机、自动化翻转指梁、隔水管吊机等核心设备均由宏华提供，从而打破了深水钻井包一直被国外公司垄断的局面。2014年11月8日，TIGER钻井船在上海船厂隆重举行命名仪式,这座由宏华集团提供主要钻井包设备的深水钻井船为宏华“海洋战略”的成功实施画下了浓墨重彩的一笔。

表11.9 宏华集团有限公司海洋钻修井装备研发大事记

时间（年）	重大事件
	国产化
2003~2004	首次进入海洋石油装备领域，研发HXJ135海洋修井机，应用于南堡35-2及旅大4-2平台
2005~2009	自主研发DBS（交流变频）钻机电传动系统并应用于蓬莱19-3油田钻修井设备中
2007~2008	为中国海油合资油田CACT作业者集团提供全套450吨钻井设备
2008~2009	为南海合作气田崖城13-1提供一套钻井深度7000米、可搬迁式450吨钻井设备
2010~2011	研发出了首台应用于海上的水源井修井机
	走出国门
2011~2012	为阿塞拜疆国家石油公司提供2套固定平台315吨全套钻井设备
2012~2013	为船东OPUS OFFSHORE和上海船厂提供TIGER系列深水钻井船全套9000米钻井设备包
2013~2014	为印度国家石油公司提供全套固定平台修井机及配套装备

表11.10 宏华集团有限公司海洋钻井装备数量统计表

时间（年）	应用油气田/平台/项目	装备类型	数量（套）	用户
2004	南堡35-2	HXJ135海洋修井机	1	中国海油
2004	旅大4-2	HXJ135海洋修井机	1	中国海油
2006	蓬莱19-3	4000米钻机钻井包	1	康菲
2006	惠州26-1	4000米钻机井架	1	中国海油
2007	惠州25-3/25-1	7000米钻机钻井包	1	中国海油
2007	蓬莱19-3	4000米钻机钻井包	1	康菲
2008	崖城13-1	钩载450吨钻井设备	1	中国海油
2008	蓬莱19-3	4000米钻机钻井包	3	康菲
2011	番禺4-2/5-1	提升及液压系统	2	中国海油
2011	惠州21-1	泥浆泵组及控制系统	2	中国海油

续表

时间（年）	应用油气田/平台/项目	装备类型	数量（套）	用户
2011	涠洲6-9/10	转盘及传动装置	1	中国海油
2013	渤中35-2/渤中29-4南	钩载135吨修井机	3	中国海油
2013	番禺10-2/10-5/10-8（二期）	钩载135吨修井机提升系统	1	中国海油
2013	垦利3-2	HHF-1600泥浆泵	1	中国海油
2011~2012	里海海上项目	钩载315吨全套钻井设备	1	阿塞拜疆国家石油公司
2012~2013	TIGER系列深水钻井船	9000米钻井设备包	4	OPUS公司
2013~2014	印度国家石油公司项目	修井机及配套装备	1	印度国家石油公司

11.6　中海油能源发展股份有限公司油田建设工程公司

2004年，中海石油基地集团（现为“中海油能源发展有限公司”）重组和改革，将北方的渤海石油工程公司和南方的合众公司合并，成立了新的油田建设工程公司（简称“油建公司”）。油建公司是一家以海洋石油装备设计制造、油田运维、检测/环保等为核心业务的海洋石油专业技术服务公司，在天津、烟台、上海、舟山、湛江、深圳、惠州等地均设有专业分公司或基地。公司现拥有员工3637名，拥有专业技术人才1575人，其中正高级职称5人，高级职称118人。截至目前，公司获省部级科学技术进步奖3项，获授权专利112项，其中发明专利12项。

2001年，南海东部“番禺4-2/5-1”油田海洋模块钻机建造项目是油建公司（当时的合众公司）第一次接触海洋模块钻机，这也是南海中外合作建造的第一个模块钻机项目。项目业主方是美国Devon Energy公司，设计建造总承包方是兰石厂与美国国民油井公司合资组建的兰州兰石国民油井石油工程有限公司，油建公司负责这座海洋模块钻机的建造和施工管理。油建公司意识到这是一次十分难得的学习和实践的机会，在认真做好建造和施工管理工作之外注重培养技术与管理人才队伍，为海洋模块钻机的国产化打下了坚实的基础。

功夫不负苦心人。经过扎实的技术积累，油建公司于2004年承担了南海“番禺30-1”气田海洋模块钻机的详细设计任务，这是新成立的油建公司承担的第一个海洋模块钻机项目。实践检验队伍，也再次锻炼了队伍。经过这次锤炼，油建公司不仅出色地完成了详细设计工作，而且暗自下定决心要拿下海洋模块钻机基本设计技术，并通过产业化实现国产化。

说干就干。油建公司首先通过"海洋模块钻机设计开发"等科技项目的攻关，全面掌握了常规大模块海洋钻机设计建造技术。随后，他们标瞄准了小模块组合式海洋模块钻机这一新的制高点。小模块拼装组合的设计可实现海洋模块钻机的搬迁和重复使用，从而在提高作业效率的同时大幅降低油气田投资成本，但另一方面也对海洋模块钻机的设计优化程度和建造精度控制提出了更高的要求。

有所准备才能把握闪现的机会。2008年，南海合作气田"崖城13-1"计划建一座7000米钻井能力的小模块钻机。由于设计建造工期比常规缩短了50%，没有公司敢保证按时完工。油建公司经过全面认真的分析主动请缨并临危受命，最终仅用时10个月就高质量地完成了"崖城13-1"海洋模块钻机的设计建造和安装调试工作。"崖城13-1"海洋模块钻机集多个首次于一身：国内首座7000米小模块化设计的钻机、国内首座不依赖浮吊完成海上吊装的钻机、国内首座可以完成自安装的钻机、国内首个在高温高压生产平台不停产完成安装的钻机等，是国产模块钻机多元化走在国际舞台前列的典型实例。

除上述项目，十余年来油建公司还承担并出色完成了旅大5-2、西江23-1、蓬莱19-3、陆丰13-2、陆丰7-2、番禺34-1、恩平、垦利10-1、锦州25-1/25-1南等多个海上油气田模块钻机的设计建造工作。经过多年攻关，油建公司已发展成为国内海洋模块钻机的领军力量，并形成了由设计、建造到安装调试完整的海洋模块钻机EPCI总包产业链。

表11.11 中海油能源发展股份有限公司油田建设工程公司海洋模块钻机研发大事记

时间（年）	重大事件
2001	建造南海东部"番禺4-2/5-1"油田海洋模块钻机
2004	承担并完成"番禺30-1"气田海洋模块钻机详细设计
2007	"海洋模块钻机设计研究"等科技攻关项目通过专家审查
2010	油建公司设计建造的"崖城13-1"7000米小模块海洋钻机

表11.12 中海油能源发展股份有限公司油田建设工程公司总包完成的海洋模块钻机统计表

时间（年）	应用油气田	数量（座）	用户
2001	番禺4-2/5-1	2	美国Devon Energy公司
2004~2005	旅大5-2	1	中国海油
2004~2006	番禺30-1	1	中国海油
2006~2007	西江23-1	1	中国海油
2007~2009	蓬莱19-3	4	康菲
2008~2009	崖城13-1	1	中国海油

续表

时间（年）	应用油气田	数量（座）	用户
2010~2011	陆丰13-2	1	中国海油
2011~2012	番禺4-2B/5-1B	2	美国Devon Energy公司
2011~2013	陆丰7-2	1	美国新田
2012~2013	番禺34-1	1	中国海油
2013~2014	恩平油田群	3	中国海油
2013~2015	垦利10-1	2	中国海油
2014~2015	锦州25-1/25-1南	3	中国海油

注：海洋钻机及配套设备由专业厂家提供

11.7 大连船舶重工集团有限公司

大连船舶重工集团有限公司（简称“大船重工”）前身为俄国在19世纪末建立的“中东铁路公司轮船修理工场”和“中东铁路公司造船工场”，在新中国成立前和初期曾经历了俄国筹建管理、日本扩张侵占、苏联解放接管和中苏联合经营等不同阶段。1955年1月改由我国独立经营，1957年6月更名为“大连造船厂”。1960年初，根据国家国防工业建设的统一部署，第一机械工业部将大连造船厂由民用企业转为军工企业。2005年12月，大连造船厂与1990年成立的大连造船新厂整合重组成立大船重工，标志着大连造船厂进入了新的历史发展时期。目前，大船重工占地面积512万平方米，建有船坞10座、船台9座，岸线14千米，码头10千米，形成了造船、军工、海洋工程、重工、修拆船五大产业。新中国成立以来，大船重工共建造各种船舶3000余艘，并创造中国造船业70个“第一”。

大船重工是最早参与移动式海洋钻井平台设计建造的造船企业之一，在海洋工程装备建造领域有着辉煌的历史。1970年，大船重工承担起建造我国第一座自升式钻井平台的任务。实事求是地讲，当时我国自主建造自升式钻井平台的条件并不十分成熟，而大船重工硬是凭着“有条件要上，没有条件创造条件也要上”的信心和决心，采用多项创新性的技术解决了制造、安装过程中的重重困难。终于在从日本引进的第一座自升式钻井平台到达中国之前，大船重工成功建成了我国第一座自升式钻井平台“渤海一号”并顺利交船。1979~1984年，在自主建造“渤海一号”的基础上，又建造了“渤海三号”、“渤海五号”、“渤海七号”、“渤海九号”4座自升式钻井平台。1998年，大船重工还为中国石油大港油田建造了一座作业水深66米的自升式钻井平台“港海一号”。

进入21世纪，我国海洋石油事业进入了快速发展时期。2003年，大船重工凭借自身技术实力承担了“海洋石油941”自升式钻井平台的建造任务。建造过程中，他们相继攻克了高强度钢焊接、升降机构建造、悬臂梁建造、接桩腿等一系列技术难关，其中多项关键技术填补了国内空白。2006年5月，JU2000E型自升式钻井平台“海洋石油941”顺利建成，平台性能完全达到设计要求。2008年，“海洋石油941”的姊妹船“海洋石油942”也由大船重工建成。

百尺竿头更进一步。2009年，大船重工为中国海油建造的最大作业水深90米、最大钻井深度9000米的世界首座CJ46型自升式钻井平台“海洋石油937”成功建成并交付使用。2011年，大船重工又为中国石油建成了作业水深90米的自升式钻井平台DSJ300-1。

大船重工的海工产品第一次走出国门是1982年为美国建造的自升式钻井平台“大脚Ⅲ型”。“大脚Ⅲ型”自升式钻井平台总长47.6米、型宽45.72米、型深2.59米，工作水深30米，钻井深度达7600米，可承受12级台风作用。经美国船东严格的试验检验，“大脚Ⅲ型”自升式钻井平台建造质量超过了美国同期同类的产品水平。1998~1999年，大船重工受挪威海洋钻井平台公司委托，再次承担4座Bingo9000型深水半潜式钻井平台的船体部分建造任务。

2007年至今，凭借成功建造“海洋石油941”和“海洋石油942”所形成的自升式钻井平台建造技术核心技术，大船重工先后为多家国际钻井服务公司建造了多座自升式钻井平台。2009年，大船重工再接再厉，承接了美国NOBLE公司的“NDB深水半潜式钻井平台改造续建”合同。NDB深水半潜式钻井平台作业水深3000米、钻井深度10 000米，属于第六代深水半潜式钻井平台。目前该平台在巴西海域进行钻井作业，各项性能稳定良好。如今，大船重工正在承建自升式钻井平台“海洋石油943”、“海洋石油982”。

表11.13 大连船舶重工集团有限公司海洋钻井平台研发大事记

时间（年）	重大事件
	国产化
1972	自主建成我国第一座自升式钻井平台“渤海一号”
1979~1984	先后建成“渤海三号”、“渤海五号”、“渤海七号”、“渤海九号”自升式钻井平台
2006	建成JU2000E自升式钻井平台首制船“海洋石油941”
2008	建成“海洋石油941”的姊妹船“海洋石油942”
2009	建成世界首座CJ46型自升式钻井平台“海洋石油937”
	走出国门
1982	建成“大脚Ⅲ型”自升式钻井平台并出口美国

续表

时间（年）	重大事件
1998~1999	完成4座Bingo9000型第五代深水半潜式钻井平台的船体建造
2007年至今	为NOBLE Driling等多家国外钻井服务公司建成JU2000E自升式钻井平台11座
2009	完成第六代深水半潜式钻井平台“NDB深水半潜式钻井平台”改造续建

表11.14　大连船舶重工集团有限公司建造的海洋钻井平台统计表

时间（年）	平台名称	平台类型	数量（座）	用户
1972	渤海一号	自升式钻井平台	1	中国海油
1979	渤海三号	自升式钻井平台	1	中国海油
1982	大脚Ⅲ型	自升式钻井平台	1	美国
1983	渤海五号	自升式钻井平台	1	中国海油
1983	渤海七号	自升式钻井平台	1	中国海油
1984	渤海九号	自升式生活平台	1	中国海油
1998	港海一号	自升式钻井平台	1	中石油
1998~1999	Bingo9000	半潜式钻井平台	4	挪威海洋钻井平台公司
2006	海洋石油941	自升式钻井平台	1	中国海油
2007~2008	NOBLE Roger Lewis/Noble Hans Duel	自升式钻井平台	2	NOBLE Driling
2008	中油海9平台/10平台	自升式钻井平台	2	中石油
2008	海洋石油942	自升式钻井平台	1	中国海油
2009	海洋石油937	自升式钻井平台	1	中国海油
2009	NDB深水半潜式钻井平台	半潜式钻井平台	1	NOBLE Driling
2010	JU2000E型钻井平台	自升式钻井平台	1	Sino Thara
2011	DSJ300型钻井平台	自升式钻井平台	1	迪拜
2013	JU2000E型钻井平台	自升式钻井平台	2	Seadrill
2013~2014	JU2000E型钻井平台	自升式钻井平台	4	Prospector Offshore
2014	JU2000E型钻井平台	自升式钻井平台	1	Summit Drilling

11.8　上海外高桥造船有限公司

上海外高桥造船有限公司（简称“外高桥船厂”）成立于1999年，2001年正式开工造船。2003年7月，建厂仅4年的外高桥船厂即完成了15万吨级FPSO“海洋石油111”号的建造。2005年，外高桥船厂成为中国第一家年造船总量突破200万载重吨的船厂。2006年造船完工总量又达到了历史性的311.5万载重吨新高。外高桥船厂现有职工2894人，其中博士8人、硕士87人、大学本科1006人、大专学历748人，具有高级职称153人、中级职称325人、初级职称1062人。外高桥船厂成立以来，共获得国家科学技术进步奖2项、省部级科学技术进步奖20项、中国造船工程学会科学技术进步奖1项，授权专利245件，制定国际标准1项、行业标准40余项。

2008年，外高桥船厂承接了我国海洋钻井装备建造的“里程碑项目”——“海洋石油981”超深水半潜式钻井平台的建造。“海洋石油981”属于世界上最先进的第六代超深水半潜式钻井平台，结构复杂、设备众多且自动化程度要求高，平台建造精度要求近乎苛刻，并且我国并无总包建造此类大型海洋钻井平台的经验。2009年，外高桥船厂依托国家“863计划”课题“3000米水深半潜式钻井平台关键技术研究”等从建造精度控制、重量控制、噪声控制、超高强度钢材焊接等技术难题入手，突破了“海洋石油981”建造的多项关键技术。“海洋石油981”上部结构建造精度误差仅为0.02%，远低于0.06%的国际一流水平；重量控制偏差0.4%，远优于1%的国际一流水平。2012年5月，“海洋石油981”在南海正式开钻，标志着我国深水钻井重大装备自主建造零的突破，同时也标志着我国海洋石油开发一举实现了从浅水到超深水的跨越式发展。

2011年8月，外高桥船厂与挪威Prospector Offshore Drilling公司签订“2+2+1”JU2000E型自升式钻井平台EPC合同，另外又分别与中国石油集团海洋工程有限公司（简称中油海）、新加坡ESSM公司、美国Blue Ocean Drilling等公司签订了共计11座自升式钻井平台设计、建造合同，实现了海洋工程产品的多元化和系列化发展。2014年5月，第一座出口挪威的JU2000E型自升式钻井平台建造完工并交付使用。目前，外高桥船厂手持订单的自升式钻井平台建造计划已安排至2017年。

11.9 烟台中集来福士海洋工程有限公司

烟台中集来福士海洋工程有限公司（简称“中集来福士”）的前身是烟台造船厂。1977年，为了完成“胜利一号”的建造任务，烟台市城府在烟台木帆社的基础上成立了烟台造船厂。1994年，新加坡籍商人章立人（Brian Chang）收购烟台造船厂，创立烟台来福士船厂。2008年中国国际海运集装箱（集团）股份有限公司加盟烟台来福士，2010年来福士更名为烟台中集来福士海洋工程有限公司。中集来福士地处渤海湾与黄海的交界处，拥有烟台芝罘岛、海阳、龙口三个海洋工程制造基地，总占地面积约2000亩。中集来福士拥有世界上最大的2万吨龙门吊，可实现上下船体同步建造、一步合拢，大大提高了生产效率和装备质量。

直挂云帆济沧海，剑指深蓝占鳌头。中集来福士的海洋工程之路，一开始就直指科技含量高、建造要求复杂的深水半潜式钻井平台。2008年，中集来福士承担了挪威船东AWO公司三座用于北海作业的深水半潜式钻井平台（“WilPioneer”、“WilInnovator”和“WilPromoter”）建造任务。也是在同一年，中国海油成功收购AWO公司，这三座深水半潜式钻井平台归属中国海油所有，同时更名为“COSL Pioneer”（中海油服先锋号）、“COSL Innovator”（中海油服创新号）和“COSL Promoter”（中海油服进取号）。

2011~2012年间，这三座深水半潜式钻井平台先后在中集来福士建成并交付使用。这是我国首次成功建造可在北海海域作业的半潜式钻井平台。这三座平台作业水深70~750米、最大钻井深度7500米、可变载荷4000吨，可实现钻井全过程零排放，岩屑可全部送回陆地处理，所有生活污油污水、工业污油污水、雨水可实现集中处理合格后排海。在平台建造过程中，中集来福士采用了全面陆地建造、大型驳船下水、2万吨吊车坞内合拢、18米深水码头水下安装推进器等一系列创新建造工艺，开创出一种全新的海工建造模式。目前，这三座平台已在挪威海域进行钻井作业多年，并先后6次被评为挪威北海海域“月度最佳平台”。

在具备了北海海域深水半潜式钻井平台建造能力之后，中集来福士创新的脚步并未停歇，而是踏上了另一片更加“神秘”的领域，即适应极地环境的深水半潜式钻井平台的建造。创新之路充满了未知，但也充满了克服困难和挑战之后的喜悦。中集来福士通过技术创新，克服了极地超低温、极地浮冰、极高环保要求等技术难题，在2014年11月终于成功建成我国首座可适应极地作业环境及要求的深水半潜式钻井平台“COSL Prospector”（中海油服兴旺号）。“中海油服兴旺号”平台最大作业水深1500米、最大钻井深度7600米，环保等级满足极地生态环境保护要求，并具备自动除冰功能，可在1米厚的海冰中自主航行。“中海油服兴旺号”是中集来福士为中海油服建造的第4座深水半潜式钻井平台，满足全球最严格的挪威石油管理局和挪威石油工业技术法规要求。该平台的交付使用使中海油服具备了在极地海域进行钻探作业的能力，北冰洋等极地低温地区不再是海上油气钻井作业的禁区。

除了批量交付北海深水半潜式钻井平台，其他国际订单也纷至沓来。2010年，中集来福士为巴西Schahin石油天然气公司建造的“SS Pantanal”深水半潜式钻井平台在烟台交付。同年，中集来福士为意大利Saipem建造的“D90”深水半潜式钻井平台建造完工。“D90”深水半潜式钻井平台工作水深达3600米、钻井深度15 000米，属于第六代深水半潜式钻井平台。2011年4月，为巴西Schahin石油天然气公司建造的，与“SS Pantanal”同属姊妹船的“SS AMAZONIA”深水半潜式钻井平台建造完成并交付使用。

截至目前，中集来福士已交付7座半潜式钻井平台，是中国唯一拥有挪威北海恶劣海况半潜式钻井平台批量交付业绩的企业。

表11.15 烟台中集来福士海洋工程有限公司建造的海洋钻井平台统计表

时间（年）	平台名称	平台类型	数量（座）	用户
2010	Schahin SS Pantanal	半潜式钻井平台	1	Schahin
2010	D90	半潜式钻井平台	1	Saipem
2011	COSL Innovator	半潜式钻井平台	1	中国海油
2011	COSL Pioneer	半潜式钻井平台	1	中国海油
2011	SS AMAZONIA	半潜式钻井平台	1	Schahin
2012	COSL Promoter	半潜式钻井平台	1	中国海油
2014	海洋石油932	自升式钻井平台	1	中国海油
2014	COSL Prospector	半潜式钻井平台	1	中国海油

11.10 海洋石油工程股份有限公司

20世纪80年代，中国海油按照油公司、专业公司、基地服务系统“三条线”进行改革，在渤海和南海西部公司内部分别成立专业公司。90年代，中国海油按照“油公司统一集中，专业公司相对独立，基地系统逐步分离”的思路优化公司体制，这些专业公司分别从渤海和南海西部公司独立出来，这其中就包括工程设计、海洋平台建造、海洋平台安装等专业技术公司。

2000年，为突出技术协作优势和作业规模优势，提升大型海洋工程承包承建的国际竞争力，原中海石油工程设计公司、中海石油平台制造公司、中海石油海上工程公司、中国海洋石油渤海公司以及中国海洋石油南海西部公司重组成立了海洋石油工程股份有限公司（简称“海油工程”）。新成立的海油工程有效整合了产业链条，具备了承担海洋油气工程EPCI（设计、采办、建造、安装）的能力，公司发展进入了“快车道”。2002年2月，海油工程在上海证券交易所上市。2005年，海油工程在青岛投资兴建占地达90万平方米的海洋石油工程（青岛）有限公司（简称“海油工程青岛公司”）。截至目前，公司拥有员工8000余人，其中专业技术人员3192人，高级技师64人，技师185人。获得国家级科技奖励21项，获得专利439件，其中发明专利107件。

2010~2011年，海油工程先后承担了“海洋石油921”、“海洋石油922”、“海洋石油923”、“海洋石油924”4座自升式钻井平台的建造任务，这是海油工程首次承揽移动式海洋钻井平台的建造项目。为高质量地完成建造任务，他们开展了多项关键技术攻关，创新采用了自升式钻井平台滑道建造、大型履带吊辅助悬臂梁安装、升降系统定位及安装、桩腿预制/接长/预合拢及安装等新技术，圆满完成了“海洋石油921”等4座自升式钻井平台的建造。项目同时形成了一批科技成果，其中悬臂梁安装新工艺等新工艺获得了国家发明专利，自升式钻井平台滑道建造工法等获得了石油工程建设工法。

11.11 招商局重工（深圳）有限公司

招商局重工（深圳）有限公司（简称“招商局重工”）成立于2000年，是招商局工业集团全资拥有的大型骨干企业。2008年,招商局重工搬迁至孖洲岛修船基地，为公司向海洋工程领域发展创造了良好机遇。招商局重工的海洋工程产品主要有海洋石油钻井平台、移动式多功能修钻井平台、钻井模块、生活模块、海上起重船、大型铺管船、挖泥船、物缆船和钻探船等特种工程船舶。

2006年，招商局重工成功承揽多功能钻井平台建造工程，标志着向海洋工程业务迈出了突破性的一步。2008年，他们再次承担了多功能支持平台“海洋石油281”和“海洋石油282”的建造任务。在平台建造过程中，针对项目工期紧张的特点，招商局重工狠抓精细管理，排出严谨的日作业计划，积极动员公司内部资源，竭尽全力按质按量保证平台的建造质量和进度。从船体结构建造到设备安装和调试，船厂项目组各专业经理、技术人员和生产工人严守计划，夜以继日地工作在生产第一线。从技术方案和施工工艺上,船厂技术部门做了细致的考虑和改进，在船台上完成了35米高的平台升降，完成了发电机及大部分设备的调试，完成了悬臂梁强度和刚度实验，大大缩短了建造周期。2009年，“海洋石油281”和“海洋石油282”先后在深圳顺利交船。同年,修井支持驳船“COSL221”、“COSL222”和“COSL223”也顺利交付使用。

百尺竿头更进一步。2009年12月，招商局重工承建的第一座自升式钻井平台“海洋石油936”顺利交付。“海洋石油936”适合于世界范围内15~91.4米水深以内各种海域环境条件的钻井作业，最大钻井深度可达9000余米，其技术先进性和结构复杂程度在世界同类船舶中位居前列。“海洋石油936”的成功建成为招商局重工打开了一片更加广阔的天地。2012~2013年，招商局重工先后与天津海恒船舶海洋工程服务有限公司、新加坡BESTFORD OFFSHORE和中海油服等公司签订了多座自升式钻井平台的建造合同。目前，上述平台正在按计划建造中。

11.12　艾法能源工程股份有限公司

艾法能源工程股份有限公司（简称“艾法能源公司”）是一家从事海洋平台设计建造安装和调试服务的工程公司，公司前身是成立于2007年的青岛致远海洋船舶重工有限公司。艾法能源公司目前有固定员工1300多人，其中专家5人、高级工程师80多人。公司已获得了石油天然气（海洋石油）行业专业乙级的设计资质，海洋石油工程专业承包二级资质，钢结构专业承包三级资质的施工资质。艾法能源公司成立以来共获科技奖励16项，获国家发明专利15件。

2008年10月，艾法能源公司承担了东海春晓油气田海洋钻机模块设计建造项目，包括2个支持模块、2个钻井模块和1个生活模块。模块总重量约3000吨，其中钢结构的重量2414吨。为了克服工期短并且施工周期跨春节的困难，他们积极组织人员加班加点，保质保量地圆满完成了春晓油气田海洋钻机模块的设计采办和施工。

2009年2月，在春晓油气田海洋钻机模块项目接近尾声的时候，公司趁热打铁，承担了为“海洋石油921”、“海洋石油922”、“海洋石油923”、“海洋石油924”4座200英尺自升式钻井平台建造生活楼的任务。自升式钻井平台对建造精度要求极高，例如为了控制重量，这4座自升式钻井平台生活楼所用钢板仅有5毫米厚，无疑对建造施工的质量提出了相当高的要求。明知山有虎，偏向虎山行。艾法能源公司严格加强施工质量管理，精雕细刻地完善质检流程，出色地完成了生活楼建造任务，且经过了美国船级社和中国船级社的严格检验和认证。

2013年3月，为满足南海“文昌13-6”油田WHPA平台井槽布置需求，计划新建一套钻机DES下底座和钻井支持模块。艾法能源公司紧握机遇，积极承担了南海“文昌13-6”油田50DB海洋钻机模块建造及设备集成项目。在项目运行过程中，公司启动紧急采办程序，项目第一批钢材在收到中标通知之后20天内就到达施工现场，设计采办人员争分夺秒为现场施工抢时间。工程历时将近9个月，从春寒料峭到深秋萧瑟，终于在寒冬来临之前圆满结束。

风好正是扬帆时,不待扬鞭自奋蹄。2013年12月，他们再接再厉，再次承担东海“黄岩1-1/2-2”海洋模块钻机工程总承包项目。这两个油气田采用新建HZJ70/4500模块钻机进行初期钻完井、后期修井和调整井作业，钻机的最大钩载450吨。为便于海上安装，模块包括钻台设备下底座、钻台甲板及钻井支持模块。

2015年5月初，“黄岩1-1”海洋模块钻机已经奔赴东海进行海上安装和调试工作。“黄岩2-2”海洋模块钻机预计2015年8月完成海上安装调试并投入使用。

11.13 惠生（南通）重工有限公司

惠生（南通）重工有限公司（简称“惠生南通重工”）建于2006年，是惠生海洋工程有限公司的首个造船基地。惠生南通重工位于江苏省南通市经济技术开发区，占地约64万平方米，不仅可以建造和改造各类型的船舶，同时也能够完成海洋平台上部模块和各种钢结构项目的建造。

2006年，中海油服联合GOIMA公司竞标墨西哥国家石油公司（PEMEX）4座海洋模块钻机的总包建造项目并一举中标。面对工期紧张的巨大挑战，中海油服联合巨涛海洋石油服务有限公司（简称“巨涛”）、惠生南通重工和天津三联海洋工程有限公司（简称“天津三联”）等单位共同开展模块钻机的建造工作。为进一步节约工期，项目组改串联工作模式为并联工作模式，惠生南通重工负责海洋模块钻机的总组建造及陆地安装调试，海洋模块钻机的分部件由惠生南通重工、巨涛、天津三联分头建造。按此模式，实际上惠生南通重工承担了这4座海洋模块钻机的主要建造工作，最多时有16个模块在惠生南通重工的场地上同时建造。忙而不乱，快且求精。惠生南通重工通过科学的管理和严格的质量控制，按时完成了这4座海洋模块钻机的建造任务。2007年5月开始，PEMEX4座海洋模块钻机陆续在墨西哥湾安装调试完毕，正式投入运行。

第十二章

星耀大海——海洋钻井装备成果巡礼

从20世纪50年代末开始，中国海洋钻井装备从无到有，从弱变强，不仅实现了国产化，而且走出国门。这不仅仅是一部石油装备的艰苦奋斗发展史，更是中国海洋石油工业开拓进取、勇于拼搏的发展史。80年代改革开放以来，中国海油逐步建成了类型齐全的海洋钻井装备船队。截至2014年底，中国海油共运营和管理了43座移动式钻井平台，包括32座自升式钻井平台、11座半潜式钻井平台；建成了海洋模块钻机和海洋修井机130余座，应用于我国渤海、黄海、东海、南海等30多个海上油气田。它们就像一颗颗耀眼的明星,照亮了中国300万平方公里蔚蓝色国土。

12.1 海上利器——移动式钻井装备典型成果介绍

12.1.1 渤海一号——海上“东方红一号”

1972年，由我国自行设计建造的第一座海上自升式钻井平台“渤海一号”终于诞生了，标志着我国冲破了国外封锁，在“一穷二白”的工业基础上，自力更生艰苦创业，实现了海洋自升式钻井平台设计建造技术“零”的突破。“渤海一号”型长60.4米，型宽32米，型深5米。平台四条桩腿为圆柱形，采用了电动液压升降装置，最大作业水深为30米，最大钻井深度为3200米，柴油主电站装机功率为2×1000千瓦。平台由大连红旗造船厂建造，平台上的钻井设备分别由当时的兰州石油机械厂和兰州通用机械厂制造。

“渤海一号”是新中国成立以来，在国内工业基础落后，闭关锁国，没有任何国外参考资料和经验的情况下，完全凭借国内自己的力量完成设计、建造的我国首座海上正规化钻井平台。平台建成后在渤海投入使用不久，就在作业中经受住了10级大风浪和唐山大地震的严峻考验，充分证明了在当时的技术水准下，“渤海一号”设计上是成功的，制造水平是过硬的。在建成后六年多的岁月里，“渤海一号”在渤海先后完成了30多口井的钻井任务，为渤海油田勘探开发立下汗马功劳。上天容易入海难，“渤海一号”的成功建成让我们拥有了驰骋海洋的基本装备和条件，堪比我国第一颗人造卫星“东方红一号”飞上太空，被誉为我国海上“东方红一号”。凭借着优秀的设计和建造水平，“渤海一号”荣获了1978年全国科技大会科技成果奖。

12.1.2 勘探一号——中国“贝克号”

20世纪60年代，美国建造了世界上第一艘浮式钻井船“贝克号”。我国工程技术人员不甘落后，在缺少技术资料，缺乏和国外先进技术对标的重重困难下，攻克了双体浮式钻井船设计建造难关，于1974年在沪东造船厂成功建成了中国第一座浮式钻井船"勘探一号"。这也是截至目前,我国唯一的一艘海上浮式钻井船。"勘探一号"工作水深100米，钻井深度3000米，满载排水量8000吨。船上不仅配备了全套陆用石油钻机、国内试制的水下钻井设备以及甲板锚机等国产设备，而且还第一次采用了国内设计建造的钻井立根机械化排放装置。1974~1979年，"勘探一号"在我国南黄海海域钻了7口石油探井，总进尺达15 027米，最大井深2413米，不仅为南黄海的油气地质构造研究提供了第一手宝贵资料，还为我国海上浮式钻井工艺提供了难得的实战机会。

"勘探一号"的成功建造，是当时国内一大创举，引起了极大轰动，被称为中国的"贝克号"。虽然在总体强度、稳性、安全性以及定位系统、水下防喷器等方面，"勘探一号"与国外同类海上浮式钻井船相比还存在较大差距，但作为在特殊历史时期我国自力更生设计建造的首座海上浮式钻井船，它在我国移动式钻井平台发展史上仍具有举足轻重的地位，代表了当时国内这一领域的最高水平，为我国后来自行设计、建造浮式钻井装备积累了经验，奠定了基础。"勘探一号"海上浮式钻井船于1978年获得了全国科学大会奖励。

12.1.3　渤海五号/七号——首获国际通行证

"渤海五号"与"渤海七号"为姊妹平台。它们都是于1983年先后由当时的大连造船厂建成。这两座平台的设计是在充分吸取了以往国内自建"渤海一号"和"渤海三号"经验教训基础上,认真学习借鉴了"渤海四号"等进口钻井平台先进技术后,完成的新一代国内自升式钻井平台设计。平台不仅能适应渤海海域低温、地震等环境条件，具有一定的抗冰能力，而且在钻井可变载荷、甲板作业面积、井架升降机构能力等方面都有了较大改进，钻井能力达6000米，工作水深40米，设计风速51.4米/秒，最大甲板可变载荷1500吨，钻机最大钩载450吨。为了提升钻井能力，确保装备质量，"渤海五号"与"渤海七号"首次配置了从美国进口的全套National-1320-UE型钻机。

在"渤海五号"、"渤海七号"设计建造中，首次引进了国外船级社进行第三方审查的通行做法，大大提升了国内自升式钻井平台的设计质量和建造水平。建成后的"渤海五号"不仅是国内首座得到国际船级社认可的平台，而且还是国内首座同时取得DNV和ZC双重船级的自升式钻井平台。

"渤海五号"、"渤海七号"建成投用后，分别出租给日中石油开发株式会社和法国ELF公司，在渤海油田合作开发区块进行海上钻探作业等。随后这两座姊妹平台又投入到了渤海辽东湾自营区油田开发钻井的热潮中，有力地支撑了渤海油气勘探开发。实践表明，这两座平台在作业海况、风暴自存条件、钻井能力、可变载荷及设备配置水平等主要性能方面都达到了当时国际上同类钻井平台的水平，因此在1985年荣获了国家科学技术进步奖二等奖。“渤海五号”、“渤海七号”成功建成，标志着我国在20世纪80年代中期，已经全面掌握了40米水深以内海上自升式钻井平台的设计建造关键技术。

12.1.4 胜利一号——突破极浅海禁地

1978年11月，我国自行设计建造的首座适合极浅海钻井作业的坐底式钻井平台“胜利一号”在烟台造船厂竣工。平台主尺度为56.5米×24米×53米，满载排水量达2030吨，搭载装配的钻机为钻深能力3200米的国产“大庆I型”钻机，可在无冰期、水深1.8~6米（含高潮）的浅海中，下沉坐在泥砂质海底上进行钻井。“胜利一号”坐底式钻井平台独创的薄型沉垫高度仅2.5米，吃水仅1.5米，最小干舷只有0.3米，突破了极浅海钻井水深的禁地。世界首创的“抗滑桩”，通过插桩将平台固定在海底，攻克了坐底式钻井平台坐底后，面临滑移这一世界性难题。

“胜利一号”从1978年建成直到1989年光荣退役，共钻井17口，总进尺4万多米,为我国极浅海油田开发做出了巨大贡献。“胜利一号”不仅打破了国外垄断封锁，填补了我国极浅海钻井装备空白，让我国拥有了自己的“极浅海石油海军”，还使我国跻身于世界上具有设计建造坐底式钻井平台能力的极少数国家之列。“胜利一号”坐底式钻井平台由于独特的薄型沉垫、“抗滑桩”等技术创新，1986年获石油部科学技术进步奖二等奖，1987年获国家科学技术进步奖三等奖。“胜利一号”为我国极浅海油田开发提供了强有力的装备支撑，将永远载入我国海洋石油勘探的史册。

12.1.5 南海二号——海上铁军

1978年，我国从挪威购入的“南海二号”是我国第一艘半潜式钻井平台，由挪威阿科集团设计并于1974年建成。钻井平台船型为Aker-H3，最大作业水深304米（1000英尺），钻井时吃水21米，钻机名义钻深7600米，在当时属于深水钻井平台。

“南海二号”半潜式钻井平台自引入国内后就崭露头角，在我国海洋石油勘探开发中取得了骄人的业绩，创造了我国海上钻井诸多“第一次”。近40年以来，经历了近十次的维修和改造，“南海二号”设备状态和平台总体性能、人员技术水平等一直保持良好的状态，为我国海洋石油开发屡建奇功。依托“南海二号”，中国海油培养了大批半潜式钻井平台作业人员，成为我国此类钻井平台作业和管理人员的成长摇篮。在征战海外的征程中，“南海二号”更是功勋卓著。例如，为缅甸打出了第一口海上高产气井，改写了缅甸国家油气工业的发展历史。为此，“南海二号”半潜式钻井平台的图片和简介等资料被缅甸国家历史博物馆收藏。凭借多年来的出色表现，“南海二号”在国内外海上钻井服务市场赢得了良好的口碑，被誉为当之无愧的“海上铁军”。

12.1.6 胜利二号——滩海“步行者”

1988年9月在青岛北海船厂建成的“胜利二号”钻井平台，是我国第一座滩海“步行坐底式钻井平台”，适用于工作水深小于12米的极浅海或滩涂区域进行钻井作业。在0~6.8米水深的浅滩，借助钻井平台的双体（内体与外体）结构形式以及安装在平台上的液压步进机械系统，“胜利二号”以“步行”方式前进到预定的设计井位后进行钻井，也能够在水深大于2米的浅海区域作为常规坐底式钻井平台使用，是一座能够“涉水、步行”，适合在极浅海及滩涂进行作业的两栖钻井平台。“胜利二号”建成后所完成的第一口2434米深的试验探井，就发现了20米厚的油层，宣告了世界上第一座步行坐底式钻井平台研制成功。

“胜利二号”也是我国产、学、研联合研制新型重大海上钻井技术装备的成功范例。“胜利二号”不仅是我国第一座能在滩海“步行”的钻井平台，在世界上也是首创，它的成功建成震惊了国内外，打开了我国极浅海和滩海区域的石油资源之门。“胜利二号”于1991年荣获中国专利金奖，1992年荣获全国十大科技成就奖，1995年荣获国家发明奖二等奖。“胜利二号”曾多次“走进”其他任何钻井平台无法“涉足”的极浅海及滩涂进行钻井，并钻成油井近百口，为钻探渤海湾广大极浅海及滩涂地区的油气资源发挥了巨大的作用。

12.1.7 海洋石油941——海上骑士

2006年交付使用的“海洋石油941”平台，是当时国内钻井深度和作业水深最深、自动化程度最高的钻井平台，也是国内首座400英尺自升式钻井平台。平台由美国F&G公司根据中方提出的改进方案，修改了原有JU2000型平台基本设计，并将修改后的船型命名为JU2000E型。从此，F&G公司设计此类钻井平台均采用JU2000E型作为母船型。“海洋石油941”由大船重工完成详细设计、生产设计及全部建造工作。平台最大作业水深122米，最大钻井深度9144米，型长70.36米，型宽76.00米，型深9.45米，平台最大悬臂外伸长度达22.86米，横向可移动距离为6.09米。平台同时获ABS和CCS双重船级。

“海洋石油941”成功建成，标志着列入国家“十一五”规划的大型海洋石油装备建造取得了重大突破，对保障我国大规模开发海洋石油资源，实施能源安全战略具有重大意义。“海洋石油941”建成后，就成为我国海洋油气田勘探开发的明星装备，不仅首钻非常顺利，而且随后在我国南海西部涠洲11-1油田作业时，创造了百日内连续打出10余口高产油气井的骄人业绩，有力推动了南海西部涠洲11-1油田的开发。此后，“海洋石油941”连续转战我国南海北部湾、琼州海峡等海域。2014年 5月，“海洋石油941”承钻的“惠州21-1-18井”开钻，井位的作业水深为115米，创造了国内自升式钻井平台作业水深新的纪录。“海洋石油941”整体技术能力及多项骄人业绩，确立了其在国际上的技术领先地位，创造了中国移动式钻井平台的多个“第一次”。自2006年投入使用以来，“海洋石油941”在我国海洋油气田勘探开发主力装备中骁勇善战，有着“海上骑士”的称号，为我国海上油气田勘探开发做出了突出贡献。

12.1.8 海洋石油937——首座“X/Y型”悬臂梁平台

2009年12月20日，世界首座CJ46型自升式钻井平台“海洋石油937”在大连建成交船。平台最大作业水深106米，最大钻井深度9144米，可变载荷3500吨，型长65.25米，型宽62米，型深8米。CJ46型自升式钻井平台是具有世界先进水平的350英尺自升式钻井平台，取得ABS和CCS双重船级。平台所采用的独特“X/Y型”悬臂梁设计，可实现钻井悬臂梁沿平台纵向、横向整体移动。最大悬臂长度达27.4米，横向可移动距离为19.8米，一次就位最多能钻56口井，大大节约了海上钻机移井位的非作业时间，有效提高了海上钻井综合作业时效。

“海洋石油937”由大连重工集团建造，创造了国内建造钻井平台工期最短纪录，其建造技术先进性与复杂程度，在全世界同类自升式钻井平台中，均位居前列。

“海洋石油937”建成后，先在我国东海、渤海等海域进行钻井作业，取得良好业绩。“海洋石油937”于2010年12月远渡重洋到达印尼提供钻井服务。“海洋石油937”在“走出去”的过程中多次获得了甲方的赞誉。例如，2015年4月，在国外大幅缩减钻井数量之时，“海洋石油937”钻井平台成功中标印尼Suraba-ya北部海上某区块钻探项目作业合同。

12.1.9 海洋石油981——“深水旗舰”

代表了当今世界海洋石油钻井平台技术最高水平的我国首座第六代深水半潜式钻井平台“海洋石油981”，于2012年5月9日在南海荔湾6-1油气田首钻成功。这是中国海洋石油工业和中国船舶制造工业的标志性“世纪工程”。“海洋石油981”平台型长114米，型宽89米，平台总型高137米；满载排水量超过5万吨，电站总装机功率为4.4万千瓦；最大作业水深3000米，钻机最大钩载908吨，钻井深度可达10 000米；平台的可变载荷9000吨，能抵御200年一遇的台风，综合性能指标世界领先。中国海油拥有该船型自主知识产权。

在“海洋石油981”设计建造中取得了多项自主创新成果，首次建立了基于海洋环境与钻井工况耦合作用下的隔水管理论分析方法与实验技术，首次突破了基于有限元数值分析的精度控制等核心关键技术，首次实现DP3动力定位与锚泊定位的双定位系统优化设计。“海洋石油981”成功建成，标志着我国在海洋工程主流装备建造领域实现了重大突破。“海洋石油981”作为展示我国综合国力的重大工程之一，进入了“2014年国际工程科技大会”的巡展系列。

“海洋石油981”投入使用，不仅对于我国深水油气的开发具有划时代的重要意义,并且有助于改变我国目前在南海油气开发中的被动局面。2014年8月18日,“海洋石油981”在南海西部首钻发现了陵水17-2气田，打响了我国深水海洋油气自营勘探开发的重要一枪，使中国海洋油气深水开发迈出了历史性的一步，标志着中国正式具备了深海油气勘探钻井和测试能力。同时，作为海洋工程的“航空母舰”和“流动的国土”,“海洋石油981”平台对于维护我国南海主权、保障我国能源安全以及推进海洋强国战略均具有不可替代的重要作用，是我国当之无愧的“深水旗舰”。依托“海洋石油981”平台的“超深水半潜式钻井平台研发与应用”项目，荣获了2014年度国家科学技术进步奖特等奖的殊荣。

12.2 百花齐放——模块钻机典型成果介绍

12.2.1 平湖DPP平台钻机——海上“常青树”

东海平湖油气田位于我国东海陆架盆地西湖凹陷，是我国在东海海域第一个发现并投入开发的复合型高产油气田，距上海市东南约450公里，油田水深86.9米。

东海平湖油气田总体开发方案为平湖油气田DPP平台设计了20个钻井的井槽。为降低开发成本，采用了从国外引进的“二手”直流驱动钻机装备经模块化改造后安装在平湖DPP平台，承担平湖油气田钻井、完井及油田后期调整等作业。

“二手”钻机由美国国民油井公司于1981年生产制造，名义钻深能力9000米，最大钩载650吨。1996年启动第一次改造设计，钻机模块由钻井设备模块、钻井支持模块、动力模块、固控模块、灰罐橇、固井泵橇等组成，模块钻机总重量近2000吨。1998年8月完成模块钻机改造并投入使用，为平湖油气田的顺利投产立下了汗马功劳。2007年根据油气田总体开发需求，为了安装天然气外输用湿气压缩机，对平湖“二手”模块钻机实施第二次改造，将平台上的模块钻机改造为修井机，考虑到后期钻井需要，当时仍保留了DES模块。2014年，为了满足东海平湖油气田周边和深层油气藏的开发钻井需求，又对平湖“二手”模块钻机实施了第三次改造以恢复其钻井能力，再次改造后的平湖“二手”模块钻机仍然可以满足7000米钻井要求。

平湖模块钻机首次改造对我国海洋模块钻机国产化具有重要推动作用，是海洋模块钻机国产化过程中的一个划时代里程碑。随后的两次大型改造，均很好地满足了东海平湖油气田不同开发阶段的需求。历经海上风雨30年，平湖“二手”模块钻机依然老当益壮，成为中国海洋模块钻机当之无愧的“常青树”，为东海平湖油气田连续多年稳产高产发挥了重要的装备支撑作用。

12.2.2 番禺30-1气田模块钻机——首座套装自举式井架

番禺30-1气田位于我国南海东部的珠江口盆地，气田水深约200米，是中国南海东部第一个采用海洋模块钻机的自营气田。番禺30-1气田DPP平台上设有15个钻井井槽，采用海洋模块钻机承担番禺30-1气田钻井、完井、后期修井及钻调整井等作业。番禺30-1气田海洋模块钻机名义钻深能力6000米，钻机最大钩载为450吨，钻机设计寿命30年。模块钻机由DES（Drilling Equipment Set）、DSM（Drilling Support Module）、P-TANK（Bulk Storage Modules）和GM（Drilling Power Generator Module）等组成。番禺30-1气田海洋模块钻机基本设计由英国RDS公司完成，详细设计和总包建造由油建公司于2006年3月完成（完成陆地安装调试），这是国内工程技术人员首次承担海洋模块钻机的详细设计。该钻机于2008年成功交付使用，确保了番禺30-1气田按时向“东方明珠”香港供气，意义非凡。

番禺30-1气田海洋模块钻机在我国首次采用了套装自举式井架，节约了浮吊安装费用，大大减少了海上安装时间。这种套装自举式井架，后来在其他海上油田得到推广应用，目前的海洋模块钻机基本采用了套装自举式井架。番禺30-1模块钻机的详细设计和建造，不仅锻炼了队伍，而且使我国掌握了详细设计关键技术，开启了我国海洋模块钻机自主设计建造的新篇章，具有里程碑意义。

12.2.3 西江23-1模块钻机——首座“交钥匙”工程

西江23-1油田位于中国南海珠江口，距香港约120公里，水深约为90.5米，为中国海油南海东部的自营油田，总体开发方案为西江23-1油田综合钻采平台（DPP）共设计了20个钻井井槽并配置了一座名义钻深5000米、最大钩载315吨的海洋模块钻机。钻机模块由DES、DSM、P-TANK等组成，模块钻机总重约1950吨。

西江23-1油田模块钻机，是南海东部自营油田的第二个自建海洋模块钻机。2007年8月由油建公司完成详细设计及总包建造。该模块钻机的基本设计虽由美国国民油井公司主导，但中方全程参与，是中国海油第一个完整的从基本设计到建成的“交钥匙”工程，确保了西江23-1油田于2008年正式投产。

该模块钻机动力系统首次采用了体积小、重量轻的直流和交流变频复合控制系统，绞车采用交流变频驱动，泥浆泵等采用直流驱动，是中国海油第一座海洋模块化交流变频驱动钻机。通过西江23-1模块钻机的设计和摸索实践，逐步形成了一套模块钻机谐波治理的方法。该项目荣获业主颁发的工程建造优质奖、安全奖等多项荣誉，拉开了后续我国建造“精品”海洋模块钻机的序幕。

12.2.4 四座PEMEX模块钻机——国产钻机走向海外

2006年4月，中海油服在国际竞标中连续击败4家竞争对手，取得了为墨西哥国家石油公司（PEMEX）建造四座海洋模块钻机项目的合同。这是中海油服进军海外市场的重大突破口。PEMEX模块钻机于2006年5月份开始设计建造，同年7月份完成详细设计，2007年5月开始分批建成交付外方，投入使用。这四座模块钻机的钻深能力均达7000米，模块钻机关键设备“八大件”即绞车、泥浆泵、井架、天车、游车、转盘、水龙头、方钻杆均由宝鸡石油机械厂制造，仅有钻机的顶部驱动和主柴油机设备是进口的，整机国产化率达到了92%。对于国内第一套钻机能力7000米的海洋钻井装备而言，大幅采用国产设备，一方面显示出国产设备生产制造能力已经接近、达到甚至某些方面已经超过国际标准，另一方面也带动了相关产业发展。

PEMEX模块钻机的基本设计、详细设计以及现场建造、设备调试共历时8个月，相比同类项目缩短了近一半的时间。该钻机作为我国第一次自主设计、建造的钻深可达7000米的海洋模块钻机，凭借其技术优势以及价格优势成功地打入了国际市场，实现了我国海洋模块钻机出口零的突破，钻机系统集成技术和质量已达到国际先进水平。模块钻机的设计思路及总体布置方案得到了专家、业主及作业者的一致认可和好评，为我国开拓海外市场，尤其是开拓墨西哥以及拉美广阔石油市场奠定了良好的基础。

12.2.5 蓬莱19-3模块钻机——销式连接组合型橇块钻机

蓬莱19-3油田位于山东半岛北部的渤海中，离蓬莱最近点大约80公里，是国内建成的最大海上油气田。蓬莱19-3油田为合营油田，由中国海油和康菲公司共同分期开发。2005~2007年，由油建公司为蓬莱19-3Ⅱ期开发工程总包建造了5座海洋模块钻机。这5座模块钻机均为销式连接、小橇块组合式钻机，是集钻井、完井、修井等功能于一体的多功能海洋橇块钻机，钻机大钩载荷225吨，钻深能力4000米，配置了套装自举式井架，800千瓦钻井绞车，250吨顶驱，两台800马力泥浆泵，3台1200千瓦发电机。整个模块钻机由70多个小结构模块组装而成，结构模块间通过200多个销子进行连接，管线之间用油壬连接，单个结构模块最大重量不超过25吨，模块钻机总重约900吨。钻机的DES模块和DSM模块连接在一起，有一个共同的下移动底座，可以一起纵向移动。整个模块钻机结构简洁、形式新颖，在近年来的国内海洋模块钻机工程中首屈一指。

蓬莱19-3模块钻机自带电站，具有先进的电控系统，全部采用数字交流变频驱动技术，配备了功能强大的电源管理系统。蓬莱19-3（Ⅱ期）模块钻机的绞车、井架、泥浆泵、司钻控制房等大型钻井设备均为国产设备（钻井顶驱、发电机组、固控设备等仍然为进口）。特别是国产数字交流变频驱动绞车，属于当时国内非常先进的设备，在国内其他陆地和海上油田中还不多见，打破了国外在该类型绞车上的垄断地位，对我国海洋模块钻机设备国产化起了重要的推进作用。

12.2.6 绥中36-1油田K平台模块钻机——首座轻型可搬迁钻机

绥中36-1油田位于我国渤海辽东湾南部海域，是我国海上最大的自营油田，油田分期进行开发。为了降低油田开发成本，依托国家重点科研项目，采用可搬迁轻型钻机模块设计理念，为绥中36-1调整项目的WHPK平台设计建造了轻型可搬迁海洋模块钻机，其功能是进行前期钻完井、修井、后期调整井作业。

该轻型可搬迁模块钻机的钻深能力为4000米，最大钩载225吨，配置800千瓦钻井绞车、两台1300马力泥浆泵，于2009年11月建成投入使用。钻机模块包括

DSM东模块、DSM西模块、动力模块、DES下底座、钻台、井架六个模块。模块钻机总重量约1150吨，单个模块最大重量仅280吨，因此对浮吊以及驳船的要求大大减小，极大地方便了安装、拆卸和运输。模块钻机可采用小型浮吊安装拆卸，从而大大降低了海上吊装作业成本，实现了轻型可搬迁的设计目标。

绥中36-1WHPK轻型可搬迁模块钻机的概念设计、基本设计、详细设计、加工设计、建造分别由油建公司工程设计研发中心、海油工程技术有限公司和龙口三联海洋工程有限公司完成。模块钻机于2009年2月开始建造，同年9月实现机械完工，标志着国内不仅完全掌握了轻型可搬迁模块钻机的设计建造技术，而且具有很高的创新能力和设计水平。

12.2.7 渤中28-2南模块钻机——“百分之百”的国产化钻机

渤中28-2南油田位于渤海南部海域，油田所处海域水深约为21米，是2009年中国近海投产项目中规模最大的油田。渤中28-2油田的主体开发设施包括一座中心平台、49口井及一套浮式生产储油装置。

渤中28-2南海洋模块钻机项目始于2007年，根据油田开发需要，渤中28-2南CEP平台上配置了一台名义钻深5000米、最大钩载315吨的模块钻机，钻机模块由DES、DSM和P-TANK等组成，钻机设计覆盖50个井槽。渤中28-2南模块钻机的基本设计、详细设计和建造均由油田建设工程分公司完成，这是国内第一次开展模块钻机的基本设计。拿下模块钻机的基本设计表明国内已完全掌握了模块钻机设计建造技术。

渤中28-2南模块钻机不仅设计和建造均由国内厂家完成，而且首次在国产海上平台模块钻机上选用了国产顶驱。顶驱是模块钻机的关键设备，在此之前模块钻机的绞车、泥浆泵、转盘、井架等关键设备均实现了国产化，但是顶驱一直采用进口设备。渤中28-2南模块钻机建造过程中，油田建设工程分公司和甲方技术人员调研了多个国内厂家，经过详细比较分析认定国产顶驱质量已过关，可满足海上钻井的需求,因此最终决定配置国产顶驱,从而实现了海洋模块钻机设备的“百分之百”国产化。渤中28-2南模块钻机是模块钻机设计建造国产化的重要里程碑，实现了模块钻机从设计到建造的“百分之百”国产化。模块钻机设计、建造、设备完全国产化后，彻底打破了国外垄断，导致国外公司产品价格有所下降，模块钻机优化的空间提升。

12.2.8 陆丰13-2模块钻机——综合性能优异的“精品钻机”

2005年投产的陆丰13-2油田位于南海东部海域珠江口盆地，油田距香港东南约210公里，油田平均水深约132米。2010年，对该油田实施开发调整。根据总体设计，需要为陆丰13-2 DPP平台新配备海洋模块钻机。陆丰13-2海洋模块钻机于2010年3月正式开工建造，大钩载荷450吨，钻深能力7000米。钻机模块包括DES模块和DSM模块，总重约2000吨。其中模块钻机实现了DSM和灰罐一体化设计，从而增加了管子堆场的有效使用面积，减少了浮吊的吊装次数，节约了安装工期。

在该海洋模块钻机设计过程中，首次使用了三维设计软件PDMS，对海洋模块钻机的结构、总体布置、工艺管线等进行了大量优化工作，有效地提高了设计和建造效率。建造中还实现了焊接工艺创新，结构焊接全部实现半自动化焊接工艺，所有结构部件均采用FCAW药芯气体保护焊方式。此外，陆丰13-2海洋模块钻机实现了操作控制系统全部数字化，是国内海上第一个实现全交流变频控制的海洋模块钻机。陆丰13-2模块钻机除顶驱和振动筛外，其余设备均为国产，也是一个国产化程度较高的模块钻机。

建成后的陆丰13-2海洋模块钻机从功能、作业效率到外观等方面均达到了“精品钻机”水平。同时，由于陆丰13-2海洋模块钻机采用了先进建造技术，缩短海上安装调试工期达30天，节约海上施工费用约1500万元，油田也因此提前一个月投产，创造了巨大的经济效益。2011年9月，陆丰13-2海洋模块钻机顺利开钻，创造了从建造到开钻仅用18个月的最好纪录。

12.3 国货自强——海洋修井机典型成果

我国海洋修井机从“以陆推海”简单地将陆地修井设备搬到平台，到实现完全国产化并走出国门，走过了一条凤凰涅槃的发展之路，一路上有成功的喜悦，也有失败的泪水。经过数十载的辛勤耕耘，已经有80座海洋修井机就像一颗颗璀璨的明珠，散落在中国的蓝色国土上，为中国近海油气开发做出了重要贡献。

12.3.1 歧口18-1平台修井机——第一台国产修井机

歧口18-1油田位于渤海西部海域，距离塘沽约40公里，平均水深10米。根据油田开发要求，在歧口18-1平台上配置一台修井机以进行后期修井作业。考虑到进口修井机费用高、建造周期长等原因，决定采用国产修井机。

1997年，我国第一台国产化平台修井机岐口18-1修井机建成投入使用。该修井机由二机厂设计建造，参考了国外的修井机设计，首次采用了直立无绷绳井架，设计最大载荷80吨。

岐口18-1平台修井机成功实现了直立无绷绳井架、防爆、传动系统、滚筒绳槽、液控系统等方面的技术突破。通过优化设计，保证了该修井机的提升能力、移动能力、井架抗风能力等各项技术指标达到了设计要求。由于岐口18-1平台修井机在使用过程中遭遇阵风导致井架变形，从而促使了国内厂家开始对井架建立有限元模型进行计算校核，客观上推动了国内厂家设计方法的变革，帮助其提升了设计能力。岐口18-1平台修井机的诞生标志着我国海上平台修井机系统真正实现了国产化，具有里程碑式的重要意义。

12.3.2 秦皇岛32-6油田修井机——可伸缩井架

秦皇岛32-6油田是于1995年在渤海海域发现的一个亿吨级大油田。该油田是稠油油田，油藏构造复杂，开发难度大。按照总体开发方案，一共配置6座HXJ90型修井机，分别由二机厂和四机厂各承担3座修井机的设计建造工作。

HXJ90型修井机在井架设计时，采用了双节起升伸缩式防风井架，该井架分为两节，可以伸缩，便于井架在海上的安装和拆卸。还通过井架优化设计增强了井架伸缩时的稳定性，其抗风能力高达107节。采用液压千斤顶和在每组连接板之间增减调整垫片的方法，可以保证修井机在移动到任意一口井时大钩与井口的顺利对中。对修井机底座结构也进行了优化，使得底座不但有很好的自稳性，而且因为增加了辅助横导轨承载，负荷能力大幅加强。修井机还采用了日益成熟的井架伸缩油缸、转盘防反转、井架锁销机构等专利技术，大大提高了作业效率和安全性。后来，专家评审组对HXJ90型海洋修井机进行了鉴定，一致认为该设备居国内领先水平，可以替代国外同类产品。

秦皇岛32-6油田6座修井机建成投入使用，充分表明了国内在修井机自主设计建造的能力得到了整体提升，这对于提升海洋修井机设计建造水平，打造具有竞争力的民族品牌和产业链具有巨大的促进作用。

12.3.3 涠洲12-1B平台修井机——首创拖链连接

涠洲12-1油田于1995年6月发现，1999年6月建成，是涠西南油田群的最大自营油田。该油田开发工程包括综合平台涠洲12-1A平台和井口平台涠洲12-1B平台。涠洲12-1B平台是一座具有24个井槽的井口平台，平台上配置一座钩载能力为180吨的修井机以满足后期修井、钻调整井及完井等作业需要。修井机的设计建造由四机厂承担。

该修井机首次采用了创新性“拖链设计”，也就是采用拖链连接修井机固定部分（修井机的支持系统）与移动部分（修井机的主机及其底座和井架等）。由于涠洲12-1B平台修井机上采用了拖链，使原本杂乱无章的修井机电缆、管线走向清晰，布置整齐，不会再影响安全通道。而且，由于拖链结构简洁、重量轻，现场操作简便，维修维护方便，因此节约了大量维修维护时间。另外，有了拖链的保护，电缆、管线可以无障碍地随着修井机运动，避免受到振动、拖拉、磕碰等损害，大大延长了使用寿命。拖链在涠洲12-1B平台上的成功试用受到现场工作人员的热烈欢迎。后续建造的其他修井机，包括国外的修井机也纷纷模仿采用涠洲12-1B平台修井机的拖链。

12.3.4 八角亭油田钻修机——修井机中的“大力神”

八角亭扩建工程是平湖气田的第二期扩建项目，八角亭平台距离平湖DPP平台约7公里，平台于2005年开工建设，于2006年11月投产，平台上有4口气井、1口油井和4口备用井。

八角亭平台原计划配置1套最大钩载为180吨的修井机，用于回接、完井以及后期修井作业。在实际建造过程中，为节约投资，只用移动式钻井平台进行了BG1、BG2井预钻井，其他油气井采用修井机钻井，考虑到180吨钩载修井机无法满足钻井要求，因此配置了一台最大钩载为225吨的修井机。八角亭油田钻修机由南阳二机石油装备集团有限公司负责总体设计、建造及安装成橇。该修井机是目前国内提升能力最大的海洋修井机，被称为修井机中的“大力神”，修井机配置了最基本的固控系统、BOP及控制系统，具备钻井功能，设计钻井深度为3200米，因此也称为钻修机。钻修机于2006年9月27日正式投入BG1、BG2井预钻井隔水套管安装，井口安装回接以及完井作业，创造了国内海洋修井机海上安装、调试、投入作业并取得成功的最快纪录。

2007年7月，八角亭平台的钻修机首次成功实施了超薄油层、小井眼、水平多分支井钻井作业，取得了在东海采用修井机钻井的重大突破。2008年再次在八角亭平台进行了一口3底3分支6井眼的高难度分支井，不仅创东海单井进尺最高纪录，同时，也创造了中国海油利用修井机进行超过3600米（5英寸钻杆）钻井的最深纪录，为今后采用修井机钻井积累了宝贵经验。

海上钻修机装备的发展和建设从零起步，伴随着数十年海上油气田勘探开发的历程逐渐发展、壮大。不管是平台模块钻机，还是自升式钻井平台、半潜式钻井平台，通过前期的引进学习、自主的艰难探索，经过30年的发展，目前具备了国内设计、建造的能力，实现了跨越式的发展。星星之火，已成燎原之势，一座座海上钻修井装置，就像天空中一颗颗耀眼的星星，照亮了中国海洋油气发展的道路，也像中国近海油气田的脊梁，支撑着中国海洋石油工业从一个辉煌走向下一个辉煌。

在海洋石油工业发展30多年的历程中，海上钻井、完井和修井作业装备数量不断增加，技术不断更新，类型不断扩充。目前海上钻井、完井和修井作业装备能力正在从近浅海向深远海发展。

第十三章

继往开来——中国海洋钻井装备发展成就与展望

勤劳智慧的中国人发明了古代顿钻技术，第一次为人类打开了地下宝藏的大门，启迪了现代钻井技术的诞生。但随着近代中国国力衰退和列强入侵，水深火热之中的中国错过了第一次工业革命的春风，现代工业的萌芽也被无情摧残，恰在此时，西方钻井技术突飞猛进，差距被越拉越大。

随着新中国的成立，日月终于换新天，当家做主的中国人民带着满腔激情投入到轰轰烈烈的国家建设中。海洋石油工人更是肩负“我为祖国献石油”的使命，以“石油工人一声吼，地球也要抖三抖”的大无畏革命精神，迈向茫茫大海，勇敢地拉开了中国海洋石油工业的发展序幕。由建造简易的浮筒平台，到自主建造当今世界上最先进的超深水钻井平台；由引进国外海洋钻井装备，到出口国产海洋钻井装备到国外；由凭感觉和经验操作，到学习国际规范；由制定企业标准、行业标准,到制定国家标准乃至国际标准。在中国海洋钻井装备飞速发展的30年中，成功构建了完整的现代化海洋石油钻井装备体系，支撑了中国海洋石油工业的巨轮乘风破浪，扬帆远航。

13.1　功绩卓著——中国海洋钻井装备的跨越发展

纵观中国海洋钻井装备发展的半个多世纪，特别是改革开放后30多年来的发展历程，尽管条件艰苦、基础薄弱、技术落后，但是，中国海洋石油人硬是凭借革命加拼命的精神，坚持走引进、消化、吸收、再创新、自主原始创新的道路，攻克了一个个难题，战胜了一个个挑战，创造了一个个奇迹，实现了中国海洋钻井装备由无到有、由弱到强的跨越。

13.1.1　中国海洋钻井装备发展成就

（1）全面突破设计和建造技术，实现了跨越发展

20世纪六七十年代，是我国海洋钻井装备设计建造的起步阶段，此时我国工业基础很薄弱，只能土法上马、因陋就简，在缺资金、无技术、无经验的条件下，海洋石油人创造了“两个筒筒闯大海”壮举，自力更生建成了30米作业水深的自升式钻井平台和100米作业水深的浮式钻井装备，实现了我国海洋钻井装备零的突破。70年代中后期，通过集中攻关、系统研究，我国海洋钻井装备设计建造技术水平有了进一步的提升，首创了薄型沉淀技术、抗滑桩技术，形成了适合极浅海作业的坐底式钻井平台设计建造技术，独立建造了吃水仅1.5米的“胜利一号”坐

底式钻井平台，让美国人都赞叹不已。

80年代，我国坚持两条腿走路的方针，积极学习西方先进科技，使海洋钻井装备设计建造技术有了长足发展。不仅掌握了40米以内自升式钻井平台的设计建造关键技术、作业水深达200米的半潜式钻井平台设计建造技术，更值得骄傲的是，独立设计建造了世界上第一座极浅海步行坐底式钻井平台“胜利二号”，突破海洋钻井装备作业水深0米的极限。

90年代是我国海洋钻井装备设计建造技术平稳发展时期，为满足国内近海油气勘探开发的需要，有目的有步骤地对移动式钻井平台进行了大规模升级和改造，包括加装悬臂梁、桩腿桩靴，配套顶部驱动装置，升级锚链系统，扩充增强水下设备等，这些升级改造工作为全面掌握深水移动式钻井平台设计建造关键技术奠定了坚实基础，特别是改造后的装备与当代先进钻井技术配套，成功开创了“优快钻井”全面实践。经此一役，研发、设计、建造、操作和管理等人员队伍及其技术水平得到锤炼和提升，他们正蓄势待发，向着更加广阔的大海前进。在此期间，海洋修井机国产化工作取得突破性进展，科技人员连续攻克以无绷绳直立井架为代表的关键技术，自主设计建造了第一套国产海洋修井机，此后，海洋修井机国产化阔步前进，花开四海。

伴着21世纪的钟声，海洋钻井装备发生了突飞猛进的革命性变化。

一是我国海洋模块钻机终于迎来了跨越式发展。经过改造二手钻机、独立开展概念设计等技术积累，我国海洋模块钻机设计建造技术突飞猛进，完成了从建造监理的“丙方”，到总包建造，再到独立自主开展详细设计、基本设计的“三级跳”，全面实现了设计建造国产化。自主设计建造的海洋模块钻机不仅在中国的海上油田大展拳脚，更以过硬的品质和良好的口碑打入拉美等国际市场。

二是开启了建造120米作业水深的自升式钻井平台的新征程。为适应我国近海更加恶劣的海况，形成了新型的JU2000E型船型。在相继攻克了高强度钢焊接、升降机构建造、悬臂梁建造、接桩腿等一系列工艺和技术难关，于2006年建成了120米作业水深的自升式平台“海洋石油941”，多项关键技术填补了国内空白，达到世界先进水平，特别是钻井平台所有操作实现自动化、控制键盘化、显示数字化的钻井操作新模式，让钻井工人彻底告别了千年来的“rough neck”时代（“钻井粗汉子”时代）。随后我国又先后建成4座可在北海海域作业的半潜式钻井平台以及首座可适应极地作业环境及要求的深水半潜式钻井平台。

三是开创了超深水钻井平台的新时代。2012年成功建成了作业水深达3000米的第六代超深水半潜式钻井平台“海洋石油981”，使我国成为继美国、挪威之后第三个具备超深水半潜式钻井平台设计、建造、调试、使用一体化综合能力的国家！

通过系统攻关，研制出超高强度R5级锚链、创新设计动力定位和锚泊定位组合定位系统等六大世界首创技术，突破了基于有限元数值分析的精度控制等国内十大首创技术，标志着中国钻井装备的设计、建造、操作和管理等都全面跻身世界先进水平。在2015年1月9日举行的国家科技奖励大会上，依托“海洋石油981”的“超深水半潜式钻井平台研发与应用”成果荣获2014年度国家科学技术进步奖特等奖，这是我国海洋石油工业迄今为止获得的最高科技奖项，是全体海油人孜孜以求的境界，是所有关心、关注、爱护海洋事业的人们长久的期盼。

（2）建成系列装备，支撑起了海上油田勘探开发

经过改革开放30多年的快速发展和建设，中国海油已经拥有了200多座海洋钻井装备，建成了包括固定式、自升式、半潜式钻井平台以及多功能支持平台、海洋修井机、模块钻机等在内的海洋钻井装备系列，为中国近海油气勘探开发提供了坚实的装备基础。

海洋钻井系列装备体现在很多方向：

一是大幅提升了我国的海洋钻井作业能力和水平。名义钻深从“渤海一号”的3200米，提高到“海洋石油981”的10 000米，海洋模块钻机的名义钻深达到9000米，钻井能力大幅提升。

二是海洋钻井系列装备的建成，实现了极浅海、滩海油气田开发的突破。我国自行设计建造的“胜利一号”可以在1.8~6米的极浅海进行钻井作业，“胜利二号”更能在0米水深的滩海、淤泥中步行前进到达作业井位，打开了极浅海及滩海区域油气资源的大门。我国建造的第六代半潜式钻井平台“海洋石油981”作业水深达3000米，可抵御200年一遇的台风，可以在除两极以外的全球所有海域进行钻井作业。

三是适应范围多样化。200英尺、300英尺、400英尺、1000英尺、1500英尺、5000英尺等系列平台可以适应0~3000米不同水深的钻井作业。“海洋石油941”、“南海六号”、“南海五号”等平台可以钻高温高压井；“渤海五号”和“渤海七号”等平台可以在低温环境下钻井，一些修井机也具备在零下20摄氏度的环境中工作的能力。

四是功能配套多样化、专业化。移动式修井机、“海洋石油281”、“海洋石油282”等多功能支持船以及LIFTBOAT等具有显著的低成本优势，为边际、“三低”等类型油田开发提供了重要的装备保障。

五是全球适应性增强。从适应近海海湾型平台，到北海级、南海级的“COSL

Pioneer”（中海油服先锋号）、“COSL Innovator”（中海油服创新号）、“COSL Promoter”（中海油服进取号）、“海洋石油981”再到可适应极地环境的“COSL Prospector”（中海油服兴旺号）等半潜式钻井平台的建成，实现了全球海上油气田作业环境的全覆盖。

（3）引领“中国制造”快速壮大，推动了大型装备行业发展

20世纪70年代，在国家“上山、下海、大战平原”的战略指引下，海洋油气勘探方兴未艾，急需海洋钻井装备下海打井找油。但此时，我国海洋钻井装备制造能力非常薄弱，大连红旗造船厂甚至没有经纬仪和水平仪，宝石厂建造海上自升式钻井平台钻机井架时还只能以陆地钻机井架为基础，烟台造船厂更是刚刚成立。因此，在设计建造海洋钻井装备时只能土法上马，因陋就简。

80年代，中国海洋石油逐渐由勘探转入开发，打开发井、调整井和修井工作渐增，只能重金购买洋钻机的海油人期盼着低成本的国产钻井装备，但此时，国内制造厂家的技术水平有限，兰石厂工人只能边干边学；鼓足勇气首次竞标涠洲油田海洋修井机的四机厂也因技术水平不够等败给国外厂家。

90年代，专业厂家的设计建造能力和水平大幅提升，四机厂已经能够配套建造“半套”海洋修井机，二机厂承建了国内第一套真正意义上的海洋修井机歧口18-1平台修井机，开启了海洋修井机的国产化；宏华集团、外高桥船厂也开始进军海洋钻井装备市场。

进入21世纪，兰石厂、宝石厂、二机厂、四机厂、宏华集团、招商重工、大连重工、外高桥船厂、中集来福士、海油工程等国内海洋钻井装备制造企业快速发展，迅速成长，设计建造能力大幅攀升，累计为中国海洋油气资源勘探开发设计建造了半潜式钻井平台、自升式钻井平台、海洋模块钻机、海洋修井机等海洋钻井装备百余套。

伴随中国海油进军海外的步伐，国内海洋钻井装备制造厂家也跨出国门，走向世界，国产海洋钻井及陆地钻井装备出口美国、加拿大、俄罗斯以及前苏联地区、巴西、阿联酋、阿塞拜疆、印度、马来西亚、埃及、印度尼西亚、缅甸、泰国、墨西哥以及非洲等几十个国家和地区，这些装备在当地都站稳了脚跟，赢得了赞誉，承建这些装备的厂家也打响了名号，赢得了口碑。

国家建设对能源的快速增长需求，推动着中国海洋石油工业的蓬勃发展，而中国海洋石油工业的飞速发展则引领着中国海洋装备制造厂家不断发展壮大，设计建造能力大幅提升，从而推动了国内钻井装备制造及大型海洋装备行业跨越发展，形成了产业化优势和很强的国际竞争力。

13.1.2　中国海洋钻井装备发展启示

中国海洋钻井装备的发展史是一部中国海洋石油工业的发展史，更是一部中国海洋石油人百折不挠、争创辉煌的奋斗史。古人云“以古为镜，可以知兴替”，在中国海洋钻井装备飞跃发展的30年非凡历程中所积淀的经验、熔炼的精神、创造的技术都将启迪着未来的发展，激励着后继者们阔步前行。回顾总结中国海洋钻井装备的发展历程，可以得出以下五个方面的经验和启示。

面对困难，不能畏缩不前，而要勇于开拓、积极进取。海洋石油工业是一个高风险的行业，面对大海变幻莫测的环境，我们正是凭借大无畏的精神和勇气迎难而上，依靠人才和科技的力量，战胜了挑战和困难，实现了对海洋的开发、利用和保护。

开放心态，不闭关锁国。我国海洋石油工业是白手起家，起步晚、起点低，与同期世界先进水平相比，有非常大的差距。我们坚持走“两条腿走路”的方针，在牢牢把握自主创新这个主旨的前提下，敞开胸怀，积极学习、吸纳和应用西方先进技术和装备，博采众长，为我所用，才逐渐缩小这个差距并在短时间内赶上和超过世界先进水平。

要具有国际化视野。国际化大潮席卷全球，中国海洋石油工业的血液里流淌的是“走出去”的基因，我们没有将眼光放在国内，而是将眼光投放到整个世界。我们以海纳百川的气度，积极吸收世界先进科技成果，努力提升自身的水平和实力；我们以志在国际的豪情，直挂云帆济沧海，在国际高端钻井装备市场闯出一片天地。

集中国内优势力量进行攻关。海洋钻井装备研制涉及多个学科，是繁杂的系统工程，只有充分调动和集中国内优势力量，依靠搭建的产学研用平台进行集中、系统的攻关，才能从整体上、根本上提高我国海洋钻井装备的设计建造水平和能力，才能真正打破垄断并走向国际。

需求导向，创意无限。以勘探开发中需求和瓶颈为导向，以油公司为龙头，紧紧抓住60年代“站得稳”,70年代“立得住”,80年代“高时效”,90年代“高效率”,2000年以后“低成本、市场化、国际化”的主旋律，长期、持续、有效地开展攻关，不仅形成了海洋钻井装备的国产化、系列化，而且形成了中国海油独特的“自力更生”文化、“反承包”文化、“优快”文化、“综合成本”文化、价值导向的命运共同体文化等，植根中国海域，适应全球作业。

13.2 任重道远——未来中国海洋钻井装备发展趋势

我国海洋石油钻井装备走过了30年的非凡历程，突破了海洋钻井装备的设计建造技术，建成了装备体系，有力支撑了海上油气田勘探开发。站在新的起点上，面向未来，深水钻井装备、低成本钻机、智能化钻机、安全环保钻机是我国海洋钻井装备的发展趋势。

13.2.1 深水钻井装备系列化、国产化

随着一系列深远海油气田的不断发现，人们认识到深远海将是一个更大的油气资源宝库，纷纷将目光聚焦在这片神秘的海域，深水油气开发成为世界海洋石油工业发展的大趋势。

我国深水油气田开发起步较晚，虽然目前已经拥有国际领先水平的第六代深水半潜式钻井平台“海洋石油981”，但是深水钻井装备的整体实力与国外先进水平相比还有一定差距，主要表现在我国深水钻井装备类型比较单一，目前仅有半潜式钻井平台而没有其他类型的深水钻井装备，未形成差异化、系列化深水钻井装备船队，而且我国深水钻机关键设备的国产化率较低，创新研制能力不足。这些差距都在一定程度上制约了我国深水油气资源的开发，因此未来我国必须要在提升深水钻井装备能力、发展多种类型深水钻井装备、提高深水钻井装备国产化率等方面开展工作。

为了向深远海挺进、适应更复杂的钻井作业工况，未来我国将继续坚持科技创新，依靠“产学研用”平台，打造作业水深和钻井深度更深、大钩载荷和甲板可变载荷更大、自持能力更强、能够适应更恶劣海洋环境条件的半潜式钻井平台。

纵观世界深水钻井装备的发展，浮式钻井船是另外一类深水油气勘探开发的利器。我国目前尚没有这类钻井装备，因此急需建造适合我国近海特别是南海深水环境特点的深水钻井船。另外，未来深水钻井船还将向紧凑化、经济化、多功能化发展，而且随着极地海洋资源开发的不断深入，设计建造适合极地海洋环境条件的钻井船也将成为未来攻关方向。

具有钻井功能的浮式生产平台，如张力腿平台（TLP）、单柱式平台（SPAR）等是深水开发的另一类装备。在深水浮式生产平台上配备能力强大的钻机来完成钻井作业和修井作业可节约高昂的深水钻井平台日租费以及动复员费用。充分利用深水浮式生产平台完成钻井采油生产等作业，有利于缓解我国移动式深水钻井

装备资源不足的局面。但目前我国没有TLP、SPAR等类型的深水浮式生产平台，尚不完全掌握深水浮式生产平台的钻完井技术，研究掌握深水生产平台上钻井系统的成套技术与关键设备设计、制造技术将是未来方向之一。

目前，深水钻井系统成套设备设计制造的关键技术掌握在国外少数几家公司手中，导致了深水钻机不仅费用高昂、交货期长，而且维修维护不方便。因此除了继续发展超强钻井能力的半潜式钻井平台、设计制造钻井船和深水浮式生产平台钻机外，我国深水钻井装备发展的另外一个重点攻关方向是深水钻机设备的国产化。未来我国将大幅提升深水钻井装备设计和制造能力，不仅要能具备提供成套深水钻井装备的能力，而且在深水钻机的关键设备如钻柱升沉补偿装置、动力定位系统、大功率顶驱、主动升沉补偿绞车、水下防喷器及其控制系统等的设计制造将实现国产化。此外，还将研制国产化双井架钻机、液压起升深水钻机等特殊类型钻机。

13.2.2 海洋钻井装备自动化、智能化

为了提高海上钻井作业安全性、降低工作人员劳动强度，智能化、自动化的海上钻机在国外已经逐步普及。

目前我国在用的海洋钻井装备，除了“海洋石油981”、“海洋石油941”、“海洋石油942”、“海洋石油936”、“海洋石油937”等钻井平台外，三分之二的移动式钻井平台的自动化水平普遍不高，模块钻机中仅有个别的实现了全自动化。为了降低人员劳动强度、提高钻井作业安全性，今后我国海洋钻井装备也要向全面实现自动化、智能化方向发展。

国内将自主研制海洋钻机专用钻台机械手、铁钻工、动力猫道、自动排管机等管子处理系统和井口自动化工具，并整合现有交流变频、盘式刹车、自动送钻、数据采集、闭环控制等技术，实现钻机的远程监测和控制。随着这些自动化、智能化设备在海洋钻井装备上的推广使用，将大幅度提高海上钻机作业的舒适性和安全性。

13.2.3 模块钻机多样化、低成本

我国海洋模块钻机从以前的“模仿设计建造”飞跃发展到现在的“按需设计建造”，设计建造能力已经处于国际领先地位。但是面对我国未来近海油田开发面临的“三低、边际、稠油”挑战，我国海洋模块钻机发展还需进一步拓展和深化，特别是需要开发和研制低成本模块钻机，降低油田开发费用。此外，不同类型油

田对模块钻机的规模、能力等有不同的要求，安装资源和安装方式也对模块钻机模块划分提出不同要求和限制，未来需要对模块钻机进行“量体裁衣”式的设计建造。

（1）模块钻机的多样化

油气田类型限制了生产平台的规模，而模块钻机的分块方法和结构形式必须适应生产平台的规模；此外海上安装资源（浮吊、工程船）和安装方式（浮吊安装或自安装）也对模块钻机模块划分提出要求，模块钻机分块必须适应浮吊或者平台吊机的吊装能力。

为了满足不同类型油田开发的需求，适应海上安装资源的能力，未来海洋模块钻机的分块方法及结构形式需不断优化。如发展可自安装拆卸钻机、DSM模块共享和DES模块滑移形式的钻机以及“一体化”模块钻机等。此外，模块钻机分块方法也将进一步优化，创新动力系统、泥浆系统、固控系统、灰罐等设备的布置方式，采用灵活机动的组合方式以提高模块钻机的适用性。

（2）模块钻机低成本化

近年来我国近海发现的边际油田、三低油田、稠油油田等越来越多，只有大幅度降低开发成本，这些油气田才具有经济开发价值，因此研制低成本的海洋模块钻机迫在眉睫。

为了进一步降低海洋模块钻机综合建造的费用，将采用更为紧凑的布置方式、应用轻型材料、进一步优化模块结构、采用更合理的动力匹配来降低模块钻机的建造成本。

为了进一步降低模块钻机费用，未来将更注重发展小型化和轻型化海洋钻机，特别是将一些特殊形式的轻型钻机如液压钻机、齿轮齿条钻机等应用到海洋平台上。

13.2.4 安全环保常态化、标准化

2010年4月墨西哥湾发生了美国历史上最严重海上井喷溢油事故，带来了极为惨重的海洋生态灾难，引发了全球石油工业界对海洋钻机及海上钻井作业安全环保的空前重视，对海洋钻井作业提出了更高安全环保技术要求，并不断修订完善相关法律法规和标准规范。

为了提高海洋钻机的安全环保水平，我国应从设计理念上有所突破，从源头上实现安全环保的常态化、标准化。例如，为了使海洋钻机普遍实现零污染排放，

配置更先进的泥浆净化系统，合理设计泥浆净化流程，推广普及应用岩屑焚烧和回注装置、大功率高速离心机等装置。此外，为了保障井筒的安全，API和DNV都修订了井控系统的标准规范，我国的井控系统标准规范也将对海洋钻机的防喷器配置提出更加严格的要求，包括采用本质安全型防喷器，闸板、蓄能器、控制系统的冗余更高等。

这一切都将对海洋钻井装备的设计建造技术提出了更高的要求，亟须针对这些安全技术要求和新法规标准开展相关技术攻关。

13.2.5　海洋移动钻井装备专门化、梯次化

近年来，一些公司开始尝试海洋移动钻井装备的专门化、梯次化并试图形成一种趋势，也就是在一些成熟区域将作业按地层分成两个或三个梯次，钻井装备也按梯次设计。例如一个地区需要四台钻机，传统上是一口井的钻完井作业由一台钻机单独完成；而专门化和梯次化的设计理念是专门设计大钻机以适应储层前的所有钻井要求，如大马力、低泵压、大排量、大钩载、普通水基泥浆、大固井量、大仓容等，一切都为油层前的高效率服务。而另一梯次钻机专门对储层钻井、完井，则需高压、精细、安全。这种专门化、梯次化钻井装备配置可实现综合成本最优。

结束语

1000多年前，我们的祖先开天辟地般地发明了顿钻钻井技术，解放了人力，开启了机械钻井的全新时代，开创了人类历史上的奇迹。

180多年前，引领世界钻井技术达千年之久的中国人，站在世界古代钻井技术的顶峰，钻成彪炳史册、闪耀中外的第一口千米深井，并启迪了现代旋转钻井技术的诞生。

新中国的诞生更加激发了中国人再创辉煌的豪情，以大无畏的精神，勇敢地踏上未知的大海，开启了中国海洋石油工业的发展大幕。前辈们以最大的勇气和决心从最简陋的装备起步，一步一步地走向大海深处，使中国海洋钻井装备科技水平显著提高，一批批油气田得以发现和投产。

改革开放打开了紧闭的国门，西方先进科技不断涌进。中国海洋石油人乘势而为，积极学习西方先进科学技术，实施引进吸收和自主研发两条腿走路的举措，攻克了海洋钻井装备研制的许多关键难题，创新形成一大批先进的设计建造核心技术，将中国海洋钻井装备技术提升到一个崭新的高度，不仅自主建成了中国的海洋钻井装备体系，而且打造了一支能征善战的设计建造人才队伍，培育出屹立世界钻井市场的民族品牌，推动中国海洋石油工业飞速发展。

进入21世纪，中国海洋钻井装备技术水平进一步提升，一些技术已达到世界先进水平，部分技术处于世界领先水平，装备数量和质量都有了大幅提升，部分装备成果已开始引领国际潮流，不仅支撑了中国近海油气勘探开发，更跻身于世界海洋高端钻井行列。

而今，实现中华民族伟大复兴的中国梦已融进每个中国人的血液，“建设海洋强国”的宏伟战略已铭刻在每个中国海洋石油人的脊梁，这是中国海洋石油工业发展的大好机遇，这是中国海洋钻井装备发展的黄金时期，这更是中国海洋钻井装备设计、建造及使用者的集结号、冲锋号。号角阵阵，万马齐鸣，如同建蛟龙下海、铸嫦娥奔月，中国海洋石油人将携手并肩、凝心聚力、攻坚克难、勇往直前，为中国海油的“二次跨越”，为中国建成“海洋强国”，为实现伟大的“中国梦”做出新的更大贡献！

后　记

2012年7月的一天，我正在准备“首席授课”讲座的技术材料，其中涉及我国海洋模块钻机国产化历程等内容，于是我开始查找有关这方面的志书和资料。查了很长时间，发现大部分资料是以海洋石油勘探开发以及工程建设等为主，涉及海洋钻机，特别是模块钻机国产化的内容非常少。当时我就闪出一个念头，要能抽空，对海洋钻机发展历程等内容进行梳理应该是件有意义的事，也可以方便其他人参考使用。我把这个想法告诉了我的家人，尽管他们感到这会占用我的很多业余时间，会很辛苦，但他们都很支持我做这件事。

但说实话，我当时并没有多少底气，也没有把握一定能写成书并正式出版。现在回想起来，能支持我做出这一决定的原动力，说到底是作为一名工程技术人员的职业情结，以及在这情结鼓舞下的一种冲动。

不管怎么说，我还是独自开始着手准备起来了。不是任务更没有上级安排，我只有利用业余时间一边收集相关素材，一边开始整理编写。由于之前从没有写过这类涉及事件、人物、时空转换、技术进步和时事背景、具有时间跨度历程的书籍，再加上资料十分零散，所以这本书写起来很困难，断断续续写了一年多，也没有多大的起色。多少个夜晚，坐在电脑前望着桌上散落的草稿，纠结之余，真有点想打退堂鼓了。但是，一想到半个世纪来，我国海洋钻井装备经历的从无到有、从小到大、从弱到强、从低科技含量到高科技含量的跨越式发展，便会心潮澎湃。

我自1982年2月从西南石油学院毕业，就加入了海洋石油工业建设，是与中国海油共同成长起来的。有幸亲身经历和见证了这一伟大的变革过程，自己亲身经历的一些事情以及其他一些几乎快要淹没在历史长河中的精彩瞬间和重大场景却时时抓住我的思绪，让我不忍放弃。我甚至想到，如果我等这一辈即将退休的老同志再不去梳理和记录，这些珍贵的实践经验和感人至深的幕幕瞬间恐怕更加难以传承了。

情急之下，想到可以扩充一些精力充沛的年轻人加入，与我一起来编写。为了让他们尽快上路进入写作状态，我不仅不厌其烦地告知他们写作的初衷，更把这一桩桩、一件件的往事细细地讲给他们听，试图把他们带入那个年代，让他们能“感同身受”，从而“有感而发”。我还详细地把每章的写作要点和引言写好发给他们。这些年轻人的到来不仅增添了收集资料的人手，也开阔了写作的思路，更注入了相互鼓励前行的动力。于是，我们精神抖擞，继续前行。

又过了半年时间，编写工作再次陷入僵局，手中有价值的资料繁多，而我们对每一段故事都难以割舍，想把每一件事都向读者交代得明明白白，反而又越陷越深，找不到写作的方向。带着疑惑我去找了《中国海上油气》编辑部原主任张敏，希望听听她的建议。她认为我们主要是过多埋头在浩瀚的资料中，对编写架构的层次把握不够，才出现了越写越迷茫的情况。于是，我们又花了两三个月的时间集中精力梳理编写提纲的层次。按发展过程、时间转折、人物活动场景等时空转换手法，细分编写提纲，做到纲举目张，抓住事物的关键。

在这一轮细化纲、目、条、块的过程中，还听取了中海油研究总院钻井副总师李迅科、首席工程师蒋世全等人的建议，在编写对象上不仅仅局限在模块钻机国产化，而是将整个海洋钻井装备的发展历程纳入了全书。虽然编写工作量剧增，但大家的热情随之增长，个个跃跃欲试地想要投入进去。

为了使全书更加完整连贯，我还决定要将中国人早在千年以前就已经发明的古代“顿钻技术”以及国外现代海洋钻井装备技术发展等内容一并纳入，借此说明和对比在落后国际水平70年的客观条件下，我国海洋钻井装备是如何走出了一条跨越之路。

新的提纲基本修订后，李迅科副总师又带领几位编写人员向海洋石油钻井界的老前辈、老领导、中国海油第三任总经理王彦作了汇报。王老对本书给予充分肯定和高度评价，更利用近两个小时的时间向几位年轻的编写人员讲述了那段波澜壮阔的历史和资料中不可能查到的感人细节。王老的肯定和讲述给了编写组极大的激励。

于是，大家立即着手新一轮的编写工作。包括我在内的每个人，白天都担负着科研和管理工作，只有完成正常科研生产任务，得空的时候才能提笔写东西。所以，大部分编写工作都是利用业余时间完成的。多少次熬夜，搭进去多少个双休日，大家都毫无怨言。

为了确保写好这本书，尽可能真实再现当年的情景历程，编写组兵分多路，几次三番踏上调研、采访查找资料之路。在一年左右的时间里，分别跑了燕郊、塘沽、湛江、深圳、大连、青岛、宝鸡等地十余家海油内外部单位。采访了数十位老专家、亲历者和现场作业人员，查阅了近百份文献、资料。采访笔记就有好几万字，采访录音以及收集到的电子资料也存了几千兆。在此，对所有提供素材和史料的同志们表示深深谢意。

还要说明的是，在这轮提纲修订过程中，我还提出要专门增加一章有关厂家的内容。因为伴随着我国海洋油气开发，国内石油钻井装备厂家自强不息地走出了一条引进消化和自主创新的道路，形成了自主设计、自主建造的系列核心技术，并打造了自己的产业链和品牌产品。他们用实际行动践行和见证了海洋石油钻井装备国产化这一非凡历史的发展进程。为此，我们又迅速与各相关厂家取得联系，了解相关情况。所有厂家单位对我们编写这本书表示高度赞成，认为这是件非常有意义的事，他们全力配合并提供了素材和史料。

脉络清晰了，资料充实了，信心更足了。编写组快马加鞭、齐头并进投入编写工作，但没想到困难依然重重。因为参加编写的年轻人大多是“80后”，绝大部分的事件（故事）都没有经历过，有些连听都没有听说过，这也的确难为他们了。他们基本都是专业出身的博士、硕士，平时大多习惯于编写科研报告，不善于编写这类文稿。面对困难，他们没有一人退缩。不仅自己埋头编写，遇到问题时还常常采取头脑风暴法，群策群力互相启迪和鼓劲。他们完成初稿的每章内容，我都利用下班或晚上的时间，“一对一”地修改了若干遍，每每都是前一章的稿子刚修改完，后一章的稿子已经放在案头，他们形象地说这是“车轮战”。从第1稿到第2稿……第8稿、第9稿。然后再从“0”版到“A”版、“B”版……“E”版等。其中的辛苦不言而喻，许多时候，看着铺满办公桌的修改稿，我也自责自己何苦呢？也纠结得很！甚至也有过“算了吧”的想法。

就这样边写边改边调整，紧张工作大半年时间，全书的初稿于2014年春节前终于完成了。节后我再次找到张敏，要她从一个“老编辑人”角度对书稿提出修改意见。参与编校审的年轻人们，也采取了“鸡蛋里挑骨头”的做法，对每一章都要再次经过三四个人的轮番修改。大家鼓足干劲，向着心目中的“完美”奋进！两个月后，书稿发生了脱胎换骨式变化。

为了进一步提升书稿质量，确保编写内容符合当年的实际情况，又请了中国海洋石油总公司规划计划部总经理金晓剑对全书进行审核。他也是我国恢复高考后的首届大学生，1982年毕业就加入海洋石油，是我国海洋钻井装备发展的主要亲历者之一。他对三十余万字的书稿进行了逐字逐句审查和修改，仅批注的修改意见就有上万字。更难得的是，对于我们专业技术人员最陌生的有关管理内容，他亲自操刀参与编写，仔细修改。明确提出了我国海洋钻井装备管理技术的发展主要经历了早期以陆推海摸索前行、20世纪80年代合营反承包中与国际市场接轨、90年代在自营实践中持续提升以及21世纪走向海外过程中日趋完善四个阶段。与此同时，我又请刘宝元、姜渭渔、李迅科、蒋世全等老同志进行审查和修改。经过这一轮精雕细刻，书稿焕然一新。

为了更真实、直观地呈现当年那段可歌可泣的历程，我决定挑选一些史料图片放在书中。中国海洋石油总公司新闻中心影像部主任张远高听说后，非常支持，专门为我们开通了权限，从总公司图片库中挑选合适的图片。搜集到的这些老照片，所展现的海油老前辈们战天斗海的豪情和无私奉献的精神，让编写人员深受洗礼和鼓舞。更加激励大家一定要把书写好，也一定要把美丽的海洋开发好、保护好。

中国工程院的曾恒一、顾心怿两位资深院士，是业内德高望重的老专家。当他们听说我在利用业余时间编写这本书的时候，都非常赞许和支持。曾院士利用出差的机会，给我谈了作为总体设计负责人亲自主持我国第一代自升式钻井平台“渤海五号”、“渤海七号”的设计建造所经历的故事。顾院士不顾从东营往返北京开会舟车劳顿，拿着当年自己设计的钻井平台的照片，兴致勃勃地给我们讲述，他们当年是如何敢想敢干自己造海洋钻井平台的。两位老专家还在百忙中为本书写序言，进行点评，对我们所做的工作给予了充分肯定，这对我们是极大的鼓舞。

全书编写接近尾声，但书名却一直让我“耿耿于怀”。最初，本书定名为“非凡的历程——中国海上钻机30年”，但总感觉这个名字还不中意，没能全面地表达这段历程的意境。后来，我的一位在海油工作多年的朋友，主动提出要为本书设计封面。与他交谈之中，我流露出对书名尚不满意。没想到说者无心听者有意。他在最后把定稿后的封面用邮件发给我的时候，建议书名用“铸海”。我一看这个名字，马上就喜欢上了。此书名大气，有气魄，更有意境。可不是嘛，“历程”只是讲述一个个故事，而“铸海”两个字则饱含了历程、精神和传奇。相信读者看到书名就会有很多的联想：是谁想铸海？为什么要铸海？用什么铸海？的确，在这五十多年的发展历程中，每一个亲历者都铸就了一种献身海洋石油的情怀，在大家的共同努力下也铸就了一系列的海洋钻井装备开发着这片蓝色海疆，而在此过程中更铸就了海洋石油人战天斗海的豪迈气概。这些情怀和气概，这些海上利器，一直都在坚定地开发着、守护着这片蓝色海洋。于是，书名就确定为《铸海——中国海洋钻井装备飞跃发展30年》。

历时三年，数易其稿，四尺多高的修改稿，数十人精诚奉献，终于写成了这本三十多万字的书。这里面凝聚了编写者的心血，凝聚着每一个接受采访者、资料提供者、审稿者、帮助者的心血，更凝聚着海洋钻井装备人五十年的心血。正是他们的丰功伟绩铸就了当世的繁华，正是他们的感召和关怀，才激励我们写就本书。在此对他们表示衷心的感谢。

限于编写人员水平有限，而且很多事情我们未曾完全经历过，甚至都不敢想象。所以，书中难免挂一漏万，存在不足、疏漏甚至偏颇之处，敬请广大同仁和读者谅解和不吝斧正。

最后，再一次感谢我的家人，感谢所有关心此书的人。向所有创造这段非凡历程的海油老前辈们表示深深的敬意。

朱　江

2015年盛夏于北京

主要参考文献

《当代中国海洋石油工业》编写组. 2008. 当代中国海洋石油工业. 北京: 当代中国出版社.

《当代中国石油工业》编辑委员会. 2008. 当代中国石油工业（1986—2005）. 北京: 当代中国出版社.

《上海海洋地质调查志》编纂委员会. 1998. 上海海洋地质调查志. 上海: 上海社会科学院出版社.

《胜利油田海洋油田开发公司志》编审委员会. 2004. 胜利油田海洋石油开发公司志（1994—2003）. 北京: 石油工业出版社.

《胜利油田海洋钻井公司志》编审委员会. 2009. 胜利油田海洋钻井公司志（1983—2007）. 长春: 吉林人民出版社.

《中国海洋石油总公司志》编纂委员会. 1999. 中国海洋石油总公司志. 北京: 改革出版社.

《中国近海油气田开发志》编写组. 2012. 中国近海油气田开发志. 北京: 石油工业出版社.

《中国石油钻井》编辑委员会. 2007. 中国石油钻井（中国石化・中国海油卷）. 北京: 石油工业出版社.

《中国石油钻井》编辑委员会. 2007. 中国石油钻井（综合卷）. 北京: 石油工业出版社.

《中国油气田开发志》总编纂委员会. 2011. 中国油气田开发志: 渤海油气区油气田卷. 北京: 石油工业出版社.

《中国油气田开发志》总编纂委员会. 2011. 中国油气田开发志: 东海油气区油气田卷. 北京: 石油工业出版社.

《中国油气田开发志》总编纂委员会. 2011. 中国油气田开发志: 南海东部油气区油气田卷. 北京: 石油工业出版社.

《中国油气田开发志》总编纂委员会. 2011. 中国油气田开发志: 南海西部油气区油气田卷. 北京: 石油工业出版社.

曹学军, 杨炳益. 1999. 平湖油气田开发工程概述. 中国海上油气（工程）, 11（增刊）: 1-4.

常双利. 2010. LIFTBOAT平台在海洋油田的应用分析. 石油机械, 38（1）: 63-65.

陈宏, 李春祥. 2007. 自升式钻井平台的发展综述. 中国海洋平台, 22（6）: 1-6.

戴焕栋, 龚再升. 2003. 中国近海油气田开发. 北京: 石油工业出版社.

关德. 2012. 东海油气田钻井设备配置及适用性分析. 石油矿场机械, 41（7）: 88-92.

关双会, 周洪军, 沈国华, 等. 2011. HXJ180MB海洋修井机移运结构改造技术分析. 中国造船, 52（S2）: 377-385.

郭小哲. 2012. 世界海洋石油发展史. 北京: 石油工业出版社.

国家海洋局海洋科技情报研究所. 1982. 海洋技术年鉴: 1982. 北京: 海洋出版社.

海洋石油总公司. 2004. 中国石油钻井: 海洋石油总公司卷（内部资料）.

何建明. 2008. 破天荒. 北京: 作家出版社.

何沙, 秦扬. 2011. 挑衅: 中国近海争端背后的石油大图谋. 北京: 石油工业出版社.

胡鹏飞, 冯翠鑫. 2010. PEMEX 海洋模块钻机技术方案的实施. 石油工程建设, 36（3）: 28-32.

姜伟. 2015. 中国海洋石油深水钻完井技术. 石油钻采工业, 37（1）: 1-4.

金晓剑, 黄业华, 王佩云. 2013. 跨越之路——中国海油工程建设. 北京: 中国石化出版社.
兰州石油机械研究所一室. 1975. “勘探一号”钻井船上立根水平排放装置. 石油矿场机械,(3): 9-14.
李波, 咸泰洪, 吴磊, 等. 2011. 海洋轻型可搬迁式小模块化钻机钻井设备配套合理性研究及分析. 中国海洋平台, 26(3): 17-20.
李国勇. 2013. 国内海洋石油钻井装备现状及发展前景. 新技术新工艺,(7): 40-42.
李远龙, 贾一凡, 史小萌. 2010. 中国钻探技术发展综述. 中国新技术新产品,(1): 117.
廖谟圣. 1988. 海洋开发机器与液压技术. 北京: 海洋出版社.
廖谟圣. 2010. 海洋石油钻采工程技术与装备. 北京: 中国石化出版社.
刘峰. 2010. 深水钻井特大型装备国产化分析及建议. 石油天然气学报, 32(4): 402-405.
刘广志. 1998. 中国钻探科学技术史. 北京: 地质出版社.
路继臣. 2006. 滩海石油工程技术. 北京: 石油工业出版社.
栾苏, 于兴军. 2008. 深水平台钻机技术现状与思考. 石油机械, 36(9): 135- 139.
马延德, 孟梅, 王锦连, 等. 2013. 海洋工程装备. 北京: 清华大学出版社.
秦文彩, 孙柏昌. 2003. 中国海——世纪之旅. 北京: 新华出版社.
王长军. 2011. 崖城PFA小撬块组合式模块钻机总体方案设计. 石油矿场机械, 40(1): 60-62.
王树春. 1999. 上海船舶工业志. 上海: 上海社会科学院出版社.
温连枝, 唐鑫, 刘志超, 等. 1989. 南海西部石油公司志(1973-1987). 广州: 广东科技出版社.
席嘉珍. 1999a. 海上钻探技术进步回顾. 石油钻探技术, 27(5): 14-16.
席嘉珍. 1999b. 海上钻探三十年. 探矿工程,(增刊): 270-274.
萧汉强, 刘守金, 陈邦彦, 等. 2000. 新中国海洋地质工作大事记. 北京: 海洋出版社.
徐田甜. 2004. 渤海7号钻井船与渤中26-2平台适应性改造工程中的滑轨设计. 中国海上油气, 16(2): 126-128.
徐田甜, 张美荣. 2008. 我国海洋钻修井机的应用. 船舶工程, 30(4): 6-10.
徐田甜, 张美荣. 2009. 钻机模块在我国海上固定式平台上的应用. 船舶,(2): 42-29.
杨英亮, 张超, 官慧, 等. 2011. 海洋模块钻机利用不同浮吊安装的几种模块划分方案. 机械工程师,(12): 158-160.
喻贵民. 2000. 渤西油田修井机的国产化. 中国海上油气(工程), 12(10): 64-68.
喻贵民, 仵雪飞. 2003. 海洋修井机国产化进程及发展方向. 中国海上油气(工程), 15(3): 49-52.
张光明. 2013. “铸剑”中国海. 中国海洋石油报, 4.
张位平. 2010. 中国海洋石油发展回顾与思考. 北京: 石油工业出版社.
张勇. 2009. 海洋钻机井架技术现状及发展趋势. 石油机械. 37(8): 92-95.
中国船级社. 2006. 钻井装置发证指南. 北京: 人民交通出版社.
周珊. 1996. 旋转钻井与钻井液发展简史. 石油科技论坛, 15(2): 76-78.
周守为, 金晓剑, 曾恒一, 等. 2010. 海洋石油装备与设施——支撑起海洋石油工业的平台. 中国工程科学, 12(4): 102-112.
周守为, 曾恒一, 王伟元, 等. 2005. 中国海洋石油高新技术与实践. 北京: 地质出版社.
朱江. 2000. 海洋钻井设备综述. 中国海上油气(工程), 12(1): 44-46.

作者编后感

（按姓氏汉语拼音排序）

安　琪

感谢主编的信任，将我纳入这个写作团队。对我个人而言，“写作”两字实属言重了，因为作为一名外专业的“门外汉”，多数时候信息的搜集、正确与否的把关，都要依仗团队里面的专业人员来完成。然而竟然也成功地完成了主编当时的嘱托：编写“技高为范”一章内容。而且通读全篇，感觉在信息量、专业性方面相比其他章节并不逊色。于是乎，接“活儿”之初的忐忑、搜集资料的艰辛、赶稿的心焦、数易其稿的曲折，在此刻化作了心头的一股自豪，一抹甘甜。

百炼成金。这本书倾注了主编浓浓的心血，写书期间，她十余次亲自带队采访、调研，每一章内容都亲自、反复把关，更发挥团队优势，调动团队成员互相校审，又数次组织会议集中“会诊”。在她的严格要求并身正典范下，整个团队像一列突突前进的火车，动力十足、高效运转。可以说，参与《铸海——中国海洋钻井装备飞跃发展30年》的写作，对每位作者来说也是一段难忘的历程。

愿我们共同的努力能带给您知识和心灵的享受。

蒋珊珊

从未想过此生竟然有机会参与一本专著的校核，更未曾想到参与的是这样一部与我人生都相关的石油专业类专著，倍感荣幸。

在此次对朱江主任书稿的校核过程中，无论在学术理论方面，还是在精神财富层面，我都受益匪浅。通过对书稿一轮一轮不断地校核，一方面，我对海洋石油钻修机装备的发展历程有了清晰的认识，对海洋石油钻修机装备有了更深入的了解，大大拓宽了我的知识面；另一方面，我对“没有条件创造条件也要上”的石油铁人精神、“拼命下海拿下大油田”的海油人的大无畏英雄气概有了更深刻的体会；再者，在书稿不断地校核过程中，每每看到朱江主任兢兢业业地对书稿逐字逐句地修改、看到主任鬓角悄悄升起的华发，我的内心总是升起一份心疼、一份感动与一份崇敬，她就是老一代海油人的代表，她就是海油精神的代表，她就是我们学习的榜样。

参与书稿校核，让我深刻体会到海洋石油工业发展的艰辛，也使我更加珍惜眼前海油前辈们为我们创造的这一切，所有这些将激励我奋勇前行，为海洋石油工业的新辉煌贡献自己的一份力量。

李先杰

这是一种幸运。直到本书主编朱江让我参加编写这本书的时候才知道，她已经默默独行很长一段时间了。我很是惊讶，作为一个身担科研和管理双重重任的她还会自我添加“第三座大山”；我很是敬佩，作为一个荣誉等身的成功人士还会“自讨苦吃”做这份差事；我更是赞叹，作为一名老海油人，她所拥有的这种崇高的“海油情怀”。有些过往，尽管隐约，但却难以忘怀；有些事情，尽管艰难，但总有人要做。于是，她坚定地走上了这条艰难但却值得的路。

我很幸运，跟随她一起走上这条路，领略到这段未曾亲历的波澜壮阔的历史。

这是一种“亲历”。不敢想象，“海洋石油981”这样的护海重器是从当年的小木船开始的，钻深数千米的钻机是从当年淘汰的二手顿钻钻机开始的；能征惯战的海上铁军最初也是一群晕船的旱鸭子；驰骋世界的国际化团队竟起步于干租平台……但老前辈们清晰的记忆，泛黄老照片的模糊影像，却又真切地诉说着这一切都是千真万确。我一路追随，好奇和崇敬地重走了这段历史，新中国成立初期的革命豪情，改革开放后的两条腿走路，如今的志在国际，填补了我记忆中的空白和认识上的鸿沟。

而在历史中，跨越这个难以想象的鸿沟的是海洋石油人和他们的气魄。

这是一种洗礼。第一次出海打井，大胆地把生命交给木船边细细的钢丝绳；两个筒筒入海不平，跳上去用身体纠正；遭受横扫一切的恶浪，高唱革命歌曲相互鼓劲；面对敌人的枪炮，勇敢地拿起武器卫国；身陷误解和鄙视，卧薪尝胆，发奋提升；面对国外垄断和封锁，攻坚克难，突出重围；铸就重器，驰骋四海，却一直小心翼翼地呵护蓝色国土……大海莫测，智者立身；风云际会，勇者才胜；持续发展，和谐共赢。

历史是未来之源，忘记它，何以存身？

刘　健

非常高兴自己能有机会参与编写本书，作为一个中海油钻修机专业的后辈，当然希望能够把我国海洋石油钻井装备发展的历程调查清楚并呈现出来，这是一件很有意义的事情。原来以为写书应该不难，但是开始下笔写的时候才知道想准确描述以往发生的事情挺艰难的，要想描述得容易理解、不枯燥更是困难。稿子写了一稿又一稿，章节框架推倒重来了好几次，总之写作过程非常不易，如今《铸海——中国海洋钻井装备飞跃发展30年》这本书终于编写完成了，心里非常高兴。

在参与写书的过程中得到了很多人的帮助。为了搜集资料，采访了多位海洋石油的前辈，有“渤海一号”平台的设计者何庆景老专家，“胜利一号”和“胜利二号”平台的设计者顾心怿院士，中海油第三任总经理王彦，还有已经退休的中海油前辈张武辇、姜渭渔、刘宝元、鄢光国等人，特别是刘宝元专家非常热心，不仅仔细回忆往事，为我们提供了大量资料，而且不厌其烦地帮助修改书稿。他们不仅提供给我们宝贵的资料，也让我们从他们身上看到海洋石油前辈的不畏艰难、无私奉献、执着追求理想的精神。我被这种精神深深地感动了，从他们身上学习到了很多，这也给了我很大的动力去整理资料、编写文字。

我是第一次参与书籍的编写，非常幸运的是在编书过程中《中国海上油气》编辑部原主任张敏给予了我大力指导和帮助，使我少走了不少弯路。写书过程中得到了中海油深圳分公司、湛江分公司、中海油服、油建公司多位领导同事的帮助，大连船厂、二机厂、宏华基团、宝石厂等多个厂家也给予了大力帮助并提供了宝贵资料，编写这本书的过程中，得到了太多人的帮助，无法一一致谢，在这里一并表示感谢。

这本书是朱江主任主编的，她为本书倾注太多的心血，在繁忙的日常工作中抽出宝贵的时间查阅文献、编写书稿，办公室的书桌和茶几上摆满了一版又一版的修改书稿，为了落实细节、推敲文字工作到很晚，给我们所有参与编写本书的人竖立了榜样。在本书的编写过程中，我和李先杰、张威、许亮斌、殷志明、王旭东、尚超、安琪、彭利丽、蒋珊珊、吴炜等人一起搜集资料、一起出去采访、一起咬文嚼字，修改稿件，也向他们学习了很多。

在写书的过程中付出了很多，但是收获的更多。完成了一件很有意义的事情之后，本来应该是很满意了，但是内心还是很忐忑，希望读者能够给予较好的评价，那时才是真正的心满意足了。

彭利丽

2014年5月，因为朱江主任的信任，我加入了这本书的编写团队，既觉荣幸，更倍觉压力。这一年里，通过参与这本书的编写，我慢慢地从一个对海上钻井装备及相关知识一窍不通的门外汉变成了一个初级的“入门者”。

主任让我负责编写的是“逐鹿海外”一章。因对钻井装备可以说一无所知，故最初毫无头绪。在主任拟定好大纲后，我查阅了相关书籍资料、各类网页报道，跟着编写小组采访了金晓剑、李迅科等前辈，才慢慢了解了整个海洋钻井装备发展的来龙去脉，更对海油前辈们深深折服和由衷敬佩。在一切从零起步的艰苦年代，海油前辈们划着小船用小铁桶从莺歌海运送出第一批海上原油，拉开了开发海洋石油的序幕。他们艰苦奋斗、百折不挠，从依托海岛打井，到创立两个筒筒打井，再到自主设计、建造平台，一步一个脚印地迈向海洋。在这段历程中，他们既尝到了渤海“海1平台”试采成功收获第一桶石油的喜悦，也遭遇了“海2平台”被严重海冰摧垮的打击，更经历过“渤海二号”沉没的灭顶灾难。但海油前辈们没有畏惧，没有退缩，凭着一心为国献石油的满腔热忱，他们战天斗海，最终跨入海洋，挺进深水，发现了一批批大油田，牵出滚滚油龙滋养着瘦弱的祖国逐渐走向繁荣富强。

而我所负责的章节“逐鹿海外”是在总公司全面实施“走出去”战略后发生的故事，此时中海油这艘航船驶向了更广阔的世界海域，有了“征战南洋”—— 钻井队伍走出国门的故事，也有了“红旗插上墨西哥湾”等中国装备亮剑国际舞台的故事，还有中海油服收购挪威钻井公司的故事。1995年总公司将“发展海外”列为“九五发展战略”之一,有了“落地生根”成立海外分公司，并由此全面将管理和技术支持前移到海外战场的故事。

作为新一代海油人，在编写本书的过程中，我不断被前辈们的精神所感染，被历史所牵引，有时会为前辈们取得的成绩而骄傲，有时会因故事中外国人的轻视而愤慨，有时会为那在海啸中紧挽臂膀高唱革命歌曲的前辈们感动和揪心，更多的却是感到作为一名海油人的自豪和责任。

特别感谢朱江主任对我的信任和给我这样一个难得的机会。在本书的编写过程中，我也再次看到了这位中国第一位女性海洋石油开发项目经理的魅力，她每日加班查阅了许多中外文献书籍，对我们所写的书稿一字一字地反复校核修改，办公室里有一张桌子堆满了各章节多达十几个版本的稿件，她的执着、坚韧、睿智，无一不让我敬佩，她是我们每一位青年人学习的榜样，我需策马扬鞭也许方能追赶一二。故参与本书的编写收获的不但有知识，更有对我精神的鞭策和激励。这就是朱江主任的魅力所在，她不仅让自己的璀璨光彩闪耀大海，也引领着他人在蓝色逐梦之旅中阔步前行。

尚　超

刚接到协助编写本书修井机相关内容这一任务之初，我简单地以为把收集到的资料耐心整理汇总就好。后来亲身经历方知晓，原来编书成书工作远比自己想象得要更困难，当然也更有意义。

提到编书所遇困难，我最直观的感受就是手头资料太匮乏。俗话说“巧妇难为无米之炊”，对于我这样一个文学素养、技术阅历均欠缺的新手来说，着实面临了不小考验，真正体会到了“事不经过不知难”这句话的深刻含义。然而让我印象更深刻的是，朱江主任常叮嘱我们的那句“办法总比困难多”。想必海上修井机技术变迁的亲历者们正是秉持着这样的信念，才不断地克服重重困难，创造着一次又一次的技术进步。因此，我们有必要、有义务、有责任将这些前辈们的经历加以真实呈现。一来可以铭记和纪念这段工程技术人员推动海洋修井机技术进步的历史；二来，他们成功的经验和坚韧的情怀，也可以激励今人，鼓舞来者。

充分意识到协助编写本书的意义也让我更加体会到了责任，编书必须要用心和谨慎，无论是断章取义，还是妄加评论，都会贻误读者。为了搞清楚事件的来龙去脉，以及各个亲历者究竟扮演了什么角色，在朱江主任的带领和协助下，我们与事件的亲历者或知情者进行了无数次的沟通和交流。通过与他们的接触，不仅让我了解到了事件的原貌，避免了偏颇，更是极大地开阔了眼界，增长了见识，洗礼了精神。从顾心怿院士、金晓剑、喻贵民、苏一凡等前辈的身上，我学习到了做事一定要敢想敢干，凡是正确的事情，无论遇到多大的困难也要坚持不懈，将之干好。同样鼓舞着我的，还有朱江主任的严谨和负责。编书过程中，她总是尽最大可能地抽出时间将她经历和知晓的事件一一详述，并仔细地予以指导，在后续的校稿、改稿过程中，她更是牺牲了大量的节假日及休息时间一遍遍地帮忙咬文嚼字。就这样，在编书过程中，我收获着“榜样”带来的感动，更在感动中感悟成长。

“一份耕耘，一份收获”，当平日的充实凝聚成长长的字行，汇集成厚厚的书页，我们这个有着家人般温暖的编书小团队无疑是欣喜和欣慰的，昔日的辛苦也已在回忆中变得美好而难忘。感恩这次编书经历，它让我们积累了友谊；感恩这次编书经历，它让我们有幸深入了解到前辈们的感人故事；感恩未来的读者，期待你们能将这些技术进步推动者的可贵品质传承。

孙　婧

非常有幸能够加入《铸海——中国海洋钻井装备飞跃发展30年》编写团队，我主要负责图片的整理。在整理照片之前，我是一口气读完这本书的初稿的。合上厚厚的打印稿，内心充满了震撼和钦佩。震撼于中国海洋钻井装备的艰难创业史，震撼于老一辈海油人“拼命下海拿下大油田”的气概，震撼于海油人面对质

疑知耻后勇的勇气，震撼于海油人走向海外、跨越发展的气魄。我想，这就是老一辈海油人的精神和品格，是我们新一代海油人所需要继承和发扬的海油魂！

在我看来，本书编写团队是非常严谨和认真的，在加入编写团队之前，就已经感受到了这种氛围。每次经过总院芍药居办公楼705会议室，或看到团队在紧张地讨论，或看到朱江主编在仔细地校核，或看到团队在认真地听取专家指导，有时晚上八九点钟会议室的灯还在亮着。我不禁钦佩朱江主编“再累再难也要做下去”的执着和“要做就要做最好”的坚韧，感动于朱江主编作为老一辈海油人那份浓浓的海油情，也感动于整个团队宁可牺牲自己休息时间也要把书写好的精神，感动于他们坚持采访调研掌握最真实资料的严谨态度以及一遍遍反复修改的耐心，我想，这就是海油精神的体现，这就是我们的海油人！这段经历、这些人、这些故事，都将影响、激励我们，在铸就海洋石油二次跨越美好蓝图的新征程上，满怀希望，携手前行！

王旭东

非常有幸参与了本书的编写，我主要负责模块钻机国产化部分的成稿。付梓之际，回顾近几年的编写历程，受益匪浅。这是一个调研总结的过程，更是一个学习思考的过程。有所见，所闻，所思，更有所感！

我国海洋石油工业起步晚，20世纪八九十年代300万平方公里蓝色国土上，矗立着的多是用高额外汇买来或由国外公司设计建造的模块钻机。海洋模块钻机市场长期被国外公司垄断，当时进口一部海洋模块钻机的花费，不仅高达2500万美元，而且委托国外设计建造的周期很长，严重制约我国海洋石油开发上产的能力。当历史的脚步踏入21世纪，我国庞大的海洋石油开发计划，使得作业效率高、成本低的海洋模块钻机再次成为焦点中的焦点。为了不让外国公司卡脖子，顺利实现宏伟的海洋石油开发计划，海洋模块钻机国产化迫在眉睫，海油人下定决心、排除万难，联合陆地钻机制造厂家开始了一步步的自主攻坚！由此我国工程技术人员吹响了团结一致共同向海洋模块钻机国产化进发的号角！

在国外公司“你们要是能自主设计，我就吃掉自己的靴子”的羞辱面前，海油人咬紧牙关，用信念、智慧和行动，成功拿出自己的设计方案，让洋专家一片愕然！宜将剩勇追穷寇，不可沽名学霸王。其后，海油人再接再厉，通过刻苦攻关和创新研究，成功实现了模块钻机设计建造的“三级跳”，彻底甩掉了模块钻机设计建造的“洋拐棍”！国外专家惊赞道：“你们完成了不可能完成的任务！”

三十年弹指一挥间。回顾我国海洋模块钻机的发展历程，这是一段艰苦困难的创业史，更是一段催人奋进的发展史。“天当房子地当床，棉衣当被草当墙”，这是陆上石油人创业初期的真实写照，海油前辈们继承了老一辈石油人的精神和品格，以“拼命下海拿下大油田”的无畏气概，奋力书写着鲜明的时代篇章！

从自力更生、艰苦创业，到对外合作、师夷长技，再到励精图治、跨越发展，伴随着中国海油的前进步伐，我国海洋模块钻机也经历了从无到有，从引进使用到自主设计建造，再到制定国际标准走向世界的历程，实现了模块钻机的跨越式发展！在此历程中，无数海洋模块钻机设计制造人员，始终胸怀开放的心境和学习的热情，以强烈的主人翁精神，实事求是地不断努力探索、学习和超越。在超越自我和超越对手的过程中，逐渐成为我国乃至世界上海洋模块钻机设计制造的主导者！我想这股韧劲，这种精神和品格，正是我们新一代海油人应当努力学习和保持的！

忆当年渔船下海、浪里飞舟，观而今钻塔林立、五洋捉“鳖”。新的时代赋予海油人新的使命，努力建设国际一流能源公司，实现“二次跨越”奋斗目标，助力海洋强国梦，中国海油人，正向前！

吴　炜

我是一名从小在石油大院长大的海油子弟，父辈是大学毕业后分配到渤海油田的大学生。我也是1996年大学毕业后选择了回到生养我的故乡——渤海油田工作。因此，我的成长是伴随着海油的发展一路走来的。因此，在校核朱江同志书稿过程中，许多情景和感受都似曾相识，仿佛是儿时记忆的寻觅，过往时光的回放。这本以海上石油钻井装备的发展历程为主线的书稿，映射出

中国海洋石油勘探开发走过的艰难、坎坷、创新、发展、跨越之路。

校核书稿的过程，我不仅系统学习了海洋石油钻修机发展的历程，拓宽了自己知识面，也被书中海洋石油前辈们战天斗海，有条件要上，没有条件创造条件也要上的大无畏勇气所感染。

作为新一代的海油人，我们肩负着中海油“二次跨越”的庄严使命，更应该继承和发扬老一辈石油人的光荣传统，为海洋石油更辉煌的明天贡献智慧和力量。

许亮斌

《铸海——中国海洋钻井装备飞跃发展30年》今天终于能付梓，回想两年多来的编写历程，对于自己来说是一个学习和历练的过程，心里也充满了感动和感谢。

当朱江主任安排这个任务的时候，自己没有足够的心理准备，以为像编写其他专著一样，查点资料，写个初稿，稍微修改调整就完了。真开始写的时候才知道，难度和过程远远超超出了原来的预想。

相对于整个海洋石油发展的历史画卷，石油装备是其中浓墨重彩的一笔，但对于其发展的历程，很少有相对系统的总结或者记录，即使有，也是偏向技术的总结，与我们需要梳理的石油装备发展历程相去甚远，我们面临的第一个问题是资料的缺乏，为了获得第一手资料，朱江主任带领我们“走南闯北”，采访主要的亲历者。在采访过程中，我们不仅为老一辈海油人艰苦创业的敬业精神所感动，更为他们对待这件事情的认真负责所感动，比如我们采访刘宝元专家，对于每一个细节和数据他都反复地核实，力保正确真实。

在写作过程中，真的为朱江主任对待这件事情的认真、细致、耐心和韧性所感动，这本书与其说是我们写出来的，不如说是朱江主任改出来的，可以毫不夸张地说，这是朱江主任的呕心沥血之作，每一章朱江主任都修改十几稿以上，看着她办公桌上摆满了足足有一米多高的不同版本修改稿，我们感受到的不仅仅是压力，更多的是感动。为了能更好地还原海洋石油装备发展的历史，也为了书稿能有更强的可读性，朱江主任针对每一个事实、每一个说法、每一个数据，甚至每一个标点，都反复地落实、推敲修改。正是有了朱江主任这样的前辈，我国海洋石油装备才能从无到有、由弱到强地发展起来，有了今天这样能让国人为之骄傲的成绩。

重温历史，面向未来。朱江主任带着我们做了一件很有意义的事情，也让我们收获了很多，这段经历对我们以后的工作也会有很大的帮助。最后，感谢所有在写书过程中提供过帮助的领导、同事。

殷志明

成稿付梓，“钻机管理”一章在经过数次破、立之后终于完稿，但我仍沉浸在波澜壮阔的海洋钻机装备发展洪流中久久不能自拔。

我在工作后也曾先后去渤海12号、南海五号、海洋石油981，以及国外Seadril的西方大力神平台工作和学习。就管理水平而言，目前我国已经基本和国外接轨，在某些方面管理得更好。因此，我真的难以想象我们30年前一穷二白的景象。但通过对前辈们的采访，我慢慢地构建出这场宏伟的发展情景。也深刻地认识到他们正是凭借强烈的责任感和事业心、自强不息的精神，通过不断地自我革新，才取得了巨大的发展和进步，获得了行业认可和尊重。

在这段“呕心沥血”的写书历程中，曾有过“江郎才尽”的溃败感，正是在采访中受到“国货自强”精神激励、写友们乐观积极的心态感染，最后还是坚持了下来。

这是一段特殊的历程，也是一段美好的回忆！

张　威

把自己想象成20世纪五六十年代第一批下海的石油工人，狗皮帽、大棉袄、皮毡大头鞋，一根草绳系腰间，这样一队人马，有的从西北高原，有的从白山黑水的东北，有的从清风细雨的南方，一路风尘仆仆地来到渤海边，脚下踩着细沙或者淤泥，看着茫茫的、无声的大海，一开始肯定是眉头紧锁地说：“这上哪找油嘛？找鱼找虾都费劲！”再后来应该是有一个大汉，或

者一个带着眼镜瘦瘦弱弱的后生，也有可能是刚生了娃娃没几年的、同样带着狗皮帽子的年轻妇女，迎着北风、望着远方说：“怕啥？干！”

从历史中回过神来，转眼看看周边、想想现在——宽敞舒适的办公环境、现代化的海上钻井装备、遍布四海的油田气田、贯穿上下游的产业链……几十年里，在那片不为人知的茫茫大海上，到底是什么样的故事成就了如此的事业？

读者面前的《铸海——中国海洋钻井装备飞跃发展30年》一书正是以海洋钻井修井的故事为主线，为读者揭开了海洋石油战天斗海的历史篇章。“铸”字极其传神，力透纸背。透过这个“铸”字，我仿佛看到了无数先辈用汗水，甚至鲜血和生命“铸造”这一片海上家园的情景！我自己能亲身参与本书的编写，深感荣幸，也感觉到自己似乎经历了一场历史的洗礼。

本书编写的过程着实不易，作者们都想将此书编成一部尊重事实、内容丰富、脉络清晰、主线明确、平易近人、参考性和可读性强的，还原历史情景和风采的书。为此，作者们查阅了大量的资料，天南海北地去采访当事者。这些当年天不怕地不怕、战天斗海的年轻人已成为老海油人，知道我们在做着这样一件事，无不支持、无不感动。听着他们讲述着当年面对困境时的举步维艰和解决问题后的欢天喜地，我们也一次次“梦回唐朝”般地回到了那个充满了浪漫主义革命情怀的年代中。

是啊，那个年代充满了“情怀”，认定一条路，闯出一片天！

一个人，一条路。走着走着，发现你和路已分不清彼此；走着走着，人和路成为了彼此的依赖和信仰。不在乎风雨，只把一切当作馈赠，直到它变成了一道亮丽的、耐人寻味的风景。

铸海——中国海洋钻井装备飞跃发展30年

1

2

3

1 20 世纪五六十年代，驾木船出海找油

2 20 世纪五六十年代，在海上莺 1 井查看油气情况

3 中国海上女子石油工人

4 1975 年，人拉肩扛为“南一井”安装钻井设备

4

1 1964 年，我国第一座海洋平台浮筒式钻井平台建成

2 浮筒式钻井平台拖航奔赴井场

1　1966年12月建成的中国第一座固定钻井平台“1号固定钻井平台”

2　1967年6月14日，由“1号固定钻井平台”钻成的我国海上第一口深探井“海1井”喷出工业油流，国务院发来贺电

1 1972 年建成的我国第一座自升式钻井平台“渤海一号”

2 1973 年，“渤海一号”冬季出海打井

1974 年，由旧货船拼装改建的双体式钻井船“勘探一号”建成并出海作业

1　1973 年，中日双方交接“富士丸”（即“渤海二号”）自升式钻井平台

2　1974 年 7 月，“渤海二号”首批女工出海

1　1975 年从新加坡引进的“南海一号”自升式钻井平台，图为在海军护航下在南海北部湾海域进行油气勘探

2　1978 年从挪威引进的“南海二号”，图为 1987 年 12 月在琼海 18-1-1 井试气

1　1980 年在日本建造的“南海三号”自升式钻井平台，图为举行命名仪式

2 “南海三号”自升式钻井平台在北部湾乌 16-1-1 井进行钻探作业

1980年在日本建造的“南海四号”自升式钻井平台

1980 年从新加坡购入的“渤海八号”自升式钻井平台，图为第一次出海打井

1

2

1　1978 年，我国建成第一座坐底式钻井平台“胜利一号”，可在极浅海作业

2　1988 年我国建成世界首创的步行坐底式钻井平台“胜利二号”，可在“0 米”水深的滩海作业

1　1983 年建成的“渤海五号”自升式钻井平台，设计中首次引进国外船级社作为第三方审查

2　1983 年建成的“渤海七号”自升式钻井平台，与“渤海五号”是姊妹船

1984 年，我国自行设计建成与当时世界水平比肩的“勘探三号”半潜式钻井平台

20 世纪 70 年代末，挪威石油考察团来渤海考察，此时，我国开始了海洋石油对外开放合作的早期摸索

1980年，中日签订渤海石油勘探开发生产合同

1

2

1　1980 年，与 BP 签订南黄海钻井合同

2　1982 年 2 月 15 日，中国海洋石油总公司在北京东长安街 31 号正式成立

1983年，中国海油对外合作第一轮招标第一批合同签字仪式

1981 年，在渤海湾采用陆地通井机修井的 8 号采油平台

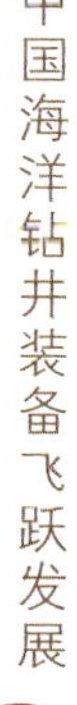

1985 年投产的中日合作开发的埕北油田

1　1986 年加装了悬臂梁的“渤海八号”自升式钻井平台，这是我国第一批升级改造的平台

2　1986 年加装了悬臂梁的“渤海十号”自升式钻井平台

1987 年从加拿大引进的“南海五号”半潜式钻井平台，曾在“白云 7-1-1”井创造了国内最高作业水深纪录 499.42 米

1　1990 年投产的“惠州 21-1”油田。在此项目中我国首次实现海洋修井机的总包建造

2　20 世纪 80 年代后期，我国与德国合作首次完成了绥中 36-1 油田柱式平台海洋模块钻机概念设计，是海洋模块钻机概念设计的预演。图为现代绥中 36-1 油田海洋模块钻机

1

2

1　1993 年，我国自主设计建造的第一座海上移动式修井平台“胜利作业一号”

2　“渤海白立号”自升式钻井平台海上作业（图中），1994 年该平台上曾装配过我国自主建造最早的“半套”海洋修井机

1 1997 年投产的“歧口 18-1”油田，该平台上曾安装我国首座国产固定式海洋平台修井机

2 1997 年，对“涠洲 11-4”油田海洋修井机进行升级改造，满足了钻调整井的需求

平湖油气田海洋模块钻机是国内成功改造的首座国外二手模块钻机，该模块钻机为平湖油气田向上海市供气立下汗马功劳

1　2002 年投产的东海天外天油气田。我国全面深度参与了该油田海洋模块钻机的设计建造全过程

2　2002 年投产的文昌 13-2 油田。该平台上安装的海洋修井机采用了自主研发表面热喷铝技术，显著延长了井架寿命

1　2004年交付使用的“蓬莱19-3”A平台海洋修井机。该修井机采用“大切块”设计思路，在节省空间的同时大幅度提升了修井机作业能力

2　2005~2007年建造的“蓬莱19-3”油田II期海洋模块钻机，是小模块化组合型海洋模块钻机的典型代表

1 2002年，“秦皇岛32-6”油田群投产，采用了6套国产海洋修井机

2 2005年，“旅大5-2”油田投产，海上平台配备了第一座由我国总包建造的海洋模块钻机

1　2005 年，由中海油服总包建造的“南堡 35-2”海洋模块钻机完成安装调试，顺利投入使用

2　2006 年投入使用的“八角亭”油田海洋钻修机，其提升能力达 225 吨，号称修井机中的“大力神”

1　2006 年，我国自主建成代表当时世界先进水平的自升式钻井平台“海洋石油 941”。图为“海洋石油 941”在海上钻井作业

2　2007 年 5 月开始，由我国总包建造的 PEMEX 四套海洋模块钻机陆续出口墨西哥湾，经海上安装调试后顺利投入使用

1 “番禺 30-1”气田模块钻机正在海上安装。该钻机于 2008 年建成，在此项目中我国首次完成海洋模块钻机的详细设计

2 “西江 23-1”油田海洋模块钻机正在海上吊装。该钻机于 2007 年建成，我国深度参与基本设计，并完成详细设计和总包建造

1 “渤中 28–2 南”油田的海洋模块钻机正在海上安装，该模块钻机的顺利建成标志着我国第一次全面实现海洋模块钻机设计建造国产化

2 2009 年，我国研制成功钩载达 180 吨的可变轨距海洋修井机（图中左侧），可适用于多个海上平台

“海洋石油281”多功能支持船正在海上作业（图中右侧）。该平台于2009年建成，采用“支持船+修井机”的作业方式可大幅降低海洋固定平台投资并显著提升海洋修井机的钻井作业能力

1

2

1　2009 年我国自主建成的“海洋石油 936”自升式钻井平台，其悬臂梁为 X/Y 型结构

2　2009 年我国自主建成的“海洋石油 937”自升式钻井平台，与“海洋石油 936”为同型姊妹船

1　2010年建成的“崖城13-1”气田模块钻机。图为该钻机利用平台自身吊机完成海上安装

2　南海“崖城13-1”气田海洋平台全景

1　2010 年建成的“海洋石油 921”自升式钻井平台，图为该平台在渤海湾旅大 10–1C 井位进行生产井作业

2　2010 年建成的用于南海东部的“陆丰 13–2”油田模块钻机，是国内首座全交流变频精品海洋模块钻机

2012 年，从美国购入 Jim Cunningham 二手半潜式钻井平台，经修复后命名为“南海八号”半潜式钻井平台

2013年从美国购入 Richardson 二手半潜式钻井平台，经修复后命名为“南海九号”半潜式钻井平台。图为修复后的“南海九号”在拖轮的牵引下缓缓离港，奔赴作业海域

1

2008 年通过海外并购 Awilco 公司，中海油服先后引进“中海油服先锋号”、“中海油服进取号”、“中海油服创新号” 三座半潜式钻井平台

1 中海油服先锋号

2 中海油服进取号

3 中海油服创新号

2

3

2014年11月，由中集来福士成功建成可适应极地作业环境及要求的深水半潜式钻井平台“中海油服兴旺号”

1 2006年起，我国开始自主攻关，自行设计建造世界最先进的超深水半潜式钻井平台“海洋石油981”，图为“海洋石油981”建造场景

2 2011年，“海洋石油981”命名仪式

2014年5月，“海洋石油981”排除了域外势力的干扰，成功完成了西沙中建南两口深水勘探井作业

2014年8月，“海洋石油981”在陵水17-2超深水区块（1500米水深）发现大型气田